大数据技术与应用丛书

Hive
数据仓库应用

黑马程序员 编著

清华大学出版社
北京

内 容 简 介

本书从理论知识入手,结合数据仓库的概念帮助读者更好地理解 Hive,在掌握 Hive 相关理论知识的基础上,逐步深入地学习 Hive。"工欲善其事,必先利其器",首先从创建虚拟机并安装 Linux 操作系统开始逐步完成 Hive 的部署,然后在部署完成的 Hive 环境基础上,学习 Hive 数据定义语言、Hive 数据操作语言和 Hive 数据查询语言的相关操作,在学习了上述三种语言之后,接下来深入学习 Hive 的其他功能,包括 Hive 内置函数、Hive 自定义函数、Hive 的新特性事务以及 Hive 的相关优化,从而帮助读者掌握 Hive 的强大功能和特性。最后,本书通过一个综合项目——教育大数据分析平台,使读者对 Hive 数据仓库在实际应用中涉及的相关知识内容具有更深入的理解,在此项目中不仅会涉及使用 Hive 实现数据仓库分层、数据转换和数据分析的相关操作,而且还涉及使用 Sqoop 将数据仓库中的数据进行导出和导入,以及使用 FineBI 工具实现数据可视化功能。

本书附有配套视频、源代码、习题、教学设计、教学课件等资源。同时,为了帮助初学者更好地学习本书的内容,还提供了在线答疑,欢迎读者关注。

本书可以作为高等学校本、专科计算机相关专业,信息管理等相关专业的大数据课程教材,也可以供相关技术人员参考,是一本适合广大计算机编程爱好者的优秀读物。

图书在版编目(CIP)数据

Hive 数据仓库应用/黑马程序员编著. —北京:清华大学出版社,2021.9(2024.7重印)
(大数据技术与应用丛书)
ISBN 978-7-302-58959-4

Ⅰ.①H… Ⅱ.①黑… Ⅲ.①数据库系统—高等学校—教材 Ⅳ.①TP311.13

中国版本图书馆 CIP 数据核字(2021)第 174581 号

责任编辑:袁勤勇 杨 枫
封面设计:杨玉兰
责任校对:徐俊伟
责任印制:沈 露

出版发行:清华大学出版社
   网 址:https://www.tup.com.cn,https://www.wqxuetang.com
   地 址:北京清华大学学研大厦 A 座 邮 编:100084
   社 总 机:010-83470000 邮 购:010-62786544
   投稿与读者服务:010-62776969,c-service@tup.tsinghua.edu.cn
   质量反馈:010-62772015,zhiliang@tup.tsinghua.edu.cn
   课件下载:https://www.tup.com.cn,010-83470236
印 装 者:三河市天利华印刷装订有限公司
经 销:全国新华书店
开 本:185mm×260mm 印 张:17.75 字 数:445 千字
版 次:2021 年 9 月第 1 版 印 次:2024 年 7 月第 9 次印刷
定 价:59.80 元

产品编号:093908-03

序 言

本书的创作公司——江苏传智播客教育科技股份有限公司(简称"传智教育")作为我国第一个实现 A 股 IPO 上市的教育企业,是一家培养高精尖数字化专业人才的公司,主要培养人工智能、大数据、智能制造、软件开发、区块链、数据分析、网络营销、新媒体等领域的人才。传智教育自成立以来贯彻国家科技发展战略,讲授的内容涵盖了各种前沿技术,已向我国高科技企业输送数十万名技术人员,为企业数字化转型、升级提供了强有力的人才支撑。

传智教育的教师团队由一批来自互联网企业或研究机构,且拥有 10 年以上开发经验的 IT 从业人员组成,他们负责研究、开发教学模式和课程内容。传智教育具有完善的课程研发体系,一直走在整个行业的前列,在行业内树立了良好的口碑。传智教育在教育领域有 2 个子品牌:黑马程序员和院校邦。

一、黑马程序员—高端 IT 教育品牌

黑马程序员的学员多为大学毕业后想从事 IT 行业,但各方面的条件还达不到岗位要求的年轻人。黑马程序员的学员筛选制度非常严格,包括严格的技术测试、自学能力测试、性格测试、压力测试、品德测试等。严格的筛选制度确保了学员质量,可在一定程度上降低企业的用人风险。

自黑马程序员成立以来,教学研发团队一直致力于打造精品课程资源,不断在产、学、研 3 个层面创新自己的执教理念与教学方针,并集中黑马程序员的优势力量,有针对性地出版了计算机系列教材百余种,制作教学视频数百套,发表各类技术文章数千篇。

二、院校邦—院校服务品牌

院校邦以"协万千院校育人、助天下英才圆梦"为核心理念,立足于中国职业教育改革,为高校提供健全的校企合作解决方案,通过原创教材、高校教辅平台、师资培训、院校公开课、实习实训、协同育人、专业共建、"传智杯"大赛等,形成了系统的高校合作模式。院校邦旨在帮助高校深化教学改革,实现高校人才培养与企业发展的合作共赢。

(一)为学生提供的配套服务

1. 请同学们登录"传智高校学习平台",免费获取海量学习资源。该平台可以帮助同学们解决各类学习问题。

2. 针对学习过程中存在的压力过大等问题,院校邦为同学们量身打造了 IT 学习小助手——邦小苑,可为同学们提供教材配套学习资源。同学们快来关注"邦小苑"微信公众号。

（二）为教师提供的配套服务

1. 院校邦为其所有教材精心设计了"教案＋授课资源＋考试系统＋题库＋教学辅助案例"的系列教学资源。教师可登录"传智高校教辅平台"免费使用。

2. 针对教学过程中存在的授课压力过大等问题,教师可添加"码大牛" QQ(2770814393),或者添加"码大牛"微信(18910502673),获取最新的教学辅助资源。

前　言

　　大数据是信息化发展的新阶段,随着全球数据存储量的不断提高,大数据正进入发展加速时期。近年来,随着 5G、AI、云计算、区块链等新一代信息技术的蓬勃发展,大数据技术走向融合发展的关键阶段。同时,我国大数据产业保持良好发展势头,"大数据＋行业"渗透融合全面展开,融合生态加速构建,新技术、新业态、新模式不断涌现,政策支持、战略引领、标准规范、产业创新的良性互动局面正在形成。

　　随着大数据时代的到来,各企业都积累了大量的数据,随着数据量的不断增长,企业不仅需要花费巨大的硬件成本来存储这些数据,而且还需要人员成本来维护这些数据。对于一个企业来说,如果只是单纯地存储和维护这些数据,那么这些数据将变得毫无价值,只是一种单纯的消耗品,于是企业开始利用这些持续不断增长的数据,从中挖掘出具有潜在商业价值的信息,帮助企业从数据中获取经验,从而为企业创造有效价值。对于这些积累下来的大量数据,通常称为离线数据。常见的离线计算框架有 MapReduce 和 Spark,然而使用这些框架需要开发人员至少拥有 Java 语言的基础,对于那些熟悉使用 SQL 的传统数据分析人员来说并不能得心应手,于是一个全新的技术——Hive 离线处理工具进入了大众的视野。

　　Hive 提出海量数据可以继续沿用传统数据分析方法——SQL 语句来处理的思想,开发人员不需要学习新的计算机语言而继续使用熟悉的 SQL 结构化查询语句来处理大规模的数据,Hive 中的 SQL 语句称为 HiveQL 查询语句,HiveQL 查询语句的语法结构与传统 SQL 语句的语法结构几乎一样。Hive 运行在 Hadoop 分布式系统中,这使得 Hive 不仅可以使用 HDFS 进行分布式存储,还可以通过 MapReduce 分布式计算框架来查询数据,相比于传统数据仓库来说,Hive 在存储性能和查询效率上都得到了很好的提升。

　　本书带领大家认识 Hive 的相关技术。通过学习本书,使读者对 Hive 有深刻的认识,本书共分为 9 章,接下来分别对每章所讲解的知识内容进行简要介绍。

　　第 1 章主要从数据仓库和 Hive 的理论知识出发,讲解数据仓库和 Hive 的相关概念,包括数据仓库分层、数据仓库的数据模型、Hive 架构、Hive 工作原理等内容。

　　第 2 章讲解如何部署 Hive 的嵌入模式、本地模式和远程模式,本章从 0 开始教会读者如何部署 Hive,其中包括虚拟机的创建、Linux 操作系统的安装与配置、Hadoop 高可用集群的部署等内容。

　　第 3 章主要讲解了 Hive 数据定义语言的相关操作,包括数据库的基本操作、数据表的基本操作,以及分区表、分桶表、临时表、视图和索引的相关操作。

　　第 4 章主要讲解了 Hive 数据操作语言的相关操作,包括加载文件、基本查询、插入数据以及 IMPORT 和 EXPORT。

第 5 章主要讲解了 Hive 数据查询语言的相关操作，包括 SELECT 句式分析、Hive 运算符、公用表表达式、分组操作、排序操作、UNION 语句、JOIN 语句以及抽样查询。

第 6 章主要讲解了 Hive 函数的相关操作，针对 Hive 的内置函数和自定义函数两方面进行详细讲解。

第 7 章主要讲解了 Hive 事务的相关概念和操作，包括 ACID 概述、Hive 事务的设计与实现、开启 Hive 事务、事务表的更新操作和删除操作。

第 8 章主要讲解了 Hive 优化的相关知识，包括 Hive 存储优化、Hive 参数优化和 HiveQL 语句优化技巧。

第 9 章讲解了一个综合项目——教育大数据分析平台，主要针对 Hive 数据仓库在实际应用中涉及的相关知识内容进行详细讲解，包括使用 Hive 实现数据仓库分层、数据转换、数据分析，以及相关大数据工具 Sqoop 和 FineBI 的使用。

此外，本书在修订过程中，结合党的二十大精神"进教材、进课堂、进头脑"的要求，在给每个案例设计任务时优先考虑贴近生活实际的话题，让学生在学习新兴技术的同时掌握日常问题的解决，提升学生解决问题的能力；在章节描述上加入素质教育的相关描述，引导学生树立正确的世界观、人生观和价值观，进一步提升学生的职业素养，落实德才兼备的高素质卓越工程师和高技能人才的培养要求。此外，作者依据书中的内容提供了线上学习的视频资源，体现现代信息技术与教育教学的深度融合，进一步推动教育数字化发展。

致谢

本书的编写和整理由江苏传智播客教育科技股份有限公司教材研发中心完成，主要参与人员有高美云、张明强、李丹等，全体人员在近一年的编写过程中付出了许多辛勤的汗水。除此之外，还有传智播客 600 多名学员参与了本书的试读工作，他们站在初学者的角度对本书提供了许多宝贵的修改意见，在此一并表示衷心的感谢。

意见反馈

尽管我们尽了最大的努力，但书中难免会有不妥之处，欢迎各界专家和读者来信给予宝贵意见，我们将不胜感激。您在阅读本书时，如果发现任何问题或有不认同之处可以通过电子邮件与我们取得联系。

请发送电子邮件至：itcast_book@vip.sina.com。

江苏传智播客教育科技股份有限公司　教材研发中心

2023 年 7 月于北京

目 录

第 1 章
Hive简介

学习目标：

思政案例

- 了解数据仓库，能够描述数据仓库的特征和数据模型。
- 掌握数据仓库分层，能够描述数据仓库分层的结构与目的。
- 了解 Hive 基本概述，能够描述 Hive 的作用以及与 MySQL 的区别。
- 熟悉 Hive 架构，能够描述 Hive 架构中各组件的作用及执行流程。
- 掌握 Hive 工作原理，能够描述 Hive 和 Hadoop 之间执行任务的流程。
- 熟悉 Hive 数据类型，能够描述 Hive 支持的基本数据类型和集合数据类型。

如何在分布式环境下采用数据仓库技术，从海量数据中快速获取数据有效价值成为 Hive 诞生的背景。Hive 是基于 Hadoop 的数据仓库工具，可以将结构化的数据文件映射为一张数据库表，并提供完整的 SQL 查询功能，可以将 SQL 语句转换为 MapReduce 任务运行。Hive 具有稳定和简单易用的特性，成为当前企业在构建企业级数据仓库时使用较为普遍的大数据组件之一。本章主要对 Hive 的基础知识进行讲解，为后续更加深入地学习 Hive 奠定基础。

1.1 认识数据仓库

1.1.1 数据仓库简介

数据仓库，英文名称为 Data WareHouse，可以简写为 DW 或 DWH。数据仓库的目的是构建面向分析的集成化数据环境，为组织或企业提供决策支持。数据仓库本身不"生产"任何数据，同时自身也不需要"消费"任何的数据，数据仓库存储的数据来源于外部业务系统，并且开放给外部应用，这也就是数据仓库为什么称为"仓库"，而不是称为"工厂"的原因。

数据仓库是一个面向主题的（subject-oriented）、数据集成的（integrated）、非易失的（non-volatile）和时变的（time-variant）数据集合，这里对数据仓库的定义，指出了数据仓库的 4 个特点。

1. 数据仓库是面向主题的

数据库应用是以业务流程来划分应用程序和数据库，例如进销存系统管理了进货、销售、存储等业务流程。而数据仓库是以数据分析需求来对数据进行组织并划分成若干主题，主题是一个抽象的概念，可以理解为相关数据的分类、目录等，例如通过销售主题可以进行销售相关的分析,如年度销量排行、月度订单量统计等。总之,数据仓库是以分析需求为导向来组织数据,数据库应用系统是以业务流程为导向来组织数据。

2. 数据仓库是数据集成的

集成的概念与面向主题是密切相关的。假设公司有多条产品线和多种产品销售渠道,而每个产品线都有自己独立的数据库,此时要想从公司层面整体分析销售数据,必须将多个分散的数据源集成在数据仓库的销售主题中,就可以从销售主题来进行数据分析。

3. 数据仓库是非易失的

数据仓库是根据数据分析需求来存储数据,主要目的是为决策分析提供数据,所涉及的操作主要是数据的查询和分析,为了保证数据分析的准确性和稳定性,数据仓库中的数据一般是很少更新的。

4. 数据仓库是时变的

数据仓库中存储的数据是历史数据,历史数据是随时间变化的,如历年的销售数据都会存储到数据仓库中,即使数据仓库中的数据很少更新,但也不能保证没有变化,例如以下场景。

(1)添加新数据:每年的销售数据会逐渐添加到数据仓库。

(2)删除过期数据:数据仓库中的数据会保存很长的时间(如过去的5~10年),但也有过期时间,到过期时间会删除过期数据。

(3)对历史明细数据进行聚合:为了方便数据分析,根据分析需求会将比较细粒度的数据进行数据聚合存储,这也是时变的一种表现。例如,为了方便统计年度销售额会先将销售记录按月进行统计,统计年度销售额时只需要针对月度销售统计结果进行累加即可。

📖多学一招:OLTP 和 OLAP

数据处理大致可以分为两类,分别是联机事务处理(OLTP)和联机分析处理(OLAP)。

(1)OLTP(On-Line Transaction Processing,联机事务处理),也称为面向交易的处理过程,是传统关系数据库的主要应用。OLTP基本特征是前台接收的用户数据可以立即传送到计算中心进行处理,并在很短的时间内给出处理结果,是对用户操作快速响应的方式之一,例如ERP系统、CRM系统和互联网电商系统等,这类系统的特点是事务操作频繁,数据量小。

(2)OLAP(On-Line Analytical Processing,联机分析处理),也称为决策支持系统(DSS),是数据仓库系统的主要应用。OLAP支持复杂的分析操作,侧重决策支持,并且提供直观易懂的查询结果,这类系统的特点是没有事务性操作,主要是查询操作,数据量大。

接下来,通过表 1-1 来比较 OLTP 和 OLAP。

表 1-1　OLTP 和 OLAP 的对比

对比项目	OLTP	OLAP
用户	操作人员、底层管理人员	决策人员、高级管理人员
功能	日常操作处理	分析决策
DB 设计	基于 ER 模型,面向应用	星状/雪花状模型,面向主题

对比项目	OLTP	OLAP
DB 规模	GB～TB	≥TB
数据	最新的、细节的、二维的、分立的	历史的、聚集的、多维的、集成的
存储规模	读写数条(甚至数百条)记录	读上百万条(甚至上亿条)记录
操作频度	非常频繁(以秒计)	比较稀松(以小时甚至以周计)
工作单元	严格的事务	复杂的查询
用户数	数百个至数千万个	数个至数百个
度量	事务吞吐量	查询吞吐量、响应时间

1.1.2　数据仓库分层

作为数据的规划者,都希望数据能够有秩序地流转,数据的整个生命周期能够清晰明确地被设计者和使用者感知到。但是,在大多数情况下,数据体系却是复杂的、层级混乱的。因此,需要一套行之有效的数据组织和管理方法来让数据体系更有序,这就是数据仓库分层。数据仓库分层并不能解决所有的数据问题,但是,它可以带来如下的好处。

(1) 清晰数据结构。数据仓库的每个分层都有它的作用域和职责,在使用表的时候能更方便地定位和理解。

(2) 复杂问题简单化。将一个复杂的任务分解成多个步骤来完成,数据仓库的每一层能解决特定的问题。

(3) 便于维护。当数据出现问题之后,可以不用修复所有的数据,只需要从存在问题层的数据开始修复。

(4) 减少重复开发。规范数据仓库分层,开发一些通用的中间层数据,能够减少重复开发的工作量。

(5) 高性能。数据仓库的构建将大大缩短获取信息的时间,数据仓库作为数据的集合,所有的信息都可以从数据仓库直接获取,尤其对于海量数据的关联查询和复杂查询,所以数据仓库分层有利于实现复杂的统计需求,提高数据统计的效率。

数据仓库通常分为 3 层,即源数据层(ODS)、数据仓库层(DW)和数据应用层(DA)。接下来,通过图 1-1 来描述数据仓库分层。

在图 1-1 中,首先,源数据层采集并存储的数据来源于不同的数据源,例如点击流数据、数据库数据及文档数据等;然后,通过 ETL(Extract-Transform-Load,抽取-转换-加载)将清洗和转换后的数据装载到数据仓库层;最终,数据应用层根据实际业务需求获取数据仓库层的数据实现报表展示、数据分析或数据挖掘等操作。下面针对数据仓库分层架构中的各个分层进行详细介绍。

1. 源数据层

源数据层存储的数据是数据仓库的基础数据,该层存储的数据抽取自不同的数据源,抽取的这些数据通常会进行诸如去噪、去重、标准化等一些列转换操作后才会加载到源数据

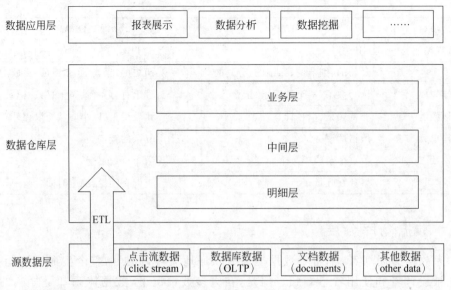

图 1-1　数据仓库分层

层。不过在某些应用场景中,为了确保源数据层存储数据的原始性,也可以直接将不同数据源抽取的数据加载到源数据层,不进行任何转换操作。

2. 数据仓库层

数据仓库层存储的数据是对源数据层中数据的轻度汇总,所谓轻度汇总就是按照一定的主题去组合这些数据。数据仓库层从上到下,又可以细分为明细层(DWD)、中间层(DWM)和业务层(DWS),具体介绍如下:

(1) 明细层的作用是根据业务需求对源数据层的数据进行进一步转换,不过该层的数据粒度与源数据层的数据粒度保持一致。

(2) 中间层的作用是在明细层的基础上,对数据做一些轻微的聚合操作,生成一系列的中间表,从而提高公共指标的复用性,减少重复工作。

(3) 业务层的作用是在明细层和中间层的基础上,对某个主题的数据进行汇总,其主要用于为后续的数据应用层提供查询服务。业务层的表会相对较少,一张表会涵盖比较多的业务内容,包含较多的字段,因此通常称该层的表为宽表。

3. 数据应用层

数据应用层的数据可以来源于明细层,也可以来源于业务层,或者是二者混合的数据。数据应用层的数据主要是提供给数据分析、数据挖掘、数据可视化等实际业务场景使用的数据。

📖多学一招:什么是事实表、维度表和中间表

1. 事实表

每个数据仓库都包含一个或者多个事实表,事实表是对分析主题的度量,它包含了与各维度表相关联的外键,并通过连接(join)方式与维度表关联。

事实表的度量通常是数值类型,且记录数会不断增加,表规模迅速增长。例如,有一张订单事实表,其字段 Prod_id(商品 id)可以关联商品维度表,字段 TimeKey(订单时间)可以关联时间维度表等。

2. 维度表

维度表可以看作用户分析数据的窗口,维度表中包含事实表中事实记录的特性,有些特性提供描述性信息,有些特性指定如何汇总事实表数据,以便为分析者提供有用的信息。

维度表包含帮助汇总数据的特性的层次结构,维度是对数据进行分析时特有的一个角度,站在不同角度看待问题,会有不同的结果。例如,当分析产品销售情况时,可以选择按照商品类别、商品区域进行分析,此时就构成一个类别、区域的维度。维度表信息较为固定,且数据量小,维度表中的列字段可以将信息分为不同层次的结构级。

3. 中间表

中间表是业务逻辑中的概念,主要用于存储中间计算结果的数据表,可以通过中间表拓展其他计算,从而减少复杂度,临时表是中间表较多采用的一种形式。

1.1.3　数据仓库的数据模型

在数据仓库建设中,一般会围绕着星状模型和雪花状模型来设计数据模型。下面介绍这两种模型的概念。

1. 星状模型

在数据仓库建模中,星状模型是维度建模中的一种选择方式。星状模型是以一个事实表和一组维度表组合而成,并且以事实表为中心,所有的维度表直接与事实表相连。接下来,通过图 1-2 来描述星状模型。

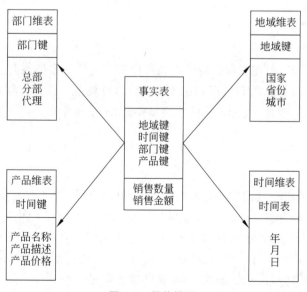

图 1-2　星状模型

在图 1-2 中,所有的维度表都直接连接到事实表上,维度表的主键放置在事实表中,外键用来连接事实表与维度表,因此,维度表和事实表是有关联的。然而,维度表与维度表并没有直接相连,因此,维度表之间是没有关联的。

2.雪花状模型

雪花状模型是维度建模中的另一种选择,它是对星状模型的扩展,雪花状模型如图 1-3 所示。

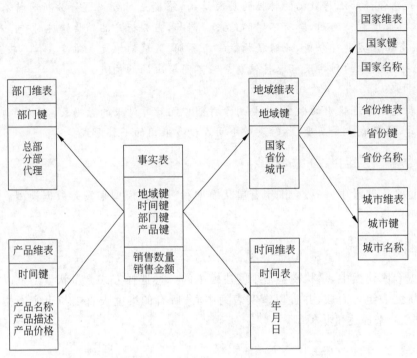

图 1-3   雪花状模型

从图 1-3 可以看出,雪花状模型的维度表可以拥有其他的维度表,并且维度表与维度表之间是相互关联的。因此,雪花状模型相比星状模型更规范一些。但是,由于雪花状模型需要关联多层的维度表,因此,性能也比星状模型要低,不是很常用。

1.2   Hive 概述

Hive 是基于 Hadoop 的数据仓库工具,主要用来对数据进行抽取、转换、加载操作。Hive 定义了简单的类 SQL 查询语言,称为 HiveQL,它可以将结构化的数据文件映射为一张数据表,允许熟悉 SQL 的用户查询数据,也允许熟悉 MapReduce 的开发者开发自定义的 mapper 和 reducer 来处理内建的 mapper 和 reducer 无法完成的复杂的分析工作,相对于 Java 代码编写的 MapReduce 来说,Hive 的优势更加明显。

由于 Hive 采用了类 SQL 的查询语言 HiveQL,所以很容易将 Hive 理解为数据库,其实从结构上来看,Hive 和数据库除了拥有类似的查询语言,再无类似之处。接下来,以 Hive 和传统数据库 MySQL 为例,通过它们的对比来帮助大家理解 Hive 的特性,具体如

表 1-2 所示。

表 1-2　Hive 与传统数据库 MySQL 对比

对 比 项	Hive	MySQL
查询语言	HiveQL	SQL
数据存储位置	HDFS	块设备、本地文件系统
数据格式	用户定义	系统决定
数据更新	支持（从 Hive 0.14 开始）	支持
事务	支持（从 Hive 0.14 开始）	支持
执行延迟	高	低
可扩展性	高	低
数据规模	大	小
多表插入	支持	不支持

1.3　Hive 架构

Hive 是底层封装了 Hadoop 的数据仓库处理工具，其运行在 Hadoop 基础之上。Hive 架构组成主要包含 4 个部分，分别是用户接口、跨语言服务、驱动程序以及元数据存储系统，具体如图 1-4 所示。

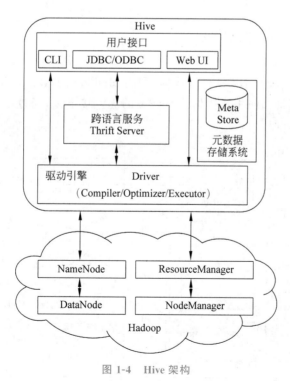

图 1-4　Hive 架构

从图 1-4 可以看出,用户通过不同类型的用户接口操作 Hive 时的执行流程有所不同。当用户使用 CLI(命令行工具)或者 Web UI 操作 Hive 时,Hive 会将用户输入的 HiveQL 语句直接发送给驱动引擎(Driver)处理并生成执行计划,生成的执行计划会交给 NameNode 和 ResourceManager 进行处理。当用户使用 JDBC/ODBC(客户端程序)操作 Hive 时,需要先通过跨语言服务(Thrift Server)将客户端程序使用的语言转换为 Hive 可以解析的语言,然后再发送给驱动程序处理并生成执行计划。下面针对 Hive 架构的重要组成部分进行讲解,具体如下。

(1) 用户接口:主要包括 CLI、JDBC/ODBC 和 Web UI。其中,CLI 表示通过 Hive 自带的命令行工具连接 Hive 进行操作。JDBC/ODBC 表示支持通过 Java 数据库连接和开放性数据库连接两种连接方式连接 Hive 进行操作。Web UI 表示通过 Hive 自身或第三方应用提供的可视化界面连接 Hive 进行操作。

(2) 跨语言服务:Thrift 是一个 RPC(远程过程调用)框架,用来进行可扩展且跨语言的服务器开发,可以使用不同的编程语言调用 Hive 的接口。

(3) 驱动引擎:主要包含 Compiler(编译器)、Optimizer(优化器)和 Executor(执行器),它们用于完成 HiveQL 查询语句的词法分析、语法分析、编译、优化和查询计划的生成,生成的查询计划存储在 HDFS 中,并在随后由 MapReduce 调用执行。

(4) 元数据存储系统:Hive 中的元数据通常包含表名、列、分区及其相关属性,表数据所在目录的位置信息等相关属性,元数据存储系统默认存在 Hive 自带的 Derby 数据库中。不过 Derby 数据库不适合多用户操作,并且数据存储目录不固定,不方便管理,因此通常将元数据存储在 MySQL 数据库。

1.4   Hive 工作原理

Hive 利用 Hadoop 的 HDFS 存储数据,利用 Hadoop 的 MapReduce 执行查询。那么 Hive 和 Hadoop 之间是如何相互协作执行任务的呢?接下来,通过图 1-5 来描述 Hive 和 Hadoop 之间的工作原理。

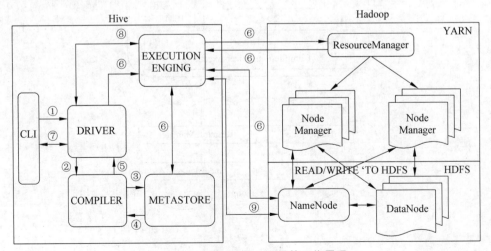

图 1-5   Hive 和 Hadoop 之间的工作原理

关于图 1-5 描述的 Hive 和 Hadoop 相互协作的工作原理,具体介绍如下。

(1) CLI 将用户提交的 HiveQL 语句发送给 DRIVER。

(2) DRIVER 将 HiveQL 语句发送给 COMPILER 获取执行计划。

(3) COMPILER 从 METASTORE 获取 HiveQL 语句所需的元数据。

(4) METASTORE 将查询到的元数据信息发送给 COMPILER。

(5) COMPILER 得到元数据后,首先将 HiveQL 语句转换为抽象语法树,然后将抽象语法树转换为查询块,接着将查询块转换为逻辑执行计划,最后将逻辑执行计划转换为物理执行计划,并将物理执行计划解析为 MapReduce 任务发送给 DRIVER。

(6) DRIVER 将 MapReduce 任务发送给 EXECUTION ENGINE(执行引擎)执行,EXECUTION ENGINE 接收到 MapReduce 任务后,首先从 METASTORE 获取元数据,然后将元数据写入到 HDFS,接着将 MapReduce 任务提交到 ResourceManager,ResourceManager 接收到 MapReduce 任务后,将其分配到指定的 NodeManager 去执行,NodeManager 执行任务时会向 NameNode 发送读写请求获取相关数据以及写入临时文件的结果文件,最后 ResourceManager 返回 MapReduce 任务的执行信息。

(7) CLI 向 DRIVER 发送获取 HiveQL 语句执行结果的请求。

(8) DRIVER 与 EXECUTION ENGINE 进行通信,请求获取 HiveQL 语句执行结果的请求。

(9) EXECUTION ENGINE 向 NameNode 发送请求获取 HiveQL 语句执行结果的请求,NameNode 获取到 HiveQL 语句的执行结果后,会将执行结果返回 EXECUTION ENGINE,EXECUTION ENGINE 将执行结果返回 DRIVER,最终 DRIVER 将执行结果返回 CLI。

1.5　Hive 数据类型

Hive 支持关系数据库中的大多数基本数据类型,同时也支持关系数据库中使用频率较低的 3 种集合数据类型。接下来,通过表 1-3 和表 1-4 来列举 Hive 支持的基本数据类型和集合数据类型。

表 1-3　Hive 支持的基本数据类型

数 据 类 型	描　　述
TINYINT	1 字节有符号整数
SMALLINT	2 字节有符号整数
INT/INTEGER	4 字节有符号整数
BIGINT	8 字节有符号整数
FLOAT	4 字节单精度浮点数
DOUBLE	8 字节双精度浮点数
DOUBLE PRECISION	同 Double,从 Hive 2.2.0 开始提供
DECIMAL	高精度浮点数,使用方式为 DECIMAL(precision,scale),其中 precision 表示数字的最大位数,取值范围是[1,38];scale 表示小数点后的位数,取值范围是[0,p],例如 DECIMAL(6,2)表示数字的最大位数为 6,其中整数部分的最大位数为 4,小数部分最大位数为 2,如果小数部分的位数小于 2,则以 0 进行填充。若不指定 precision 和 scale 的值,则默认值分别为 10 和 0

数 据 类 型	描　　述
NUMERIC	同 DECIMAL，从 Hive 3.0 开始提供
TIMESTAMP	精度到纳秒的 UNIX 时间戳
DATE	以年/月/日形式描述的日期，格式为 YYYY-MM-DD
INTERVAL	表示时间间隔，例如 INTERVAL '1' DAY 表示间隔一天
STRING	字符串，没有长度限制
VARCHAR	变长字符串，字符串长度限制区间为 1～65 355，例如 VARCHAR(30)，当插入 20 个字符时，会占用 20 个字符的位置
CHAR	定长字符串，例如 CHAR(30)，当插入 20 个字符时，会占用 30 个字符位置，剩余的 10 个字符位置由空格填充
BOOLEAN	用于存储布尔值，即 true 或 false
BINARY	字节数组

表 1-4　Hive 支持的集合数据类型

数 据 类 型	描　　述
ARRAY	ARRAY 是一组具有相同数据类型元素的集合，ARRAY 中的元素是有序的，每个元素都有一个编号，编号从 0 开始，因此可以通过编号获取 ARRAY 指定位置的元素
MAP	MAP 是一种键值对形式的集合，通过 key(键)来快速检索 value(值)。在 MAP 中，key 是唯一的，但 value 可以重复
STRUCT	STRUCT 和 C 语言中的 struct 或者"对象"类似，都可以通过"点"符号访问元素内容，元素的数据类型可以不相同

在表 1-4 中，ARRAY 和 MAP 这两种数据类型与 Java 中的同名数据类型类似，而 STRUCT 是一种记录类型，它封装了一个命名字段集合。集合数据类型允许任意层次的嵌套，其声明方式必须使用尖括号指明其中数据字段的类型，示例代码如下。

```
CREAT TABLE complex(
  col1 ARRAY<int>,
  col2 MAP<INT,STRING>,
  col3 STRUCT<a:STRING,b:INT,c:DOUBLE>
)
```

上述代码中，定义列 col3 的数据类型为 STRUCT，其中 a、b 和 c 可以理解为"点"，需要在创建表时指定，a 对应元素的数据类型为 STRING，b 对应元素的数据类型为 INT，c 对应元素的数据类型为 DOUBLE。

1.6　本章小结

本章主要对 Hive 的基础知识进行讲解。首先介绍数据仓库，即数据仓库简介、数据仓库分层、数据仓库的数据模型，希望读者可以了解数据仓库的基本概念；其次介绍 Hive 的概念,希望读者可以了解 Hive 的由来、概念以及和关系数据库 MySQL 的区别;然后介绍 Hive 架构,希望读者可以理解 Hive 架构以及架构的组成;接着介绍 Hive 工作原理,使读者熟悉 Hive 内部的工作流程;最后介绍 Hive 数据类型,主要包括基本数据类型和集合数据类型,希望读者理解 Hive 数据类型,便于后续数据表的创建。

1.7　课后习题

一、填空题

1. 数据仓库的目的是构建面向_____的集成化数据环境。
2. Hive 是基于_____的数据仓库工具。
3. 数据仓库分为 3 层,即_____、_____和数据仓库层。
4. 数据仓库层可以细分为_____、_____和业务层。
5. 在数据仓库建设中,一般会围绕着_____和雪花状模型来设计数据模型。

二、判断题

1. 数据仓库是以业务流程来划分应用程序和数据库。　　　　　　　　　　　(　　)
2. 数据仓库中的数据一般是很少更新的。　　　　　　　　　　　　　　　　(　　)
3. 数据仓库模型中星状模型和雪花状模型都属于维度建模。　　　　　　　　(　　)
4. Hive 可以将非结构化的数据文件映射为一张数据表。　　　　　　　　　　(　　)
5. 从 Hive 0.14 开始支持事务。　　　　　　　　　　　　　　　　　　　　(　　)

三、选择题

1. 下列选项中,属于数据仓库特点的是(　　)。
   A. 面向对象的　　　　　　　　　　　　B. 时效的
   C. 数据集成的　　　　　　　　　　　　D. 面向数据的
2. 下列选项中,不属于数据 Hive 架构组成部分的是(　　)。
   A. Compiler　　　　　　　　　　　　　B. Optimizer
   C. Thrift Server　　　　　　　　　　　D. HiveServer2
3. 下列选项中,对于 Hive 工作原理的说法错误的是(　　)。
   A. Driver 向 MetaStore 获取需要的元数据信息
   B. Driver 向 Compiler 发送获取计划的请求
   C. Driver 向 EXECUTION ENGINE 提交执行计划
   D. EXECUTION ENGINE 负责与 HDFS 与 MapReduce 的通信
4. 下列选项中,不属于 Hive 支持的集合数据类型的是(　　)。
   A. ARRAY　　　　　B. MAP　　　　　C. LIST　　　　　D. STRUCT

四、简答题

简述数据仓库分层的源数据层、数据仓库层和数据应用层的执行流程。

第 2 章

Hive部署

学习目标：

- 熟悉 Linux 环境的搭建，能够灵活使用虚拟软件工具创建、克隆和启动虚拟机。
- 熟悉 Linux 环境的搭建，能够在虚拟机中安装 Linux 操作系统。
- 熟悉 Linux 环境的搭建，能够在 Linux 中配置网络、主机名和 SSH 服务。
- 掌握在 Linux 中部署 JDK，能够独立完成在 Linux 中部署 JDK 的操作。
- 掌握在 Linux 中部署 Zookeeper，能够独立完成在 Linux 中安装和配置 Zookeeper 集群的操作。
- 掌握 Zookeeper 的部署，能够灵活使用 Shell 命令开启和关闭 Zookeeper 集群。
- 掌握 Hadoop 的部署，能够描述 Hadoop 高可用集群的规划方式。
- 通过在 Linux 中部署 Hadoop，掌握 Hadoop 高可用集群在 Linux 中的安装、配置和启动。
- 通过在 Linux 中部署 Hive，掌握 Hive 嵌入模式、本地模式和远程模式。

中国古代教育家孔子说过"工欲善其事，必先利其器"，比喻要做好一件事情，准备工具非常重要。同样，想要更加深入地学习 Hive，准备 Hive 环境是至关重要的。Hive 支持在 macOS、Linux 和 Windows 这些主流操作系统中进行部署，考虑到 Hive 在企业中的实际应用场景，本书选用 Linux 作为运行 Hive 的操作系统，本章从搭建 Linux 操作系统开始，带领大家一步一步完成 Hive 的部署。

2.1 Linux 环境的搭建

2.1.1 创建虚拟机

使用虚拟软件部署 Linux 环境，首先下载并安装好 VMware Workstation 虚拟软件工具（本书使用的是 VMware Workstation 15.5 版本）。安装成功后打开 VMware Workstation 工具，进入 VMware Workstation 界面，具体如图 2-1 所示。

单击图 2-1 中的"创建新的虚拟机"选项开启新建虚拟机向导，在"欢迎使用新建虚拟机向导"界面选择"自定义（高级）"选项，如图 2-2 所示。

在图 2-2 中，单击"下一步"按钮，进入"选择虚拟机硬件兼容性"界面，这里使用当前默认的 Workstation 15.x，如图 2-3 所示。

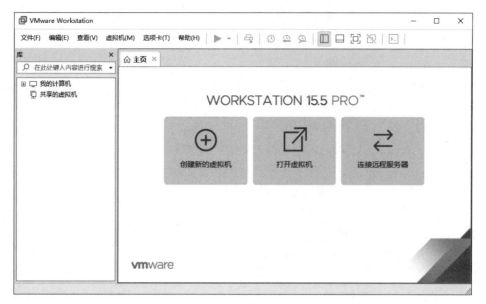

图 2-1　VMware Workstation 界面

图 2-2　"欢迎使用新建虚拟机向导"界面

在图 2-3 中,单击"下一步"按钮,进入"安装客户机操作系统"界面,这里选择"稍后安装操作系统"选项,如图 2-4 所示。

在图 2-4 中,单击"下一步"按钮,进入"选择客户机操作系统"界面,本书使用 CentOS 7 版本的 64 位 Linux 操作系统,如图 2-5 所示。

在图 2-5 中,单击"下一步"按钮,进入"命名虚拟机"界面,自定义虚拟机名称及安装位置(示例中定义了虚拟机名称为 Node_01,选择的安装位置为 E:\softexe\linux\Node_01),如图 2-6 所示。

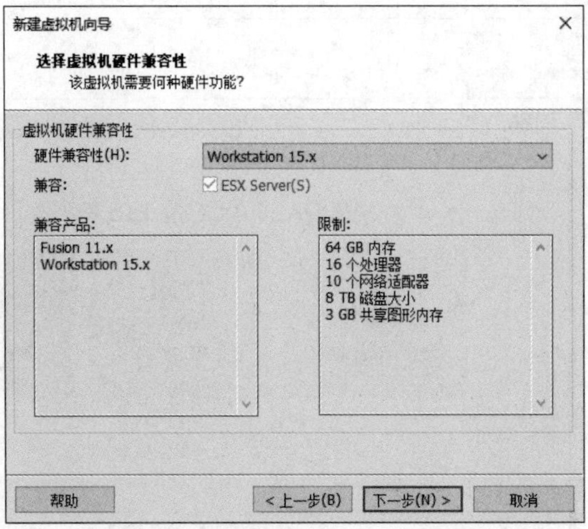

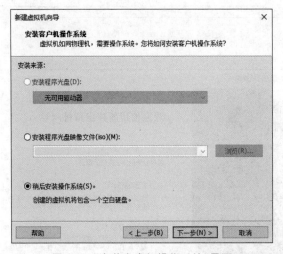

图 2-3 "选择虚拟机硬件兼容性"界面

图 2-4 "安装客户机操作系统"界面

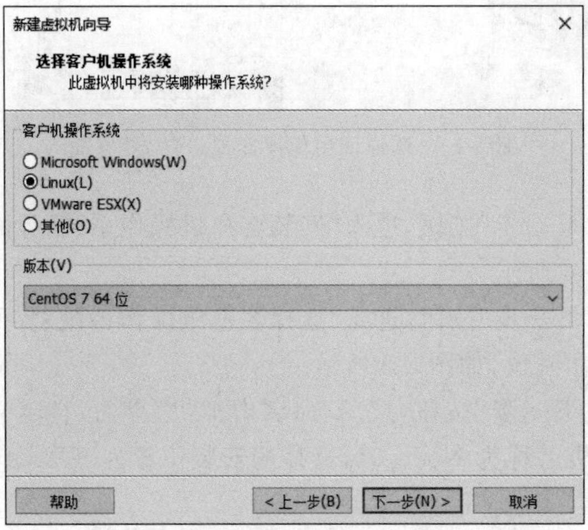

图 2-5 "选择客户机操作系统"界面

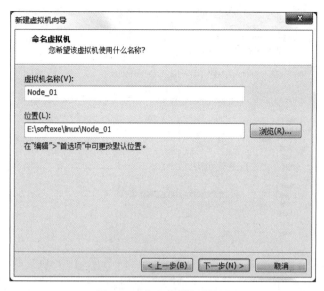

图 2-6　"命名虚拟机"界面

　　在图 2-6 中,单击"下一步"按钮,进入"处理器配置"界面,配置虚拟机的处理器,根据 PC 的硬件和使用需求进行合理分配,这里将"处理器数量"设置为 1,"每个处理器的内核数量"设置为 2,如图 2-7 所示。

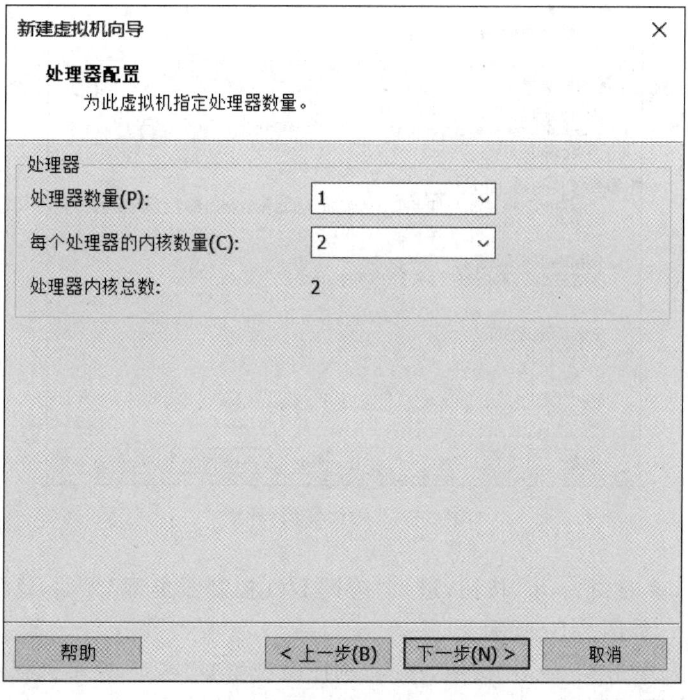

图 2-7　"处理器配置"界面

　　在图 2-7 中,单击"下一步"按钮,进入"此虚拟机的内存"界面,配置虚拟机的内存,根据 PC 的硬件和使用需求进行合理分配,这里指定虚拟机内存为 4096MB(4GB),如图 2-8 所示。

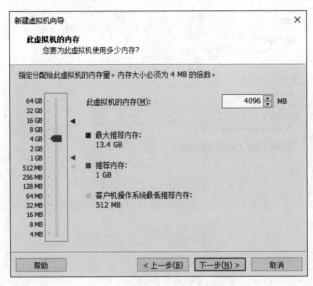

图 2-8　"此虚拟机的内存"界面

在图 2-8 中,单击"下一步"按钮,进入"网络类型"界面,这里选择"使用网络地址转换（NAT）"选项,如图 2-9 所示。

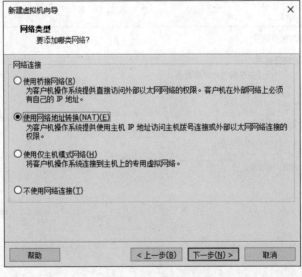

图 2-9　"网络类型"界面

在图 2-9 中,单击"下一步"按钮,进入"选择 I/O 控制器类型"界面,这里选择默认的推荐选项 LSI Logic,如图 2-10 所示。

在图 2-10 中,单击"下一步"按钮,进入"选择磁盘类型"界面,这里选择默认的推荐选项 SCSI,如图 2-11 所示。

在图 2-11 中,单击"下一步"按钮,进入"选择磁盘"界面,这里选择"创建新虚拟磁盘"选项,如图 2-12 所示。

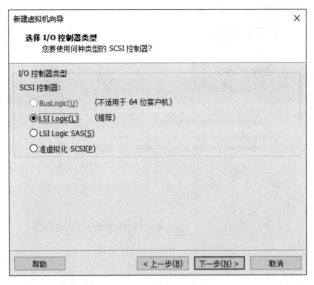

图 2-10　"选择 I/O 控制器类型"界面

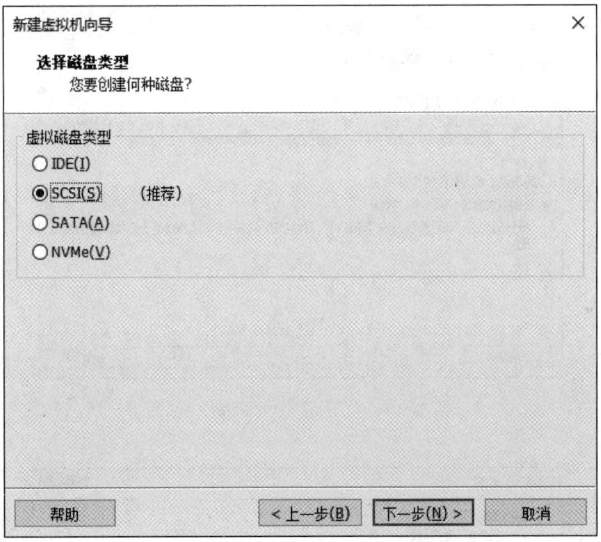

图 2-11　"选择磁盘类型"界面

在图 2-12 中,单击"下一步"按钮,进入"指定磁盘容量"界面,根据 PC 的硬件和使用需求进行合理分配,这里指定最大磁盘大小为 20GB,如图 2-13 所示。

图 2-13 中指定的虚拟机可用 PC 最大磁盘空间,并不会一次性占用本地计算机的 20GB 磁盘空间。

在图 2-13 中,单击"下一步"按钮,进入"指定磁盘文件"界面,这里指定磁盘文件名称为 Node_01.vmdk,如图 2-14 所示。

在图 2-14 中,单击"下一步"按钮,进入"已准备好创建虚拟机"界面,确认虚拟机的相关配置,如图 2-15 所示。

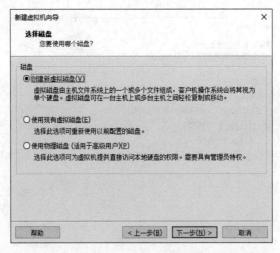

图 2-12 "选择磁盘"界面

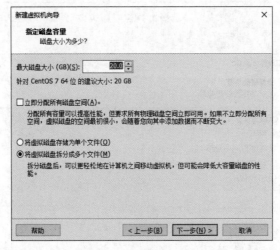

图 2-13 "指定磁盘容量"界面

图 2-14 "指定磁盘文件"界面

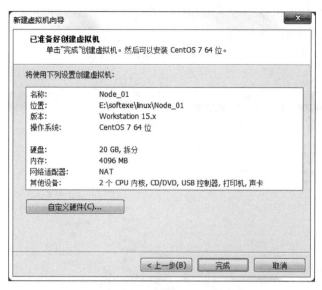

图 2-15　"已准备好创建虚拟机"界面

图 2-15 展示了已创建好的虚拟机的相关参数,可以通过"自定义硬件"按钮修改虚拟机的配置,若虚拟机的相关配置确认无误,则可以单击"完成"按钮,完成虚拟机 Node_01 的创建,如图 2-16 所示。

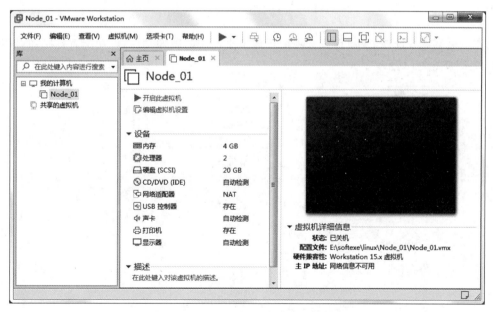

图 2-16　完成虚拟机 Node_01 的创建

2.1.2　启动虚拟机并安装 Linux 操作系统

通过 2.1.1 小节创建虚拟机的操作,完成了对于虚拟机硬件及基本信息的配置,下面讲解如何启动虚拟机并为虚拟机安装 Linux 操作系统。

　　在图 2-16 中选择虚拟机 Node_01,右击,在弹出的快捷菜单中选择"设置"命令,打开"虚拟机设置"对话框,如图 2-17 所示。

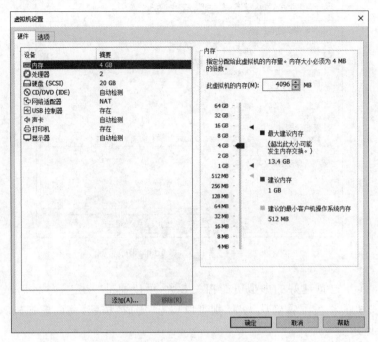

图 2-17　"虚拟机设置"对话框

　　在图 2-17 中,选择 CD/DVD 选项配置虚拟机使用的映像文件,成功配置虚拟机映像文件的效果如图 2-18 所示。

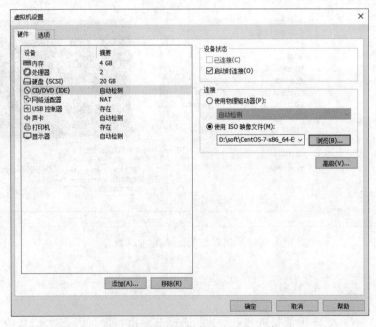

图 2-18　成功配置虚拟机映像文件

在图 2-18 中选中"使用 ISO 映像文件"设置 Linux 操作系统使用的 CentOS 7 映像文件（本书使用 Linux 操作系统的发行版 CentOS 7）。可以通过单击"浏览"按钮选择 Linux 操作系统的 ISO 映像文件所在本地文件系统的路径。

在图 2-17 中，单击"确定"按钮完成虚拟机 ISO 映像文件的配置。在返回的 VMware Workstation 工具主界面选择虚拟机 Node_01，单击如图 2-16 所示中的"开启此虚拟机"按钮启动虚拟机 Node_01，虚拟机 Node_01 启动成功后会进入 CentOS 7 的安装引导界面，如图 2-19 所示。

图 2-19　CentOS 7 的安装引导界面

在图 2-19 中，通过键盘"↑"键选择使用 Install CentOS 7 方式安装 CentOS 7。按 Enter 键进入 WELCOME TO CENTOS 7 界面，如图 2-20 所示。

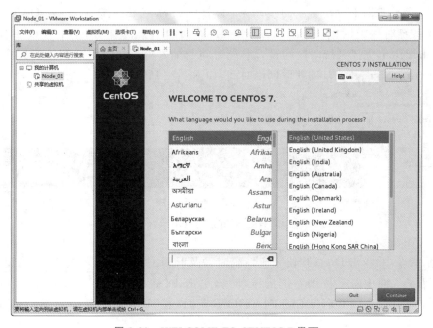

图 2-20　WELCOME TO CENTOS 7 界面

图 2-20 用于配置安装 CentOS 7 过程中使用的语言，这里使用的语言是 English（United States）。单击 Continue 按钮完成操作系统语言设置，进入 INSTALLATION SUMMARY 界面，在该界面配置 CentOS 7 操作系统日期、网络和磁盘分区等内容，如图 2-21 所示。

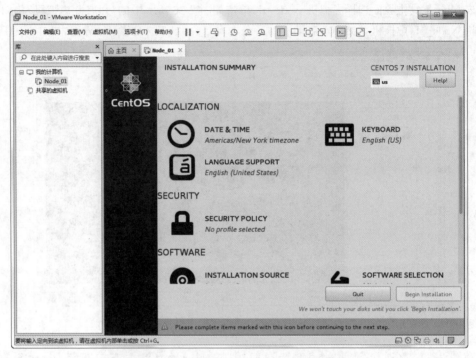

图 2-21   INSTALLATION SUMMARY 界面

在图 2-21 中，向下拉动右侧的滚动条，单击 DATE&TIME 选项，进入 DATE&TIME 界面配置系统时区及时间，在 DATE&TIME 界面的 Region 和 City 下拉框中分别选择 Asia 和 Shanghai，完成系统时区配置。系统时间的配置可以通过手动调整的方式，也可以打开 Network Time 开关自动获取网络时间，如图 2-22 所示。

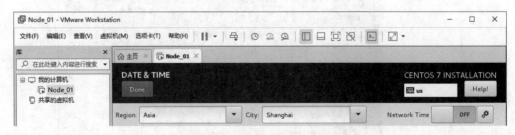

图 2-22   DATE&TIME 界面

在图 2-22 中，单击 Done 按钮完成系统时区及时间配置。在返回的 INSTALLATION SUMMARY 界面中向下拉动右侧的滚动条，单击 INSTALLATION DESTINATION 选项，进入 INSTALLATION DESTINATION 界面，在该界面配置磁盘分区，如图 2-23 所示。

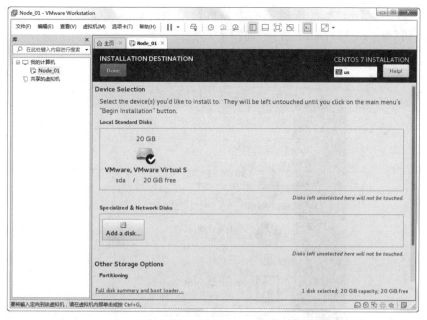

图 2-23　INSTALLATION DESTINATION 界面

在图 2-23 中，单击 Done 按钮完成磁盘分区配置，这里采用的是系统默认分区方式。在返回的 INSTALLATION SUMMARY 界面中单击 NETWORK & HOST NAME 选项，进入 NETWORK & HOST NAME 界面，在该界面配置网络及主机名，单击 Ethernet 按钮打开网络连接，系统会自动生成 IP Address（IP 地址）、Subnet Mask（子网掩码）、Default Route（网关）和 DNS（域名解析器）。在 Host name 输入框内设置主机名，自定义主机名称为 node01，如图 2-24 所示。

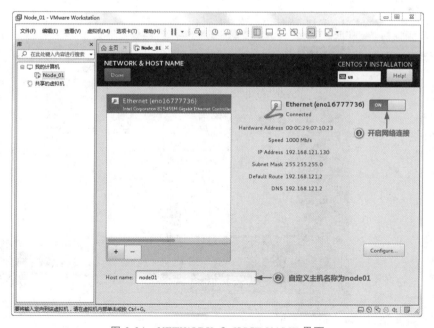

图 2-24　NETWORK & HOST NAME 界面

在图 2-24 中，单击 Done 按钮完成虚拟机网络及主机名配置。配置完成后，会返回 INSTALLATION SUMMARY 界面，如图 2-25 所示。

图 2-25   配置完成后的 INSTALLATION SUMMARY 界面

在图 2-25 中，单击 Begin Installation 按钮进入 CONFIGURATION 界面，在该界面开始安装 CentOS 7，如图 2-26 所示。

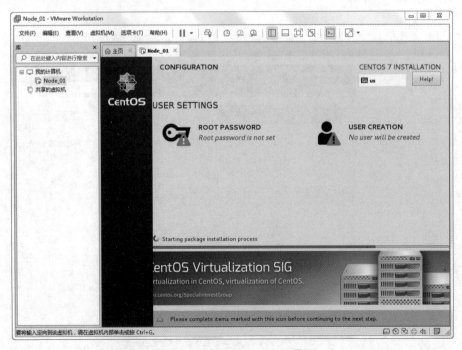

图 2-26   CONFIGURATION 界面

在图 2-26 中,单击 ROOT PASSWORD 选项,弹出 ROOT PASSWORD 界面,在该界面中配置系统用户 root 的密码,如图 2-27 所示。

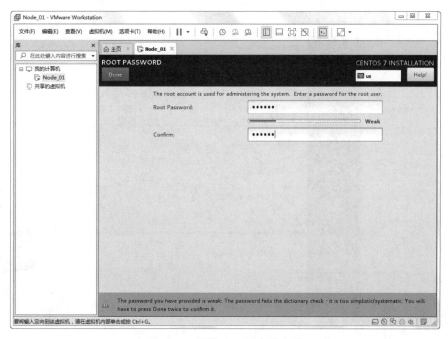

图 2-27　设置 root 用户的密码

在图 2-27 中的 Root Password 输入框中输入系统用户 root 的密码 123456,在 Confirm 输入框中再次输入系统用户 root 的密码 123456 进行验证。填写完毕后,单击 Done 按钮完成系统用户 root 的密码配置(若设置密码较为简单则需要再次单击 Done 按钮),如图 2-28 所示。

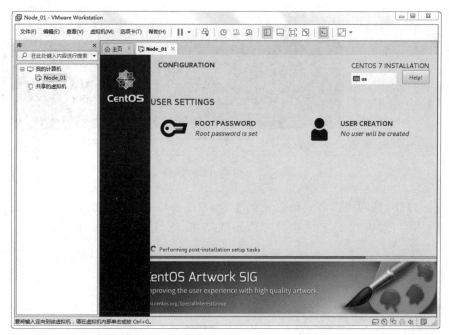

图 2-28　完成系统用户 root 的密码配置

在图 2-28 中完成 Linux 操作系统安装配置的效果如图 2-29 所示。

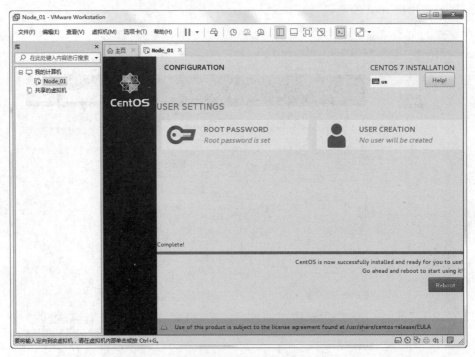

图 2-29　完成安装配置

在图 2-29 中，单击 Reboot 按钮重启虚拟机，待虚拟机重启完成，如图 2-30 所示。

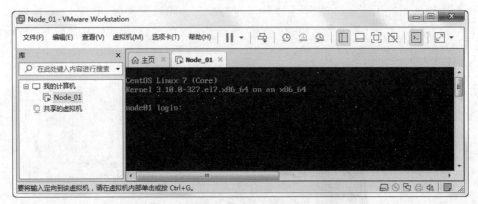

图 2-30　虚拟机重启完成

在图 2-30 中，输入用户名 root 和密码 123456 登录 CentOS 7，如图 2-31 所示。

从图 2-31 可以看出，已经成功登录 CentOS 7 系统，至此，在虚拟机中完成了 Linux 操作系统的安装。

2.1.3　克隆虚拟机

目前，已经成功安装一台搭载 CentOS 7 映像文件的 Linux 操作系统，而一台虚拟机远远不能满足搭建集群环境的需求，因此需要对已安装的虚拟机进行克隆。VMware

图 2-31　登录 CentOS 7

Workstation 提供了两种类型的克隆,分别是完整克隆和链接克隆,具体介绍如下。

（1）完整克隆：它是对原始虚拟机完全独立的一个拷贝,它不和原始虚拟机共享任何资源,可以脱离原始虚拟机独立使用。

（2）链接克隆：它需要和原始虚拟机共享同一虚拟磁盘文件,不能脱离原始虚拟机独立运行,链接克隆采用共享磁盘文件可以极大缩短创建克隆虚拟机的时间,同时还节省物理磁盘空间。

在以上两种克隆方式中,完整克隆的虚拟机文件相对独立并且安全,在实际开发中也较为常用。因此,此处以完整克隆方式为例,分步骤演示虚拟机的克隆,具体如下。

（1）在虚拟机克隆前,需要先关闭要克隆的虚拟机,在 VMware Workstation 工具的主界面选择虚拟机 Node_01,单击图 2-32 中标注的"倒三角"按钮,在弹出的菜单中选择"关闭客户机"命令,关闭虚拟机 Node_01,如图 2-32 所示。

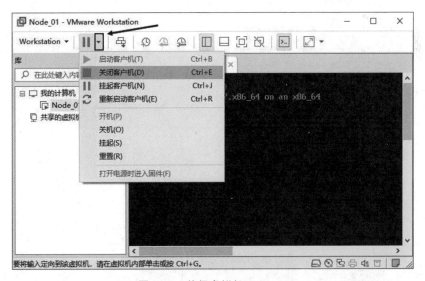

图 2-32　关闭虚拟机 Node_01

（2）在 VMware Workstation 工具的主界面选择虚拟机 Node_01,右击,在弹出的快捷菜单中依次选择"管理"→"克隆"命令,打开"克隆虚拟机向导"对话框进行虚拟机克隆操作,如图 2-33 所示。

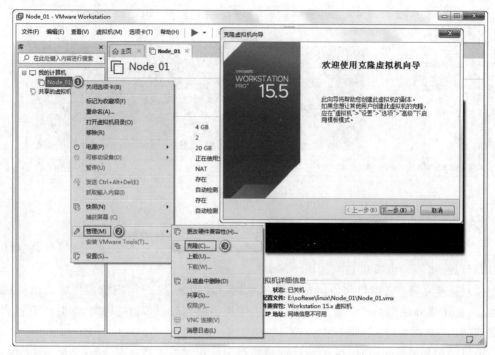

图 2-33　克隆虚拟机

（3）在图 2-33 中，单击"克隆虚拟机向导"对话框中的"下一步"按钮，进入"克隆源"界面，在该界面指定克隆源，如图 2-34 所示。

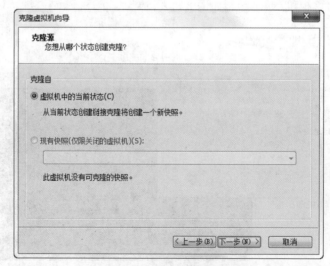

图 2-34　"克隆源"界面

（4）在图 2-34 中，选中"虚拟机中的当前状态"，单击"下一步"按钮，进入"克隆类型"界面，在该界面选择克隆类型，如图 2-35 所示。

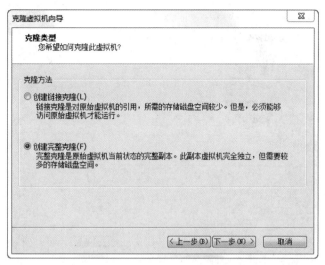

图 2-35　"克隆类型"界面

（5）在图 2-35 中，选择克隆方法为"创建完整克隆"，单击"下一步"按钮，进入"新虚拟机名称"界面，在该界面自定义虚拟机名称和虚拟机安装位置，这里设置"虚拟机名称"为 Node_02，安装"位置"为 E:\softexe\linux\Node_02，如图 2-36 所示。

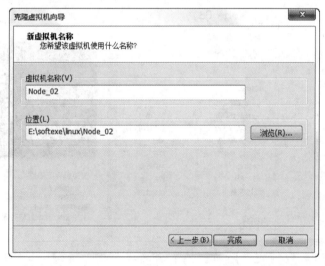

图 2-36　"新虚拟机名称"界面

（6）在图 2-36 中，单击"完成"按钮，进入"正在克隆虚拟机"界面，在该界面显示克隆虚拟机的进度，如图 2-37 所示。

（7）在图 2-37 中，单击"关闭"按钮完成虚拟机的克隆。

上述内容演示了通过克隆虚拟机 Node_01 的方式创建虚拟机 Node_02。关于虚拟机 Node_03 的创建可重复上述操作，这里不再赘述，创建完成后的 3 台虚拟机如图 2-38 所示。

至此，完成了虚拟机 Node_01、Node_02 和 Node_03 的创建。

图 2-37　"正在克隆虚拟机"界面

图 2-38　创建完成后的 3 台虚拟机

2.1.4　配置 Linux 系统网络及主机名

　　创建完成的 3 台虚拟机 Node_01、Node_02 和 Node_03 默认为动态 IP 地址,若后续重启系统后 IP 地址便会发生改变,非常不利于实际开发,且虚拟机 Node_02 和 Node_03 是通过克隆虚拟机 Node_01 创建的,这会导致这两台虚拟机的主机名与虚拟机 Node_01 的主机名一致,造成通信混淆的现象,同一主机名会指向不同的 IP 地址。3 台虚拟机的网络及主机名配置,如表 2-1 所示。

表 2-1　3 台虚拟机的网络及主机名配置

服务器名称	IP 地址	主机名	子网掩码	网关	DNS1
Node_01	192.168.121.130	node01	255.255.255.0	192.168.121.2	8.8.8.8
Node_02	192.168.121.131	node02	255.255.255.0	192.168.121.2	8.8.8.8
Node_03	192.168.121.132	node03	255.255.255.0	192.168.121.2	8.8.8.8

接下来,以虚拟机 Node_02 为例,介绍如何配置 Linux 系统网络及主机名,具体操作步骤如下。

1. 修改主机名

在 VMware Workstation 工具的主界面选择虚拟机 Node_02 并单击"开启此虚拟机"按钮启动虚拟机 Node_02,待虚拟机启动完成后,在虚拟机 Node_02 的操作窗口输入用户名 root 及密码(与虚拟机 Node_01 创建时设置的用户 root 密码一致)登录虚拟机,如图 2-39 所示。

图 2-39　登录虚拟机 Node_02

从图 2-39 可以看出,此时虚拟机 Node_02 的主机名为 node01,与虚拟机 Node_01 创建时设置的主机名一致。

在图 2-39 所示的操作窗口中执行修改主机名的命令,将虚拟机 Node_02 的主机名修改为 node02,具体命令如下。

```
$ hostnamectl set-hostname node02
```

上述命令中,hostnamectl 是 CentOS 7 系统中新增加的命令,主要用于查看或修改与主机名相关的配置。执行上述命令后,通过 reboot 命令重启虚拟机 Node_02,使修改主机名 node02 的操作生效(注意:需重复上述步骤,将虚拟机 Node_03 的主机名修改为 node03),重启后的虚拟机 Node_02 如图 2-40 所示。

从图 2-40 可以看出,再次登录虚拟机 Node_02 时,其主机名被成功变更为 node02。

图 2-40　完成虚拟机 Node_02 主机名配置

2. 配置虚拟机网络

这里通过编辑虚拟机 Node_02 网卡配置文件的方式配置网络。在虚拟机 Node_02 的操作窗口执行编辑网卡配置文件的命令，具体命令如下。

```
$ vi /etc/sysconfig/network-scripts/ifcfg-eno16777736
```

执行上述命令，在虚拟机 Node_02 的操作窗口打开网卡配置文件 ifcfg-eno16777736，如图 2-41 所示。

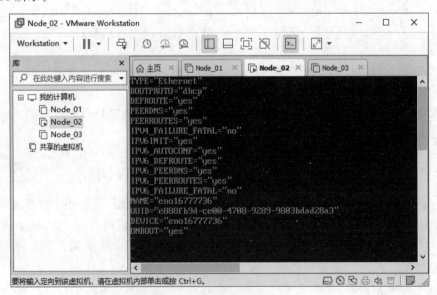

图 2-41　编辑网卡配置文件

　　在图 2-41 中，通过编辑网卡配置文件修改网络配置。将参数 BOOTPROTO 的值由 dhcp（动态路由协议）修改为 static（静态路由协议），由于网卡设置为静态路由协议，需要添加 IPADDR（IP 地址，根据虚拟机 IP 取值范围而定）、GATEWAY（网关）、NETMASK（子网掩码）以及 DNS1（域名解析器）参数，具体如图 2-42 所示。

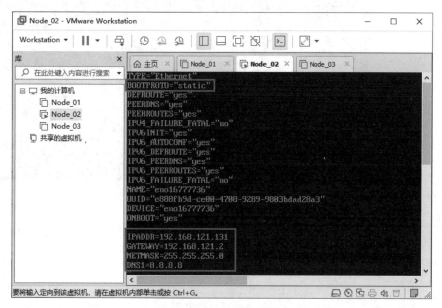

图 2-42　修改网络配置

　　在图 2-42 中，完成网卡配置文件修改后，切记要保存配置文件。

　　修改网卡配置文件中的 UUID。UUID 的作用是使分布式系统中的所有元素都有唯一的标识码，因为虚拟机 Node_02 和 Node_03 是通过克隆虚拟机 Node_01 的方式创建的，这会导致这 3 台虚拟机的 UUID 都一样，所以在克隆创建的虚拟机中需要重新生成 UUID 替换网卡配置文件中默认的 UUID，具体命令如下。

```
$ sed -i '/UUID=/c\UUID='`uuidgen`'' /etc/sysconfig/network-scripts/ifcfg-eno16777736
```

　　上述命令中，通过执行 sed 命令，将 uuidgen 工具生成的新 UUID 值替换网卡配置文件中默认 UUID 参数的值。执行完上述命令，可以再次执行编辑网卡配置文件命令验证 UUID 是否修改成功，这里不再赘述。需要注意的是，要区分上述命令中""（单引号）和""（反引号）。

　　网卡文件配置完成后，执行命令 reboot 重启系统或者执行 service network restart 命令重启网卡，使配置内容生效。这里以重启系统为例，重启系统后，通过执行 ip addr 命令查看网卡的配置是否生效，效果如图 2-43 所示。

　　从图 2-43 可以看出，虚拟机 Node_02 的 IP 地址已经设置为 192.168.121.131。通过执行 ping www.baidu.com 指令检测网络连接是否正常（前提是安装虚拟机的 PC 可以正常上网），如图 2-44 所示。

　　从图 2-44 可以看出，虚拟机能够正常地接收数据，并且延迟正常，说明网络连接正常。至此，完成了虚拟机 Node_02 的网络配置。

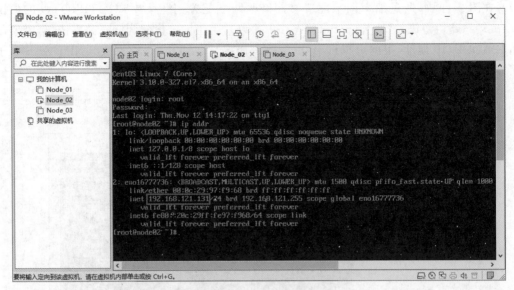

图 2-43   查看网卡配置

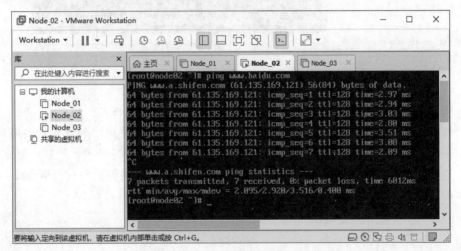

图 2-44   测试网络连接

关于虚拟机 Node_01 和 Node_03 的网络配置,请大家自行重复上述步骤,分别将虚拟机 Node_01 和 Node_03 按照表 2-1 的要求完成配置。

2.1.5   配置 SSH 服务

通过前面的操作,已经完成了 3 台虚拟机 Node_01、Node_02 和 Node_03 的安装和网络配置,虽然这些虚拟机已经可以正常使用了,但是依然存在下列问题。

(1) 通过 VMware Workstation 工具操作虚拟机十分不方便,既无法复制内容到虚拟机中,也无法开启多个虚拟机窗口进行操作。除此之外,服务器通常放置在机房中,同时受到地域和管理的限制,开发人员通常不会进入机房直接上机操作,而是通过远程连接服务器进行相关操作。

（2）在集群开发中，主节点通常会对集群中各个节点频繁地访问，就需要不断输入目标服务器的密码，这种操作方式非常麻烦，并且会影响集群服务的连续运行。

为了解决上述问题，可以配置 SSH 实现远程登录和免密登录功能。SSH 为 Secure Shell 的缩写，它是一种网络安全协议，专为远程登录会话和其他网络服务提供安全性的协议。通过使用 SSH 可以把传输的数据进行加密，有效防止远程管理过程中的信息泄露问题。

接下来，演示如何配置 SSH 实现远程登录和免密登录功能，具体操作步骤如下。

1. 配置 SSH 实现远程登录

配置 SSH 实现远程登录的具体操作步骤如下。

（1）在虚拟机 Node_01 的操作窗口执行"rpm -qa ｜ grep openssh"命令查看当前虚拟机是否安装 OpenSSH（OpenSSH 是 SSH 协议的免费开源实现），如图 2-45 所示。

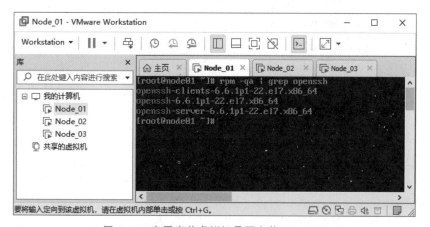

图 2-45　查看当前虚拟机是否安装 OpenSSH

从图 2-45 可以看出，虚拟机 Node_01 的 Linux 操作系统中默认安装了 OpenSSH，无须再次安装。如果没有安装，则可以执行"yum install openssh-server"命令在线安装 OpenSSH。

（2）在虚拟机 Node_01 的操作窗口执行 service sshd status 命令查看当前虚拟机是否开启 OpenSSH 服务，如图 2-46 所示。

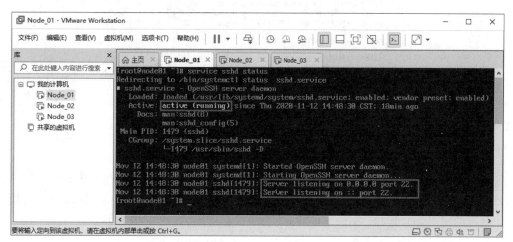

图 2-46　查看当前虚拟机是否开启 OpenSSH 服务

从图 2-46 可以看出,虚拟机 Node_01 默认开启的 OpenSSH 服务占用的端口号为 22。如果 OpenSSH 服务处于关闭状态,则需要执行 service sshd start 命令开启 OpenSSH 服务。

（3）通过 SecureCRT 远程连接工具在 Windows 操作系统上远程连接虚拟机 Node_01 执行操作。打开 SecureCRT 远程连接工具,单击工具栏中的 File 按钮,在弹出的菜单中选择 Quick Connect 命令,弹出 Quick Connect 窗口,在该窗口创建快速连接,配置远程连接虚拟机的 IP 地址和用户名,如图 2-47 所示。

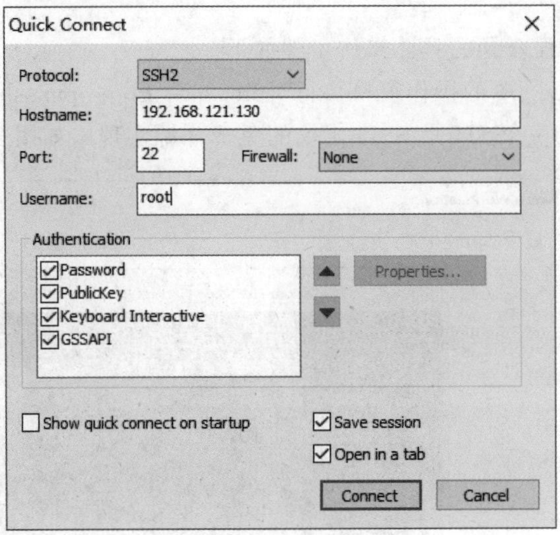

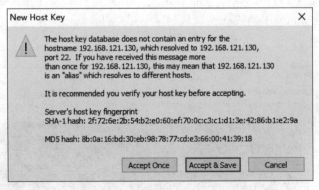

图 2-47   Quick Connect 窗口

（4）在图 2-47 中,填写虚拟机 Node_01 的 IP 地址 192.168.121.130 和登录用户 root。单击 Connect 按钮连接虚拟机 Node_01,在弹出的 New Host Key 窗口创建主机密钥,如图 2-48 所示。

图 2-48   New Host Key 窗口

（5）为了便于后续操作,无须每次连接都创建主机密钥,这里单击图 2-48 中的 Accept&Save 按钮保存主机密钥,在弹出的 Enter Secure Shell Password 窗口中输入用户 root 对应的密码,同时勾选 Save password 选项保存密码,如图 2-49 所示。

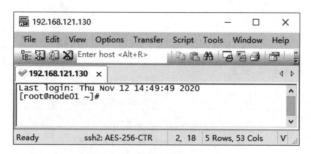

图 2-49　Enter Secure Shell Password 窗口

（6）在图 2-49 中，单击 OK 按钮连接虚拟机 Node_01，如图 2-50 所示。

图 2-50　连接虚拟机 Node_01

（7）在图 2-50 的会话窗口输入 Linux 操作系统相关的 Shell 命令操作虚拟机 Node_ 01。重复上述步骤，使用 SecureCRT 分别连接虚拟机 Node_02 和 Node_03，3 台虚拟机连接成功的效果如图 2-51 所示。

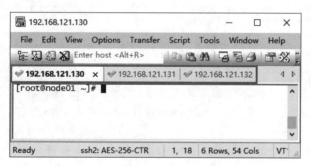

图 2-51　3 台虚拟机连接成功的效果

2. 配置 SSH 免密钥登录功能

配置 SSH 免密钥登录功能的具体操作步骤如下。

（1）在需要进行集群统一管理的虚拟机上生成密钥，这里使用虚拟机 Node_01 作为集群统一管理的虚拟机，在虚拟机 Node_01 输入"ssh-keygen -t rsa"命令生成密钥（根据提示可以不用输入任何内容，连续按 4 次 Enter 键确认即可），如图 2-52 所示。

（2）生成密钥操作默认会在虚拟机 Node_01 的 root 目录下生成一个包含密钥文件的 .ssh 隐藏目录。通过执行"cd /root/.ssh"命令进入.ssh 隐藏目录，在该目录下执行"ll -a"命

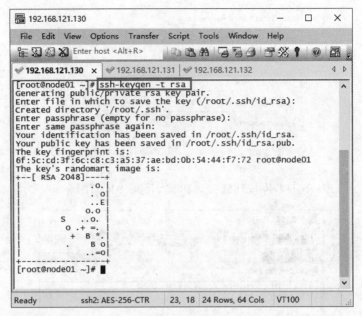

图 2-52　生成密钥

令查看当前目录下的所有文件,如图 2-53 所示。

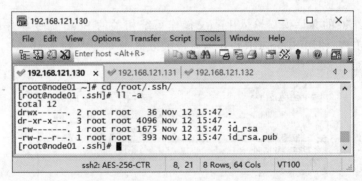

图 2-53　查看 .ssh 隐藏目录下的所有文件

在图 2-53 所示的 .ssh 隐藏目录下,id_rsa 和 id_rsa.pub 文件分别是虚拟机 Node_01 的私钥文件和公钥文件。

(3) 为了便于文件配置和虚拟机通信,通常情况下会对主机名和 IP 做映射配置,在虚拟机 Node_01 执行 vi/etc/hosts 命令编辑映射文件 hosts,在映射文件中添加如下内容。

```
192.168.121.130 node01
192.168.121.131 node02
192.168.121.132 node03
```

从上述内容可以看出,在虚拟机 Node_01 的映射文件中分别将主机名 node01、node02 和 node03 与 IP 地址 192.168.121.130、192.168.121.131 和 192.168.121.132 进行了匹配映射。为了便于虚拟机 Node_02 和 Node_03 与在集群中通过主机名与其他虚拟机进行访问,还需重复上述操作对虚拟机 Node_02 和 Node_03 进行映射文件配置。

（4）在虚拟机 Node_01 上执行"ssh-copy-id 主机名"命令，将公钥复制到相关联的虚拟机（包括自身），如图 2-54 所示。

图 2-54　将公钥复制到相关联的虚拟机

（5）在虚拟机 Node_01 执行 ssh node02 命令连接虚拟机 Node_02，进行验证免密钥登录操作，此时无须输入密码便可以直接登录到虚拟机 Node_02 进行操作，如需返回虚拟机 Node_01，执行 exit 命令即可，如图 2-55 所示。

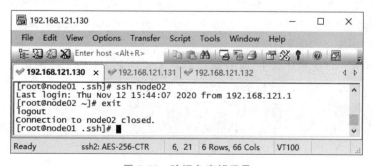

图 2-55　验证免密钥登录

需要说明的是,上述步骤只是演示了在主机名为 node01 的虚拟机上生成密钥文件,并将公钥复制到主机名为 node02 和 node03 的虚拟机,实现了单向免密登录(只有 node01 可以免密钥登录到 node02、node03 和自身)。

💣脚下留心:查看默认网段和解决 SecureCRT 中文乱码

1. 查看 VMware Workstation 提供的默认网段

在配置虚拟机网卡前,需要查看 VMware Workstation 为创建虚拟机时提供的默认网段,可以在 VMware Workstation 的主界面依次选择"编辑"→"虚拟网络编辑器"命令,打开"虚拟网络编辑器"界面进行查看,具体如图 2-56 所示。

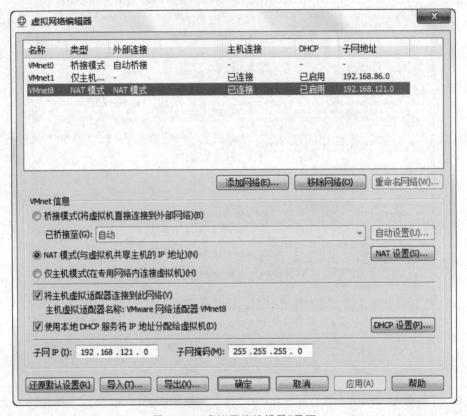

图 2-56　"虚拟网络编辑器"界面

从图 2-56 可以看出,网卡名称为 VMnet8、类型为"NAT 模式"的子网地址为 192.168.121.0,因此在后续配置固定 IP 时,IP 地址的格式应为 192.168.121.(0-255)。

2. 解决 SecureCRT 出现的乱码

在 SecureCRT 的使用过程中,窗口输出的内容可能会出现中文乱码的问题。通过选择工具栏中的 Options→Session Options 命令,弹出 Session Options 窗口,选中 Appearance,效果如图 2-57 所示。

在图 2-57 中,将 Character encoding 处的值修改为 UTF-8,具体如图 2-58 所示。

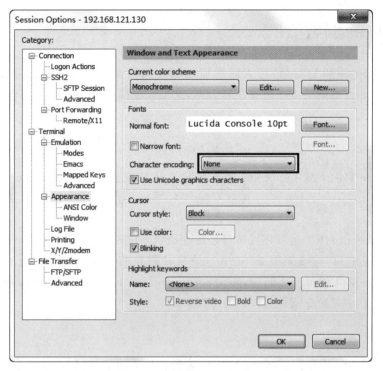

图 2-57　Session Options 窗口

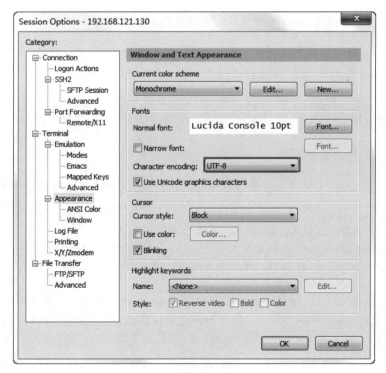

图 2-58　指定编码为 UTF-8

2.2 JDK 的部署

由于 Zookeeper 和 Hadoop 等大数据应用的运行需要 Java 环境的支持,所以在部署 Hive 前需要在 3 台虚拟机中提前安装好 JDK,这里以虚拟机 Node_01 为例,安装 JDK 的具体操作步骤如下。

1. 下载 JDK

访问 Oracle 官网下载 Linux x64 操作系统的 JDK 安装包 jdk-8u65-linux-x64.tar.gz。

2. 上传 JDK 安装包

首先通过 SecureCRT 远程连接工具连接虚拟机 Node_01,然后进入 Linux 操作系统中存放应用安装包的目录/export/software/(该目录需提前创建),最后执行 rz 命令将 JDK 安装包上传到虚拟机 Node_01 的/export/software/目录下。若无法执行 rz 命令,可以执行"yum install lrzsz -y"命令安装文件传输工具 lrzsz。

3. 安装 JDK

通过解压缩的方式安装 JDK,将 JDK 安装到存放应用的目录/export/servers/(该目录需提前创建),具体命令如下。

```
$ tar -zxvf /export/software/jdk-8u65-linux-x64.tar.gz -C /export/servers/
```

默认的 JDK 安装目录名称包含当前版本号,因此名称较长,为了便于后续配置 JDK 系统环境变量,这里将 JDK 安装目录重命名为 jdk,具体命令如下。

```
$ mv /export/servers/jdk1.8.0_65/ jdk
```

4. 配置 JDK 系统环境变量

执行 vi /etc/profile 命令编辑系统环境变量文件 profile,在文件尾部添加如下内容。

```
# 配置 JDK 系统环境变量
export JAVA_HOME=/export/servers/jdk
export PATH=$PATH:$JAVA_HOME/bin
export CLASSPATH=.:$JAVA_HOME/lib/dt.jar:$JAVA_HOME/lib/tools.jar
```

上述内容添加完毕后,保存系统环境变量文件 profile 并退出。不过此时配置内容尚未生效,还需要执行 source/etc/profile 命令初始化系统环境变量,使配置内容生效。

5. JDK 环境验证

执行"java -version"命令查看当前系统环境的 JDK 版本,验证虚拟机 Node_01 中的 JDK 环境,如图 2-59 所示。

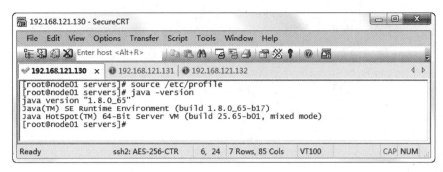

图 2-59　验证虚拟机 Node_01 中的 JDK 环境

从图 2-59 可以看出,执行查看 JDK 版本的命令后,输出了"java version "1.8.0_65"…"内容,说明虚拟机 Node_01 成功安装了 JDK。

6. 分发 JDK 相关文件

通过分发虚拟机 Node_01 的 JDK 安装目录和系统环境变量文件至虚拟机 Node_02 和 Node_03 的方式,在这两台虚拟机上安装 JDK,具体命令如下。

```
#分发 JDK 安装目录至虚拟机 Node_02 和 Node_03(需提前创建目录/export/servers/)
$ scp -r /export/servers/jdk/ root@node02:/export/servers/
$ scp -r /export/servers/jdk/ root@node03:/export/servers/
#分发系统环境变量文件至虚拟机 Node_02 和 Node_03
$ scp /etc/profile root@node02:/etc/profile
$ scp /etc/profile root@node03:/etc/profile
```

分别完成将 JDK 安装目录和系统环境变量文件分发至虚拟机 Node_02 和 Node_03 之后,还需要执行 source/etc/profile 命令使环境变量生效。

至此,便完成在虚拟机 Node_01、Node_02 和 Node_03 上安装 JDK。

2.3　Zookeeper 的部署

Zookeeper 为 Hadoop 集群提供自动故障转移和数据一致性服务。一个 Zookeeper 集群可以存在多个 Follower 和 Observer 服务器,而 Leader 服务器只允许存在一台。如果 Leader 服务器发生故障导致宕机,那么 Zookeeper 集群中其他服务器会通过半数以上投票选举一个新的 Leader 服务器。在选举过程中,为防止出现投票数不过半无法选举出新的 Leader 服务器而造成集群不可用的现象,称为脑裂。

为避免上述现象的出现,通常将 Zookeeper 集群中服务器的数量规划为 $2n+1$ 台,即奇数个。本章详细讲解在 3 台服务器上部署 Leader+Follower 模式的 Zookeeper 集群。

2.3.1　Zookeeper 集群的安装与配置

Zookeeper 是分布式应用程序协调服务,本项目使用 Zookeeper 的版本为 3.4.10,Zookeeper 的安装与配置具体操作步骤如下(这里以虚拟机 Node_01 为例)。

1. 下载 Zookeeper 安装包

访问 Apache 资源网站下载 Linux 操作系统的 Zookeeper 安装包 zookeeper-3.4.10.tar.gz。

2. 上传 Zookeeper 安装包

使用 SecureCRT 远程连接工具连接虚拟机 Node_01，在存放应用安装包的目录 /export/software/ 下执行 rz 命令上传 Zookeeper 安装包。

3. 安装 Zookeeper

通过解压缩的方式安装 Zookeeper，将 Zookeeper 安装到存放应用的目录 /export/servers/，具体命令如下。

```
$ tar -zxvf /export/software/zookeeper-3.4.10.tar.gz -C /export/servers/
```

4. 配置 Zookeeper

配置 Zookeeper 的具体操作步骤如下。

（1）进入 Zookeeper 安装目录下的 conf 目录，复制 Zookeeper 的配置模板文件 zoo_sample.cfg 并命名为 zoo.cfg，具体命令如下。

```
$ cp zoo_sample.cfg zoo.cfg
```

（2）执行"vi zoo.cfg"命令编辑 Zookeeper 配置文件，修改参数 dataDir 配置存储快照文件的目录，添加参数 server.x 指定 Zookeeper 集群中包含的服务器，配置文件修改完成后内容如下。

```
# The number of milliseconds of each tick
# 设置通信心跳数
tickTime=2000
# The number of ticks that the initial
# synchronization phase can take
# 设置初始通信时限
initLimit=10
# The number of ticks that can pass between
# sending a request and getting an acknowledgement
# 设置同步通信时限
syncLimit=5
# the directory where the snapshot is stored.
# do not use /tmp for storage, /tmp here is just
# example sakes.
# 配置存储快照文件的目录，默认情况下事务日志也会存储在这个目录，
# 后续的 myid 文件也存放在该目录下
dataDir=/export/data/zookeeper/zkdata
# the port at which the clients will connect
# 设置客户端连接的端口号
```

```
clientPort=2181
# the maximum number of client connections.
# increase this if you need to handle more clients
# maxClientCnxns=60
# Be sure to read the maintenance section of the
# administrator guide before turning on autopurge.
# http://zookeeper.apache.org/doc/current/zookeeperAdmin.html#sc_maintenance
# The number of snapshots to retain in dataDir
# autopurge.snapRetainCount=3
# Purge task interval in hours
# Set to "0" to disable auto purge feature
#autopurge.purgeInterval=1
# 配置 ZK 集群的服务器编号以及对应的主机名、通信端口号(心跳端口号)、选举端口号
server.1=node01:2888:3888
server.2=node02:2888:3888
server.3=node03:2888:3888
```

针对配置文件 zoo.cfg 中的参数 server.1＝node01：2888：3888 进行讲解，其中，server.1 表示服务器的编号为 1，该编号与 myid 文件内容保持一致；node01 表示这个服务器的主机名（IP 地址）；2888 表示 Follower 与 Leader 进行通信和数据同步所使用的端口；3888 表示 Leader 选举过程中的投票通信端口。

（3）根据配置文件 zoo.cfg 中参数 dataDir 指定内容，在/export/data/zookeeper/目录下创建文件夹 zkdata，具体命令如下。

```
$ mkdir -p /export/data/zookeeper/zkdata
```

（4）在文件夹 zkdata 下创建文件 myid，该文件的内容就是服务器编号（虚拟机 Node_01 对应编号 1，虚拟机 Node_02 对应编号 2，虚拟机 Node_03 对应编号 3），具体命令如下。

```
$ cd /export/data/zookeeper/zkdata
$ echo 1 > myid
```

（5）执行 vi/etc/profile 命令编辑系统环境变量文件 profile，配置 Zookeeper 环境变量，在文件末尾添加如下内容。

```
export ZK_HOME=/export/servers/zookeeper-3.4.10
export PATH=$PATH:$ZK_HOME/bin
```

5. 分发 Zookeeper 相关文件

为了便于快速配置集群中的其他服务器，这里将虚拟机 Node_01 中的 Zookeeper 安装目录和系统环境变量文件分发到虚拟机 Node_02 和 Node_03，具体命令如下。

```
#将 Zookeeper 安装目录分发到虚拟机 Node_02 和 Node_03
$ scp -r /export/servers/zookeeper-3.4.10/ node02:/export/servers/
$ scp -r /export/servers/zookeeper-3.4.10/ node03:/export/servers/
```

```
#将系统环境变量文件分发到虚拟机 Node_02 和 Node_03
$ scp /etc/profile node02:/etc/profile
$ scp /etc/profile node03:/etc/profile
```

完成分发操作，分别在虚拟机 Node_01、Node_02 和 Node_03 中执行 source /etc/profile 命令初始化系统环境变量。

分别在虚拟机 Node_02 和 Node_03 中创建目录/export/data/zookeeper/zkdata，并在该目录下创建文件 myid 用于写入配置文件中设置的服务器编号。在虚拟机 Node_02 的 myid 文件中写入值 2，在虚拟机 Node_03 的 myid 文件中写入值 3，具体命令如下。

```
#在虚拟机 Node_02 的/export/data/zookeeper/zkdata 目录创建文件 myid 并写入值 2
$ echo 2 > myid
#在虚拟机 Node_03 的/export/data/zookeeper/zkdata 目录创建文件 myid 并写入值 3
$ echo 3 > myid
```

至此，完成了 Zookeeper 集群的安装与配置。

2.3.2 Zookeeper 集群的启动与关闭

截止目前，完成了 Zookeeper 集群的安装与配置。接下来，分步骤讲解 Zookeeper 集群的启动与关闭。

1. 启动 Zookeeper 集群

默认情况下 Centos 会开启防火墙（firewalld），这会导致集群中各虚拟机 Zookeeper 服务的通信被禁止，为了解决此类问题，在启动 Zookeeper 集群前，需要关闭所有虚拟机的防火墙服务。这里以虚拟机 Node_01 为例，具体命令如下。

```
#查看防火墙服务启动状态
$ systemctl status firewalld
#关闭防火墙服务(临时)
$ systemctl stop firewalld
#禁止防火墙开机启动(永久)
$ systemctl disable firewalld
```

分别在虚拟机 Node_01、Node_02 和 Node_03 中执行"zkServer.sh start"命令启动 Zookeeper 服务，如图 2-60～图 2-62 所示。

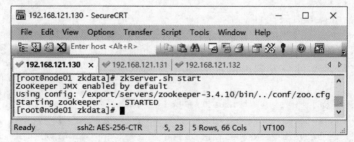

图 2-60 在虚拟机 Node_01 中启动 Zookeeper 服务

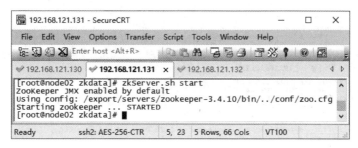

图 2-61　在虚拟机 Node_02 中启动 Zookeeper 服务

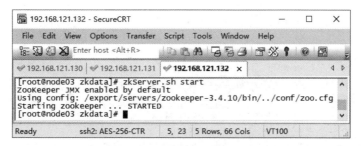

图 2-62　在虚拟机 Node_03 中启动 Zookeeper 服务

2. 查看 Zookeeper 服务状态

分别在虚拟机 Node_01、Node_02 和 Node_03 中执行"zkServer.sh status"命令查看 Zookeeper 服务状态及角色，如图 2-63～图 2-65 所示。

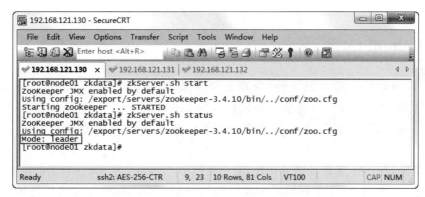

图 2-63　虚拟机 Node_01 中 Zookeeper 服务状态及角色

从图 2-63～图 2-65 可以看出，3 台虚拟机的 Zookeeper 服务成功启动，此时 Zookeeper 集群选举虚拟机 Node_01 作为 Leader，其他两台虚拟机为 Follower。

3. 关闭 Zookeeper 集群

Zookeeper 集群的关闭比较简单，只需要在虚拟机 Node_01、Node_02 和 Node_03 中分别执行"zkServer.sh stop"命令即可关闭当前虚拟机的 Zookeeper 服务。

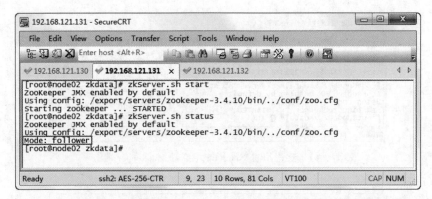

图 2-64　虚拟机 Node_02 中 Zookeeper 服务状态及角色

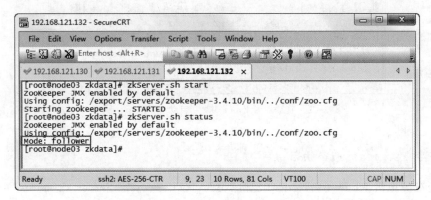

图 2-65　虚拟机 Node_03 中 Zookeeper 服务状态及角色

2.4　Hadoop 的部署

Hadoop 的部署方式分为 3 种，分别是独立模式（standalone mode）、伪分布式模式（pseudo-distributed mode）和完全分布式模式（cluster mode）。在实际应用开发中，通常使用完全分布式模式构建 Hadoop 集群，前两种模式主要用于学习和调试，只需了解即可。

为了提高 Hadoop 集群的高可用性，通常使用 Zookeeper 为 Hadoop 集群提供自动故障转移和数据一致性服务，本节详细讲解基于 Zookeeper 部署 Hadoop 高可用集群。

2.4.1　Hadoop 高可用集群的规划

为了提高 Hadoop 集群的高可用性，集群中至少需要两个 NameNode 节点（一个主节点，一个备用节点）和两个 ResourceManager 节点（一个主节点，一个备用节点）以满足HDFS 和 Yarn 的高可用性，同时为了满足"过半写入则成功"的原则，集群中至少需要 3 个JournalNode 节点，这里使用 3 台虚拟机 Node_01、Node_02 和 Node_03 部署 Hadoop 高可用集群，具体规划如表 2-2 所示。

表 2-2　Hadoop 高可用集群规划

虚拟机	主机名	Name Node	Data Node	Resource Manager	Node Manager	Journal Node	Zookeeper	ZKFC
Node_01	node01	√（主）	√	√（主）	√	√	√	√
Node_02	node02	√（备）	√	√（备）	√	√	√	√
Node_03	node03		√		√	√	√	

从表 2-2 可以看出，若想要成功启动 Hadoop 高可用集群，则必须启动多个相关的服务，相关服务的具体介绍如下。

（1）NameNode：用于存储 Hadoop 集群的元数据信息以及数据文件和数据块的对应信息。

（2）DataNode：用于存储真实数据文件，周期性向 NameNode 汇报心跳和数据块信息。

（3）ResourceManager：资源调度器，负责 Hadoop 集群中所有资源的统一管理和分配；也负责接收来自 NodeManager 的资源汇报信息，并把这些信息按照一定的策略分配给各个应用程序。

（4）NodeManager：执行应用程序的容器，负责监控应用程序的资源使用情况并及时向调度器（ResourceManager）汇报。

（5）JournalNode：主要负责两个 NameNode 之间的通信。JournalNode 通常在 DataNode 节点启动，且至少为 3 个节点（注意：必须为奇数个），系统可以容忍至少 3 个节点失败而不影响正常运行，即过半写入则成功。

（6）Zookeeper：表示 Zookeeper 服务。

（7）ZKFC：全称 ZKFailoverController，它是 Zookeeper 的客户端，用于监视和管理 NameNode 的状态。由于 NameNode 和 ZKFC 的关系是一对一的，所以运行 NameNode 的每台服务器也需要运行 ZKFC。

2.4.2　安装 Hadoop

Hadoop 是由 Apache 基金会开发的分布式存储和计算框架，本项目使用的 Hadoop 版本为 2.7.4，读者可以访问 Apache 资源网站下载使用。接下来，以规划的集群主节点虚拟机 Node_01 为例详细讲解如何安装 Hadoop。

（1）使用 SecureCRT 远程连接工具连接虚拟机 Node_01，在存放应用安装包的目录 /export/software/下执行 rz 命令上传 Hadoop 安装包 hadoop-2.7.4.tar.gz。

（2）通过解压缩的方式安装 Hadoop，将 Hadoop 安装到存放应用的目录/export/servers/，具体命令如下。

```
$ tar -zxvf /export/software/hadoop-2.7.4.tar.gz -C /export/servers/
```

（3）执行 vi /etc/profile 命令编辑系统环境变量文件 profile，配置 Hadoop 环境变量，在文件末尾添加如下内容。

```
# 配置 Hadoop 系统环境变量
export HADOOP_HOME=/export/servers/hadoop-2.7.4
export PATH=$PATH:$HADOOP_HOME/bin:$HADOOP_HOME/sbin
```

　　完成系统环境变量文件 profile 配置后保存退出,不过此时配置内容尚未生效,还需要执行 source /etc/profile 命令初始化系统环境变量,使配置内容生效。

　　(4) 执行 hadoop version 命令查看 Hadoop 版本,如图 2-66 所示。

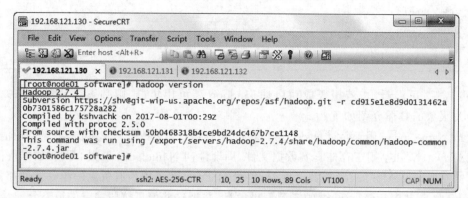

图 2-66　查看 Hadoop 版本

　　从图 2-66 可以看出,当前 Hadoop 版本为 2.7.4,说明 Hadoop 安装成功。

　　(5) 在 Hadoop 安装目录下通过 ll 命令查看 Hadoop 目录结构,如图 2-67 所示。

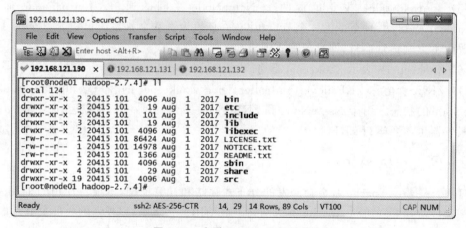

图 2-67　查看 Hadoop 目录结构

　　从图 2-67 可以看出,Hadoop 安装目录包括 bin、etc、include、lib、libexec、sbin、share 和 src,共 8 个,以及其他一些文件,下面简单介绍各目录的内容及作用。

- **bin**:存放操作 Hadoop 相关服务(HDFS、Yarn)的脚本,但是通常使用 sbin 目录下的脚本。
- **etc**:存放 Hadoop 配置文件,主要包含 core-site.xml、hdfs-site.xml、mapred-site.xml 等从 Hadoop 1.0 继承而来的配置文件和 yarn-site.xml 等 Hadoop 2.0 新增的配置文件。
- **include**:对外提供的编程库头文件(具体动态库和静态库在 lib 目录中),这些头文件均是用 C++ 定义的,通常用于 C++ 程序访问 HDFS 或者编写 MapReduce 程序。
- **lib**:该目录包含了 Hadoop 对外提供的编程动态库和静态库,与 include 目录中的头文件结合使用。

- **libexec**：各服务使用的 shell 配置文件所在的目录，可用于配置日志输出、启动参数（如 JVM 参数）等基本信息。
- **sbin**：该目录存放 Hadoop 管理脚本，主要包含 HDFS 和 Yarn 中各类服务的启动/关闭脚本。
- **share**：Hadoop 各模块编译后的 jar 包所在的目录。
- **src**：Hadoop 的源码包。

至此，便完成虚拟机 Node_01 中 Hadoop 的安装。Hadoop 配置内容较多，为了避免在集群中每台虚拟机中重复配置 Hadoop，这里可以先不用在虚拟机 Node_02 和 Node_03 中安装 Hadoop，待虚拟机 Node_01 的 Hadoop 配置完成后，通过分发的方式在其他两台虚拟机中安装 Hadoop。

2.4.3　配置 Hadoop 高可用集群

Hadoop 默认提供了两种配置文件：一种是只读的默认配置文件，包括 core-default.xml、hdfs-default.xml、mapred-default.xml 和 yarn-default.xml，这些文件包含了 Hadoop 系统各种默认配置参数，位于 jar 文件中；另一种是自定义配置时用到的配置文件，这些文件基本没有任何配置内容，存在于 Hadoop 安装目录下的 etc/hadoop/中，包括 core-site.xml、hdfs-site.xml、mapred-site.xml 和 yarn-site.xml 等，开发人员可以根据需求对默认配置文件中的参数进行修改，Hadoop 会优先选择自定义配置文件中的参数。

接下来，通过表 2-3 对部署 Hadoop 高可用集群涉及的主要配置文件及功能进行描述。

表 2-3　Hadoop 主要配置文件及功能描述

配 置 文 件	功 能 描 述
hadoop-env.sh	配置 Hadoop 运行所需的环境变量
yarn-env.sh	配置 Yarn 运行所需的环境变量
core-site.xml	Hadoop 核心全局配置文件，可在其他配置文件中引用该文件
hdfs-site.xml	HDFS 配置文件，继承 core-site.xml 配置文件
mapred-site.xml	MapReduce 配置文件，继承 core-site.xml 配置文件
yarn-site.xml	Yarn 配置文件，继承 core-site.xml 配置文件

在表 2-3 中，前两个配置文件用来配置 Hadoop 运行环境的相关信息，例如指定 JDK 安装目录、指定 Java 运行时参数等。其他 4 个配置文件用于配置 Hadoop 集群的相关信息，例如指定 Hadoop 集群相关服务所运行的虚拟机、设置 HDFS 副本数、元数据和数据块的存放位置等。

Hadoop 提供的默认配置文件 core-default.xml、hdfs-default.xml、mapred-default.xml 和 yarn-default.xml 中的参数非常之多，这里不便一一展示说明。读者可以通过访问 Hadoop 官方文档进行查看和学习。

下面详细讲解如何通过修改自定义配置文件的方式配置 Hadoop 高可用集群，这里以规划的集群主节点虚拟机 Node_01 为例，具体操作步骤如下。

1. 修改 hadoop-env.sh 文件

　　使用 SecureCRT 远程连接工具连接虚拟机 Node_01,在 Hadoop 的/etc/hadoop/目录下执行"vi hadoop-env.sh"命令,编辑 hadoop-env.sh 文件,指定 Hadoop 运行时使用的 JDK,将文件内默认的 JAVA_HOME 参数修改为本地安装 JDK 的路径,修改完成后的 hadoop-env.sh 文件效果如图 2-68 所示。

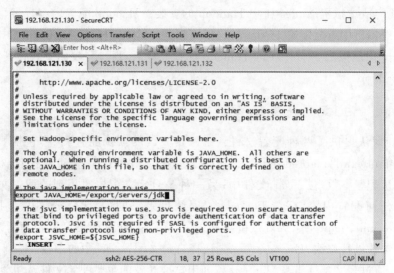

图 2-68　修改完成后的 **hadoop-env.sh** 文件

2. 修改 yarn-env.sh 文件

　　在 Hadoop 的/etc/hadoop/目录下,执行"vi yarn-env.sh"命令编辑 yarn-env.sh 文件,用于指定 Yarn 运行时使用的 JDK,将文件内默认的 JAVA_HOME 参数修改为本地安装 JDK 的路径,完成修改后的 yarn-env.sh 文件效果如图 2-69 所示。

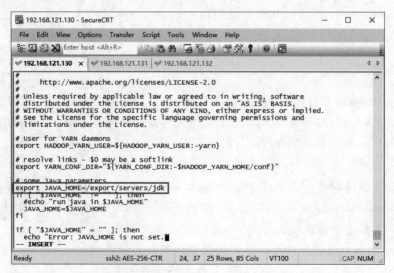

图 2-69　完成修改后的 **yarn-env.sh** 文件

3. 修改 core-site.xml 文件

该文件是 Hadoop 的核心配置文件,在 Hadoop 的/etc/hadoop/目录下,执行"vi core-site.xml"命令编辑 core-site.xml 文件,在文件的<configuration>标签内添加如下内容。

```
<property>
    <name>fs.defaultFS</name>
    <value>hdfs://ns1</value>
</property>
<property>
    <name>hadoop.tmp.dir</name>
    <value>/export/servers/hadoop-2.7.4/tmp</value>
</property>
<property>
    <name>ha.zookeeper.quorum</name>
    <value>node01:2181,node02:2181,node03:2181</value>
</property>
```

上述配置文件中,参数 fs.defaultFS 在没有配置 HA(高可用)机制的 Hadoop 集群中指定文件系统(HDFS)的通信地址,包括 NameNode 地址和端口号(通常使用9000)。由于 HA 机制下存在两个 NameNode 节点,所以无法配置单一通信地址,这里通过配置名称服务(nameservice)指定通信地址;参数 hadoop.tmp.dir 用于指定 Hadoop 集群存储临时文件的目录;参数 ha.zookeeper.quorum 用于指定 Zookeeper 集群的地址。

4. 修改 hdfs-site.xml 文件

该文件是 HDFS 的核心配置文件,在 Hadoop 的/etc/hadoop/目录下,执行"vi hdfs-site.xml"命令编辑 hdfs-site.xml 文件,在文件的<configuration>标签内添加如下内容。

```
<property>
    <name>dfs.replication</name>
    <value>3</value>
</property>
<property>
    <name>dfs.namenode.name.dir</name>
    <value>/export/data/hadoop/name</value>
</property>
<property>
    <name>dfs.datanode.data.dir</name>
    <value>/export/data/hadoop/data</value>
</property>
<property>
    <name>dfs.nameservices</name>
    <value>ns1</value>
</property>
```

```xml
<property>
    <name>dfs.ha.namenodes.ns1</name>
    <value>nn1,nn2</value>
</property>
<property>
    <name>dfs.namenode.rpc-address.ns1.nn1</name>
    <value>node01:9000</value>
</property>
<property>
    <name>dfs.namenode.http-address.ns1.nn1</name>
    <value>node01:50070</value>
</property>
<property>
    <name>dfs.namenode.rpc-address.ns1.nn2</name>
    <value>node02:9000</value>
</property>
<property>
    <name>dfs.namenode.http-address.ns1.nn2</name>
    <value>node02:50070</value>
</property>
<property>
    <name>dfs.namenode.shared.edits.dir</name>
    <value>qjournal://node01:8485;node02:8485;node03:8485/ns1</value>
</property>
<property>
    <name>dfs.journalnode.edits.dir</name>
    <value>/export/data/hadoop/journaldata</value>
</property>
<property>
    <name>dfs.ha.automatic-failover.enabled</name>
    <value>true</value>
</property>
<property>
    <name>dfs.client.failover.proxy.provider.ns1</name>
    <value>org.apache.hadoop.hdfs.server.namenode.ha
                        .ConfiguredFailoverProxyProvider</value>
</property>
<property>
    <name>dfs.ha.fencing.methods</name>
    <value>
        sshfence
        shell(/bin/true)
    </value>
</property>
<property>
    <name>dfs.ha.fencing.ssh.private-key-files</name>
    <value>/root/.ssh/id_rsa</value>
</property>
<property>
    <name>dfs.ha.fencing.ssh.connect-timeout</name>
```

```
    <value>30000</value>
</property>
<property>
    <name>dfs.webhdfs.enabled</name>
    <value>true</value>
</property>
```

上述配置文件中的参数的含义,具体介绍如下。

- dfs.replication:指定 HDFS 副本数。
- dfs.namenode.name.dir:指定 NameNode 数据(即元数据)的存放位置。
- dfs.datanode.data.dir:指定 DataNode 数据(即数据块)的存放位置。
- dfs. nameservices:指定 nameservices 名称,这里与 core-site. xml 中参数 fs. defaultFS 配置的名称一致。当外界访问集群中的 HDFS 时,通信地址就变成了这个服务,客户端不需要关心访问的是哪台 NameNode 在提供服务,此服务会自动切换到处于 Active 状态的 NameNode。
- dfs.ha.namenodes.ns1:自定义每个 NameNode 的唯一标识符,注意,这里的 ns1 是 nameservices 名称。
- dfs.namenode.rpc-address.ns1.nn1:指定标识符 nn1 的 NameNode 的 RPC 服务地址,注意,这里的 ns1 是 nameservices 名称。
- dfs.namenode.rpc-address.ns1.nn2:指定标识符 nn2 的 NameNode 的 RPC 服务地址,注意,这里的 ns1 是 nameservices 名称。
- dfs.namenode.http-address.ns1.nn1:指定标识符 nn1 的 NameNode 的 HTTP 服务地址,注意,这里的 ns1 是 nameservices 名称。
- dfs.namenode.http-address.ns1.nn2:指定标识符 nn2 的 NameNode 的 HTTP 服务地址,注意,这里的 ns1 是 nameservices 名称。
- dfs.namenode.shared.edits.dir:指定 NameNode 元数据在 JournalNode 上的共享存储目录,NameNode 主节点向目录中写入数据,NameNode 备用节点读取目录中的数据,以保证 NameNode 主/备用节点的数据同步。指定的目录名称 ns1 可以自定义,建议与 nameservices 名称一致。
- dfs.journalnode.edits.dir:指定 JournalNode 存放数据地址。
- dfs.client.failover.proxy.provider.ns1:指定访问代理类,用于确定当前处于 Active 状态的 NameNode,注意,这里的 ns1 是 nameservices 名称。
- dfs.ha.fencing.methods:配置隔离机制,确保在任何给定时间只有一个 NameNode 处于活动状态。
- dfs.ha.fencing.ssh.private-key-files:使用 sshfence 隔离机制时需要 ssh 免登录。
- dfs.ha.fencing.ssh.connect-timeout:配置 sshfence 隔离机制超时时间。
- dfs. webhdfs. enabled:开启 webhdfs 服务,不区分 NameNode 和 DataNode 的 webhdfs 端口,直接使用 NameNode 的 IP 和端口进行所有 webhdfs 操作。

5. 修改 mapred-site.xml 文件

该文件是 MapReduce 的核心配置文件,用于指定 MapReduce 运行时的框架。在

Hadoop 的 /etc/hadoop/ 目录中默认没有该文件，需要执行"cp mapred-site.xml.template mapred-site.xml"命令通过复制并重命名模板文件进行创建。创建完成后执行"vi mapred-site.xml"命令编辑 mapred-site.xml 文件，在文件的＜configuration＞标签内添加如下内容。

```
<property>
    <name>mapreduce.framework.name</name>
    <value>yarn</value>
</property>
```

在上述配置文件中，参数 mapreduce.framework.name 指定 MapReduce 作业运行在 Yarn 上。

6. 修改 yarn-site.xml 文件

该文件是 Yarn 的核心配置文件，在 Hadoop 的 /etc/hadoop/ 目录下执行"vi yarn-site.xml"命令编辑 yarn-site.xml 文件，在文件的＜configuration＞标签内添加如下内容。

```
<property>
    <name>yarn.resourcemanager.ha.enabled</name>
    <value>true</value>
</property>
<property>
    <name>yarn.resourcemanager.cluster-id</name>
    <value>yrc</value>
</property>
<property>
    <name>yarn.resourcemanager.ha.rm-ids</name>
    <value>rm1,rm2</value>
</property>
<property>
    <name>yarn.resourcemanager.hostname.rm1</name>
    <value>node01</value>
</property>
<property>
    <name>yarn.resourcemanager.hostname.rm2</name>
    <value>node02</value>
</property>
<property>
    <name>yarn.resourcemanager.zk-address</name>
    <value>node01:2181,node02:2181,node03:2181</value>
</property>
<property>
    <name>yarn.resourcemanager.recovery.enabled</name>
    <value>true</value>
</property>
<property>
```

```
    <name>yarn.resourcemanager.ha.automatic-failover.enabled</name>
    <value>true</value>
</property>
<property>
    <name>yarn.resourcemanager.store.class</name>
    <value>
org.apache.hadoop.yarn.server.resourcemanager.recovery.ZKRMStateStore
    </value>
</property>
<property>
    <name>yarn.nodemanager.aux-services</name>
    <value>mapreduce_shuffle</value>
</property>
```

上述配置文件中的参数含义,具体介绍如下。

- yarn.resourcemanager.ha.enabled:开启 ResourceManager 的 HA 机制。
- yarn.resourcemanager.cluster-id:自定义 ResourceManager 集群的标识符。
- yarn.resourcemanager.ha.rm-ids:自定义集群中每个 ResourceManager 节点的唯一标识符。
- yarn.resourcemanager.hostname.rm1:指定标识符 rm1 的 ResourceManager 节点。
- yarn.resourcemanager.hostname.rm2:指定标识符 rm2 的 ResourceManager 节点。
- yarn.resourcemanager.zk-address:指定 Zookeeper 集群地址。
- yarn.resourcemanager.recovery.enabled:开启自动恢复功能。
- yarn.resourcemanager.ha.automatic-failover.enabled:开启故障自动转移。
- yarn.resourcemanager.store.class:ResourceManager 存储信息的方式,支持 3 种存储介质的配置,即 Zookeeper、内存和 HDFS,在 HA 机制下使用 Zookeeper(ZKRMStateStore)作为存储介质。
- yarn.nodemanager.aux-services:配置 NodeManager 上运行的附属服务。需要配置成 mapreduce_shuffle 才可以在 Yarn 上运行 MapReduce 程序。

7. 修改 slaves 文件

该文件用于记录 Hadoop 集群所有 DataNode 和 NodeManager 的主机名,用来配合一键启动脚本启动集群从节点。打开该配置文件,删除文件中默认存在的 localhost,添加如下内容。

```
node01
node02
node03
```

上述配置文件中,配置了 Hadoop 集群所有从节点的主机名为 node01、node02 和 node03。

8. 分发文件

为了便于快速配置 Hadoop 集群中其他服务器,这里将虚拟机 Node_01 中的 Hadoop 安装目录和系统环境变量文件分发到虚拟机 Node_02 和 Node_03,具体命令如下。

```
#将 Hadoop 安装目录分发到虚拟机 Node_02 和 Node_03
$ scp -r /export/servers/hadoop-2.7.4/ root@node02:/export/servers/
$ scp -r /export/servers/hadoop-2.7.4/ root@node03:/export/servers/
#将系统环境变量文件分发到虚拟机 Node_02 和 Node_03
$ scp /etc/profile root@node02:/etc/
$ scp /etc/profile root@node03:/etc/
```

完成分发操作,分别在虚拟机 Node_02 和 Node_03 中执行 source/etc/profile 命令初始化系统环境变量。

至此,整个 Hadoop 高可用集群所有节点就都有了 Hadoop 运行所需的环境和文件,Hadoop 高可用集群也就配置完成了。

2.4.4　启动 Hadoop 高可用集群

通过前面 3 小节的操作,已经成功部署 Hadoop 高可用集群,本节详细讲解如何正确启动 Hadoop 高可用集群,具体操作步骤如下。

1. 启动 Zookeeper

因为 Hadoop 高可用集群依赖于 Zookeeper 集群,所以在启动 Hadoop 高可用集群前需要确保启动 Zookeeper 集群,在 3 台虚拟机 Node_01、Node_02 和 Node_03 中分别执行 "zkServer.sh status" 命令查看每台虚拟机的 Zookeeper 服务状态,若处于关闭状态,则执行 "zkServer.sh start" 命令启动每台虚拟机的 Zookeeper 服务。

2. 启动 JournalNode

由于 JournalNode 负责两个 NameNode 间通信,为了避免 Hadoop 高可用集群启动后两个 NameNode 间无法正常通信,需要在 3 台虚拟机 Node_01、Node_02 和 Node_03 中分别启动 JournalNode,具体命令如下。

```
$ hadoop-daemon.sh start journalnode
```

分别在 3 台虚拟机中执行上述命令启动 JournalNode,启动完成后执行 jps 命令查看 JournalNode 是否成功启动,若出现 JournalNode 进程则证明 JournalNode 启动成功,具体效果如图 2-70～图 2-72 所示。

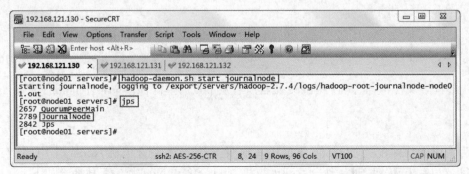

图 2-70　虚拟机 Node_01 中启动的 JournalNode

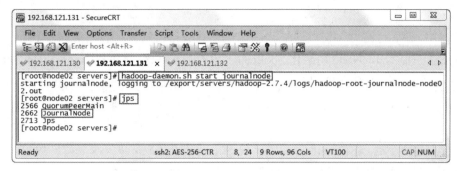

图 2-71　虚拟机 Node_02 中启动的 JournalNode

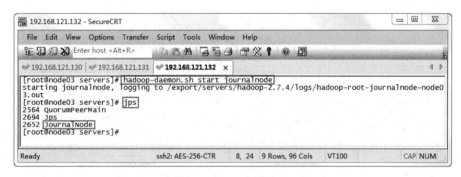

图 2-72　虚拟机 Node_03 中启动的 JournalNode

3. 初始化 NameNode（仅初次启动执行）

NameNode 需要进行初始化操作才可以使用，在 Hadoop 主节点虚拟机 Node_01 上执行如下命令初始化 NameNode。

```
$ hdfs namenode -format
```

执行上述命令后，若初始化完成后出现 successfully formatted 信息，则证明初始化操作成功，否则，就需要查看命令是否正确，或者 Hadoop 集群的安装和配置是否正确。初始化 NameNode 的效果如图 2-73 所示。

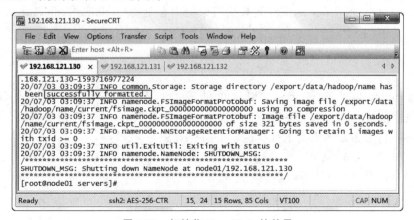

图 2-73　初始化 NameNode 的效果

4. 初始化 Zookeeper（仅初次启动执行）

在任意一台 NameNode 初始化 Zookeeper 中的 HA 状态，这里以 NameNode 主节点虚拟机 Node_01 为例，具体命令如下。

```
$ hdfs zkfc -formatZK
```

执行上述命令后，若初始化完成后出现 Successfully created xxx in ZK 内容，则证明 Zookeeper 中的 HA 状态初始化操作成功，具体效果如图 2-74 所示。

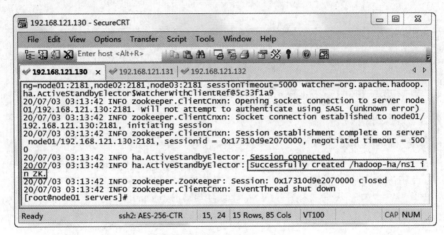

图 2-74   初始化 Zookeeper

5. NameNode 同步（仅初次启动执行）

NameNode 主节点执行初始化命令后，需要将元数据目录的内容复制到其他未初始化的 NameNode 备用节点（即虚拟机 Node_02）上，以此确保主节点和备用节点数据是一致的。在虚拟机 Node_01 上执行如下命令实现 NameNode 同步。

```
$ scp -r /export/data/hadoop/name/ root@node02:/export/data/hadoop/
```

上述命令将 NameNode 主节点元数据目录的内容复制到 NameNode 备用节点的元数据目录中。

6. 启动 HDFS

启动 Hadoop 集群的 HDFS，此时虚拟机 Node_01 和 Node_02 上的 NameNode 和 ZKFC 以及虚拟机 Node_01、Node_02 和 Node_03 上的 DataNode 都会被启动。在虚拟机 Node_01 上执行如下命令启动 Hadoop 集群的 HDFS。

```
$ start-dfs.sh
```

7. 启动 Yarn

启动 Hadoop 集群的 Yarn，此时虚拟机 Node_01 上的 ResourceManager 以及虚拟机 Node_01、Node_02 和 Node_03 上的 NodeManager 都会被启动，在虚拟机 Node_01 上执行如下命令启动 Hadoop 集群的 Yarn。

```
$ start-yarn.sh
```

需要注意的是，执行上述命令后，备用节点（虚拟机 Node_02）上的 ResourceManager 并不会启动，因此需要在虚拟机 Node_02 上执行"yarn-daemon.sh start resourcemanager"命令来启动备用节点的 ResourceManager。

8. 查看 Hadoop 集群各节点服务的启动情况

分别在 3 台虚拟机 Node_01、Node_02 和 Node_03 上执行 jps 命令，查看 Hadoop 高可用集群各节点相关服务进程是否成功启动，具体效果如图 2-75～图 2-77 所示。

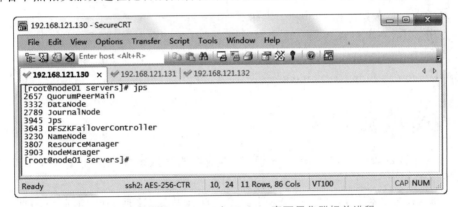

图 2-75　虚拟机 Node_01 上 Hadoop 高可用集群相关进程

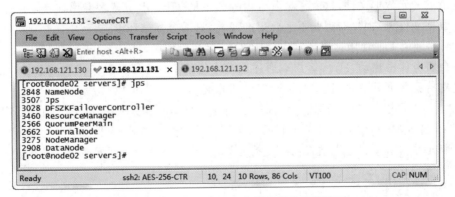

图 2-76　虚拟机 Node_02 上相关服务启动情况

从图 2-75～图 2-77 可以看出，3 台虚拟机的启动结果与 Hadoop 高可用集群规划时各虚拟机启动的进程一致，说明已经成功启动 Hadoop 高可用集群。

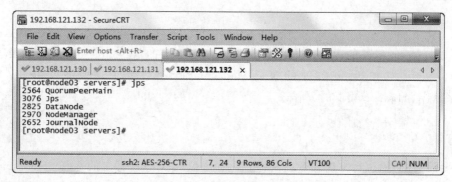

图 2-77   虚拟机 Node_03 上相关服务启动情况

📖多学一招：关闭 Hadoop 高可用集群

关闭 Hadoop 高可用集群需按照如下顺序进行操作。

1. 关闭 ResourceManager 备用节点，在虚拟机 Node_02 上执行"yarn-daemon.sh stop resourcemanager"命令。

2. 关闭 Yarn，在虚拟机 Node_01 上执行"stop-yarn.sh"命令。

3. 关闭 hdfs，在虚拟机 Node_01 上执行"stop-dfs.sh"命令。

4. 关闭 JournalNode，分别在 3 台虚拟机 Node_01、Node_02 和 Node_03 上执行"hadoop-daemon.sh stop journalnode"命令。

2.5   Hive 的部署

Hive 有 3 种部署模式，分别是嵌入模式、本地模式和远程模式。关于这 3 种部署模式的具体介绍如下。

（1）嵌入模式。使用内嵌的 Derby 数据库存储元数据，这是 Hive 最简单的部署方式。在嵌入模式下运行 Hive 时，会在当前目录下生成元数据文件，只能有一个 Hive 客户端使用该目录下的元数据文件，这就意味着嵌入模式下的 Hive 不支持多会话连接，并且不同目录的元数据文件无法共享，因此不适合生产环境，只适合测试环境。

（2）本地模式。使用独立数据库（MySQL）存储元数据，Hive 客户端和 Metastore 服务在同一台服务器中启动，Hive 客户端通过连接本地的 Metastore 服务获取元数据信息。本地模式支持元数据共享，并且支持本地多会话连接。

（3）远程模式。与本地模式一样都是使用独立数据库（MySQL）存储元数据，不同的是 Hive 客户端和 Metastore 服务在不同的服务器启动，Hive 客户端通过远程连接 Metastore 服务获取元数据信息。远程模式同样支持元数据共享，并且支持远程多会话连接。

2.5.1   Hive 部署之嵌入模式

本节详细讲解如何在虚拟机 Node_01 中使用嵌入模式部署 Hive，具体操作步骤如下。

1. 下载 Hive 安装包

本项目使用的 Hive 版本为 2.3.7，读者可以访问 Apache 资源网站下载使用。

2. 上传 Hive 安装包

使用 SecureCRT 远程连接工具连接虚拟机 Node_01，在存放应用安装包的目录 /export/software/ 中执行 rz 命令上传 Hive 安装包 apache-hive-2.3.7-bin.tar.gz。

3. 安装 Hive

通过解压缩的方式安装 Hive，将 Hive 安装到存放应用的目录 /export/servers/，具体命令如下。

```
$ tar -zxvf /export/software/apache-hive-2.3.7-bin.tar.gz -C
/export/servers/
```

4. 初始化 Derby

在启动 Hive 之前需要在 Hive 的安装目录下进行初始化 Derby 数据库的操作，具体命令如下。

```
$ bin/schematool -initSchema -dbType derby
```

执行上述命令，若出现 schemaTool completed 信息，则证明成功初始化 Derby 数据库，如图 2-78 所示。

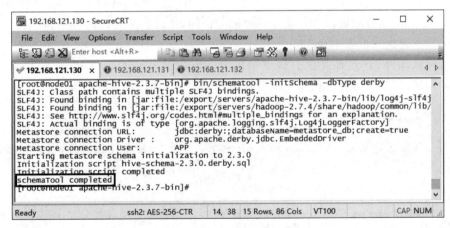

图 2-78　成功初始化 Derby 数据库

5. 启动 Hive 客户端工具

在 Hive 安装目录下执行 "bin/hive" 命令启动 Hive 客户端工具 HiveCLI，具体如图 2-79 所示。

在图 2-79 中，可以执行 "quit;" 命令退出 Hive 客户端工具 HiveCLI，此时在 Hive 安装目录下会默认生成文件 derby.log 和文件夹 metastore_db，其中文件 derby.log 用于记录 Derby 数据库日志信息；文件夹 metastore_db 存储 Derby 数据库元数据。

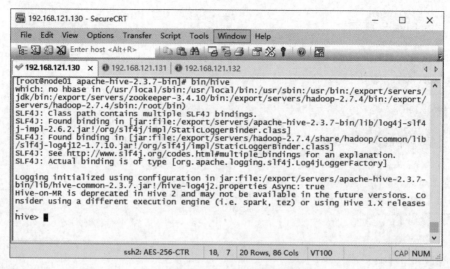

图 2-79　Hive 客户端工具 HiveCLI

需要注意的是,内嵌模式下 Hive 默认会将数据存储在 HDFS 的/user/hive/warehouse 目录下,此目录会在创建表或数据库操作后自动创建。

2.5.2　Hive 部署之本地模式

本地模式部署本质上是将 Hive 默认的元数据存储介质由内嵌的 Derby 数据库替换为独立数据库,即 MySQL 数据库。这样,无论在任何目录下通过 Hive 客户端工具,访问的元数据信息是一致的,并且可以实现多个用户同时访问,从而实现元数据的共享。本节详细讲解如何使用本地模式部署 Hive。

本地模式部署 Hive 需要在一台虚拟机上同时安装 MySQL 和 Hive,这里以虚拟机 Node_02 为例,详细讲解如何使用本地模式部署 Hive,具体操作步骤如下。

1. 安装 MySQL

使用在线安装 MySQL 的方式,安装 MySQL 5.7 版本,需要注意的是,在线安装需要确保虚拟机可以连接外网,具体命令如下。

```
# 下载并安装 wget 工具,wget 是 Linux 中下载文件的工具
$ yum install wget -y
# 下载 MySQL 5.7 的 yum 资源库,资源库文件会下载到当前目录下
$ wget -i -c http://repo.mysql.com/yum/mysql-5.7-community/el/7/x86_64/mysql57-community-release-el7-10.noarch.rpm
# 安装 MySQL 5.7 的 yum 资源库
$ yum -y install mysql57-community-release-el7-10.noarch.rpm
# 导入 MySQL 最新公钥
$ rpm --import https://repo.mysql.com/RPM-GPG-KEY-mysql-2022
# 安装 MySQL 5.7 服务
$ yum -y install mysql-community-server
```

2. 启动 MySQL 服务

MySQL 安装完成后,执行“systemctl start mysqld.service”命令启动 MySQL 服务,待

MySQL 服务启动完成后,执行"systemctl status mysqld.service"命令查看 MySQL 服务运行状态,如图 2-80 所示。

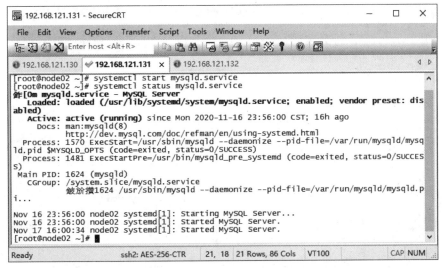

图 2-80　MySQL 服务运行状态

从图 2-80 可以看出,MySQL 服务运行状态信息中出现 active(running)信息,说明 MySQL 服务处于运行状态。

3. 登录 MySQL

MySQL 安装完成后需要通过用户名和密码进行登录,MySQL 为本地默认用户 root 自动生成密码,可以在 MySQL 的日志文件中查看此密码,具体命令如下。

```
$ grep "password" /var/log/mysqld.log
```

执行上述命令,在返回的信息中查看 MySQL 中本地默认用户 root 的密码,如图 2-81 所示。

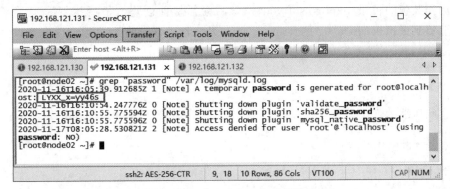

图 2-81　查看本地默认用户 root 的密码

从图 2-81 可以看出,用户 root 的默认密码是 LYXX_x=yy46s。接下来,执行"mysql -uroot -p"命令以 root 身份登录 MySQL,在弹出的"Enter password:"信息处输入密码,从而登录 MySQL 进入命令行交互界面，具体如图 2-82 所示。

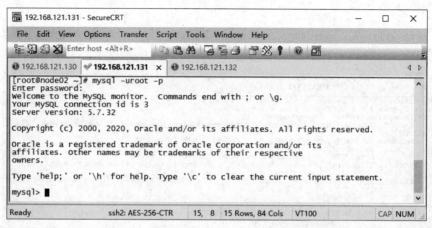

图 2-82　登录 MySQL 进入命令行交互界面

4. 修改 MySQL 密码

MySQL 默认为本地用户 root 生成的密码较为复杂并且没有逻辑性，不便于日常使用，因此，将 MySQL 默认为本地用户 root 生成的密码修改为 Itcast@2020，具体命令如下。

```
# 修改密码为 Itcast@2020，密码策略规则要求密码必须包含英文大小写、数字以及特殊符号
> ALTER USER 'root'@'localhost' IDENTIFIED BY 'Itcast@2020';
# 刷新 MySQL 配置，使得配置生效
> FLUSH PRIVILEGES;
```

上述命令执行完成后，执行"quit;"命令退出 MySQL 命令行交互界面。

5. 上传 Hive 安装包

首先通过 SecureCRT 远程连接工具连接虚拟机 Node_02，然后进入 Linux 操作系统中存放应用安装包的目录/export/software/（该目录需提前创建），最后执行 rz 命令将 Hive 安装包上传到虚拟机 Node_02 的/export/software/目录下。若无法执行 rz 命令，可以执行"yum install lrzsz -y"命令安装文件传输工具 lrzsz。

6. 安装 Hive

通过解压缩的方式安装 Hive，将 Hive 安装到存放应用的目录/export/servers/，具体命令如下。

```
$ tar -zxvf /export/software/apache-hive-2.3.7-bin.tar.gz -C
/export/servers/
```

7. 配置 Hive

进入 Hive 安装目录下的 conf 目录，复制模板文件 hive-env.sh.template 并重命名为

hive-env.sh，文件 hive-env.sh 用于配置 Hive 运行环境，具体命令如下。

```
#进入 Hive 安装目录下的 conf 目录
$ cd /export/servers/apache-hive-2.3.7-bin/conf
#将文件 hive-env.sh.template 进行复制并重命名为 hive-env.sh
$ cp hive-env.sh.template hive-env.sh
```

执行"vi hive-env.sh"命令编辑文件 hive-env.sh，在文件末尾添加如下内容。

```
#指定 Hadoop 目录
export HADOOP_HOME=/export/servers/hadoop-2.7.4
#指定 Hive 配置文件所在目录
export HIVE_CONF_DIR=/export/servers/apache-hive-2.3.7-bin/conf
#指定 Hive 依赖包所在目录
export HIVE_AUX_JARS_PATH=/export/servers/apache-hive-2.3.7-bin/lib
#指定 JDK 所在目录
export JAVA_HOME=/export/servers/jdk
```

进入 Hive 安装目录下的 conf 目录，创建文件 hive-site.xml 用于配置 Hive 相关参数，具体命令如下。

```
#进入 Hive 安装目录下的 conf 目录
$ cd /export/servers/apache-hive-2.3.7-bin/conf
#创建文件 hive-site.xml
$ touch hive-site.xml
```

执行"hive-site.xml"命令编辑文件 hive-site.xml，添加如下内容。

```
<?xml version="1.0" encoding="UTF-8" standalone="no"?>
<?xml-stylesheet type="text/xsl" href="configuration.xsl"?>
<configuration>
    <property>
        <name>hive.metastore.warehouse.dir</name>
        <value>/user/hive_local/warehouse</value>
    </property>
    <property>
        <name>hive.exec.scratchdir</name>
        <value>/tmp_local/hive</value>
    </property>
    <property>
        <name>hive.metastore.local</name>
        <value>true</value>
    </property>
    <property>
        <name>javax.jdo.option.ConnectionURL</name>
        <value>jdbc:mysql://localhost:3306/hive?
                          createDatabaseIfNotExist=true&amp;useSSL=false</value>
    </property>
    <property>
```

```
            <name>javax.jdo.option.ConnectionDriverName</name>
            <value>com.mysql.jdbc.Driver</value>
        </property>
        <property>
            <name>javax.jdo.option.ConnectionUserName</name>
            <value>root</value>
        </property>
        <property>
            <name>javax.jdo.option.ConnectionPassword</name>
            <value>Itcast@2020</value>
        </property>
        <property>
            <name>hive.cli.print.header</name>
            <value>true</value>
        </property>
        <property>
            <name>hive.cli.print.current.db</name>
            <value>true</value>
        </property>
</configuration>
```

上述配置内容中的参数讲解如下。

- hive.metastore.warehouse.dir：配置 Hive 数据存储在 HDFS 上的目录。
- hive.exec.scratchdir：配置 Hive 在 HDFS 上的临时目录。
- hive.metastore.local：指定 Hive 开启本地模式。
- javax.jdo.option.ConnectionURL：配置 JDBC 连接地址。
- javax.jdo.option.ConnectionDriverName：配置 JDBC 驱动。
- javax.jdo.option.ConnectionUserName：配置连接 MySQL 的用户名。
- javax.jdo.option.ConnectionPassword：配置连接 MySQL 的密码。
- hive.cli.print.header：配置在命令行界面(CLI)中显示表的列名。
- hive.cli.print.current.db：配置在命令行界面(CLI)中显示当前数据库名称,只会在 Hive 的客户端工具 HiveCLI 生效,在 Hive 的客户端工具 Beeline 中无效。

8. 上传 JDBC 连接 MySQL 的驱动包

进入 Hive 存放依赖的 lib 目录下,执行 rz 命令上传 JDBC 连接 MySQL 的驱动包 mysql-connector-java-5.1.32.jar。

9. 配置 Hive 环境变量

执行 vi /etc/profile 命令编辑系统环境变量文件 profile,在文件末尾添加如下内容。

```
export HIVE_HOME=/export/servers/apache-hive-2.3.7-bin
export PATH=$PATH:$HIVE_HOME/bin
```

上述内容添加完毕后,保存系统环境变量文件 profile 并退出。不过此时配置内容尚未生效,还需要执行 source /etc/profile 命令初始化系统环境变量使配置内容生效。

10. 初始化 MySQL

在启动 Hive 之前需要执行"schematool -initSchema -dbType mysql"命令初始化 MySQL,若初始化完成后出现 schemaTool completed 信息,则说明成功初始化 MySQL,如图 2-83 所示。

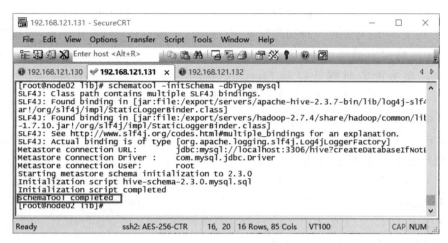

图 2-83　成功初始化 MySQL

11. 启动 Hive 客户端工具

执行 hive 命令启动 Hive 客户端工具 HiveCLI,具体如图 2-84 所示。

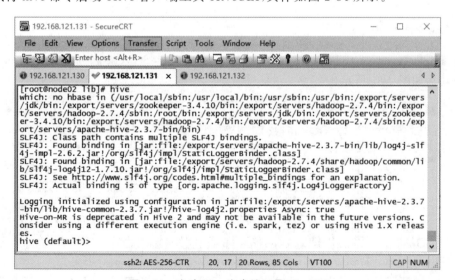

图 2-84　启动 Hive 客户端工具 HiveCLI

从图 2-84 可以看出,成功启动 Hive 客户端工具 HiveCLI 进入命令行界面,默认当前使用的数据库为 default。

至此,完成了 Hive 的本地模式部署。

2.5.3　Hive 部署之远程模式

Hive 包含两种服务,分别是 HiveServer2 和 Metastore。其中,HiveServer2 是客户端执行 Hive 查询的服务,允许远程连接的客户端使用各种编程语言向 Hive 提交请求并检索结果,其核心是基于 Thrift(远程过程调用(RPC)框架),由 Thrift 负责 Hive 的查询服务,HiveServer2 支持多客户端连接和身份认证,可以为 JDBC 和 ODBC 提供更好的支持。Metastore 是 Hive 用来管理元数据的服务,允许远程连接的客户端操作 Hive 元数据,在内嵌模式和本地模式中启动 Hive 客户端工具 HiveCLI 的同时自动启动该服务。在启动 HiveServer2 服务的同时默认启动 Metastore 服务。也就是说,HiveServer2 的本质是 Metastore 向上封装的结果,更方便用户通过远程连接方式操作 Hive。

可以通过启动 HiveServer2 服务的方式实现远程模式,也可以通过单独启动 Metastore 服务的方式实现远程模式,不过单独启动 Metastore 服务无法通过 Hive 客户端工具 Beeline 进行远程连接,只能通过 Hive 客户端工具 HiveCLI 进行远程连接。Hive 官方推荐使用的 Hive 客户端工具为 Beeline,因此本书将以启动 HiveServer2 服务的方式实现 Hive 远程模式的部署。

Beeline 是 Hive 0.11 版本引入的新命令行客户端工具,目的是替换 HiveCLI,Beeline 是基于 SQLLine CLI 的 JDBC 客户端。

实现远程模式部署 Hive 需要两台虚拟机,其中一台作为服务端,需要启动 MySQL 服务和 HiveServer2 服务,另一台作为客户端,只需要安装并配置 Hive 即可。这里使用已安装 Hive 和 MySQL 的虚拟机 Node_02 作为服务端,使用虚拟机 Node_03 作为客户端远程连接虚拟机 Node_02 中的 HiveServer2 服务操作 Hive,具体操作步骤如下。

1. 启动 HiveServer2 服务

在虚拟机 Node_02 中执行 hiveserver2 命令启动 HiveServer2 服务,HiveServer2 服务启动成功后如图 2-85 所示。

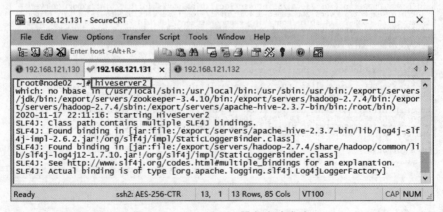

图 2-85　HiveServer2 服务启动成功

从图 2-85 可以看出,此时 HiveServer2 服务会进入监听状态,若使用后台方式启动

HiveServer2 服务，则执行"hive --service hiveserver2 &"命令。需要注意的是，通过 hiveserver2 命令启动的 HiveServer2 服务，不能关闭当前窗口，否则会停止 HiveServer2 服务。若需要手动停止 HiveServer2 服务，可以通过按下组合键 Ctrl+C 实现。

2. 上传 Hive 安装包

首先通过 SecureCRT 远程连接工具连接虚拟机 Node_03，然后进入 Linux 操作系统中存放应用安装包的目录/export/software/（该目录需提前创建），最后执行 rz 命令将 Hive 安装包上传到虚拟机 Node_03 的/export/software/目录下。若无法执行 rz 命令，可以执行"yum install lrzsz -y"命令安装文件传输工具 lrzsz。

3. 安装 Hive

在虚拟机 Node_03 通过解压缩的方式安装 Hive，将 Hive 安装到存放应用的目录/export/servers/，具体命令如下。

```
$ tar -zxvf /export/software/apache-hive-2.3.7-bin.tar.gz -C
/export/servers/
```

4. 配置 Hive

在虚拟机 Node_03 进入 Hive 安装目录下的 conf 目录，创建文件 hive-site.xml 用于配置 Hive 相关参数，具体命令如下。

```
#进入 Hive 安装目录下的 conf 目录
$ cd /export/servers/apache-hive-2.3.7-bin/conf
#创建文件 hive-site.xml
$ touch hive-site.xml
```

执行"hive-site.xml"命令编辑文件 hive-site.xml，添加如下内容。

```
<?xml version="1.0" encoding="UTF-8" standalone="no"?>
<?xml-stylesheet type="text/xsl" href="configuration.xsl"?>
<configuration>
    <property>
        <name>hive.metastore.warehouse.dir</name>
        <value>/user/hive_local/warehouse</value>
    </property>
    <property>
        <name>hive.exec.scratchdir</name>
        <value>/tmp_local/hive</value>
    </property>
    <property>
        <name>hive.metastore.local</name>
        <value>false</value>
    </property>
    <property>
```

```
        <name>hive.metastore.uris</name>
        <value>thrift://node02:9083</value>
    </property>
</configuration>
```

上述配置内容中的参数讲解如下。

- hive.metastore.warehouse.dir：配置 Hive 数据存储在 HDFS 上的目录。
- hive.exec.scratchdir：配置 Hive 在 HDFS 上的临时目录。
- hive.metastore.local：指定 Hive 不开启本地模式，因为开启本地模式会默认使用本地的 Metastore 服务。
- hive.metastore.uris：指定 Metastore 服务地址。

5. 配置 Hive 环境变量

在虚拟机 Node_03 执行 vi/etc/profile 命令编辑系统环境变量文件 profile，在文件末尾添加如下内容。

```
export HIVE_HOME=/export/servers/apache-hive-2.3.7-bin
export PATH=$PATH:$HIVE_HOME/bin
```

上述内容添加完毕后，保存系统环境变量文件 profile 并退出。不过此时配置内容尚未生效，还需要执行 source/etc/profile 命令初始化系统环境变量使配置内容生效。

6. 启动 Hive 客户端工具

在虚拟机 Node_03 执行通过 Hive 客户端工具 Beeline 远程连接虚拟机 Node_02 的 HiveServer2 服务，具体命令如下。

```
beeline -u jdbc:hive2://node02:10000 -n root -p
```

上述命令中，beeline 用于执行 beeline 命令；-u 为 beeline 命令的参数，用于指定 HiveServer2 地址；-n 为 beeline 命令的参数，用于指定用户名，这里使用的用户名为虚拟机 Node_02 的系统用户 root；-p 为 beeline 命令的参数，用于指定系统用户的密码 123456。

上述命令执行完成后，在输出信息中的“Enter password for jdbc:hive2://node02:10000/:”处输入密码，按下 Enter 键，实现在虚拟机 Node_03 中远程连接虚拟机 Node_02 的 HiveServer2 服务，成功连接虚拟机 Node_02 的 HiveServer2 服务如图 2-86 所示。

7. 验证 Hive 远程连接

通过 SecureCRT 远程连接工具再开启一个虚拟机 Node_02 的窗口，执行 hive 命令，通过 Hive 客户端工具 HiveCLI 操作本地模式下的 Hive，在 HiveCLI 的命令行界面执行“create database test;”命令创建数据库 test，创建完成后执行“show databases;”命令查看数据库列表，在虚拟机 Node_02 中 Hive 的数据库列表如图 2-87 所示。

从图 2-87 可以看出，此时在虚拟机 Node_02 的 Hive 中成功创建数据库 test，接下来在

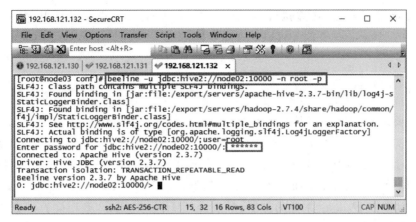

图 2-86　成功连接虚拟机 Node_02 的 HiveServer2 服务

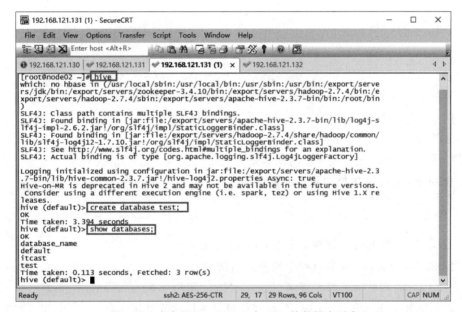

图 2-87　在虚拟机 Node_02 中 Hive 的数据库列表

虚拟机 Node_03 的 Hive 客户端工具 Beeline 中执行"show databases;"命令查看数据库列表,在虚拟机 Node_03 中 Hive 的数据库列表如图 2-88 所示。

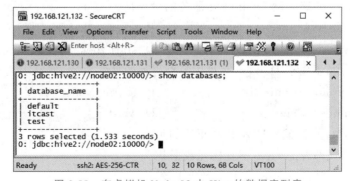

图 2-88　在虚拟机 Node_03 中 Hive 的数据库列表

从图 2-88 可以看出，在虚拟机 Node_03 中通过 Hive 客户端工具 Beeline 远程连接 Node_02 中的 Hiveserver2 服务可以正常同步数据。

2.6　本章小结

本章主要讲解了 Hive 环境部署的相关知识。首先介绍 Linux 环境的搭建过程，希望读者可以动手实践，即按照书中的步骤搭建自己的 Linux 环境；其次介绍 JDK 的部署，希望读者可以认识 JDK 以及掌握 JDK 的部署；之后介绍 Zookeeper 的部署，希望读者可以认识 Zookeeper 以及部署属于自己的 Zookeeper 集群；接着介绍 Hadoop 的部署，使读者熟悉 Hadoop，并且掌握 Hadoop 集群的部署；最后介绍 Hive 的部署，希望读者掌握 Hive 的部署，便于后续章节的学习。

2.7　课后习题

一、填空题

1. 克隆虚拟机时，与原始虚拟机不共享任何资源的克隆方式是_____克隆。
2. 网卡设置为静态路由协议后，需要添加参数 DNS1、_____、_____和_____。
3. 密钥文件 id_rsa 和 id_rsa.pub 分别是_____文件和_____文件。
4. CentOS 7 初始化系统环境的命令是_____。
5. 规划 Zookeeper 集群中服务器数量的公式为_____。

二、判断题

1. Zookeeper 集群可以存在多个 Follower 和 Leader。　　　　　　　　　　（　　）
2. 2888 表示 Leader 选举过程中的投票通信端口。　　　　　　　　　　　（　　）
3. Hadoop 的高可用集群需要两个 NameNode 和两个 ResourceManager。　　（　　）
4. 在嵌入模式下运行 Hive 时，会在当前目录下生成元数据文件。　　　　　（　　）
5. 在启动 HiveServer2 服务的同时也会默认启动 Metastore 服务。　　　　　（　　）

三、选择题

1. 下列选项中，正确启动 Zookeeper 服务的命令是（　　　）。
   A. start zkServer.sh
   B. start zookeeper
   C. zkServer.sh start
   D. start zookeeper.sh
2. 下列选项中，不属于 Hadoop 高可用集群进程的是（　　　）。
   A. DFZKFailoverController
   B. JournalNode
   C. QuorumpeerMain
   D. Master
3. 下列选项中，关于部署 Hive 说法正确的是（　　　）。
   A. 本地模式部署的 Hive 不支持元数据共享
   B. 远程模式部署的 Hive 支持元数据共享

C. HiveServer2 不支持多客户端连接

D. Hive 客户端工具 Beeline 可以远程连接单独启动的 Metastore 服务

四、简答题

简述 SSH 服务的作用。

五、操作题

通过修改主机名的命令将虚拟机 Node_01 的主机名修改为 hello。

第 3 章
Hive的数据定义语言

思政案例

学习目标:

- 掌握数据库的基本操作,能够灵活使用 HiveQL 语句对 Hive 中的数据库进行创建、查询、显示信息、切换、修改以及删除的操作。
- 了解 CREATE TABLE 句式语法,能够描述 CREATE TABLE 句式中不同子句的作用。
- 掌握数据表的基本操作,能够灵活使用 HiveQL 语句对 Hive 中的数据表进行创建、查看、修改和删除的操作。
- 掌握分区表的基本操作,能够灵活使用 HiveQL 语句对 Hive 中的分区表进行创建、查询、添加、重命名、移动和删除的操作。
- 掌握分桶表的基本操作,能够灵活使用 HiveQL 语句对 Hive 中的分桶表进行创建和查看信息的操作。
- 掌握临时表的基本操作,能够灵活使用 HiveQL 语句在 Hive 中创建临时表。
- 掌握视图的基本操作,能够灵活使用 HiveQL 语句对 Hive 中的视图进行创建、查看、修改以及删除的操作。
- 了解索引的原理,能够描述 Hive 中索引的作用与优势。
- 掌握索引的基本操作,能够灵活使用 HiveQL 语句对 Hive 数据表中的索引进行创建、查看、重建和删除的操作。

Hive 提供了用于定义数据表结构和数据库对象的语言,称为数据定义语言(简称 DDL)。接下来,本章针对 Hive 的数据定义语言(DDL)进行详细讲解。

3.1 数据库的基本操作

3.1.1 创建数据库

Hive 中创建数据库的语法格式如下。

```
CREATE (DATABASE|SCHEMA) [IF NOT EXISTS] database_name
[COMMENT database_comment]
[LOCATION hdfs_path]
[WITH DBPROPERTIES (property_name=property_value, ...)];
```

上述语法的具体讲解如下。

- CREATE（DATABASE|SCHEMA）：表示创建数据库的语句，其中 DATABASE 和 SCHEMA 含义相同，可以切换使用。
- IF NOT EXISTS：可选，用于判断创建的数据库是否已经存在，若不存在则创建数据库，反之不创建数据库。
- database_name：表示创建的数据库名称。
- COMMENT database_comment：可选，表示数据库的相关描述。
- LOCATION hdfs_path：可选，用于指定数据库在 HDFS 上的存储位置，默认存储位置取决于 Hive 配置文件 hive-site.xml 中参数 hive.metastore.warehouse.dir 指定的存储位置。
- WITH DBPROPERTIES（property_name＝property_value，...）：可选，用于设置数据库属性，其中 property_name 表示属性名称，该名称可以自定义；property_value 表示属性值，该值可以自定义。

接下来，在 Hive 客户端工具 Beeline 中创建数据库 itcast，并指定数据库文件存放在 HDFS 的/hive_db/create_db/目录中，具体命令如下。

```
CREATE DATABASE IF NOT EXISTS itcast
COMMENT "This is itcast database"
LOCATION '/hive_db/create_db/'
WITH DBPROPERTIES ("creator"="itcast", "date"="2020-08-08");
```

上述命令中，添加了数据库描述和数据库属性，其中数据库描述为 This is itcast database；数据库属性为 creator 和 date，这两个属性对应的值分别是 itcast 和 2020-08-08。

3.1.2　查询数据库

Hive 中查询数据库的语法格式如下所示。

```
SHOW (DATABASES|SCHEMAS) [LIKE 'identifier_with_wildcards'];
```

上述语法的具体讲解如下。

- SHOW（DATABASES|SCHEMAS）：表示查询数据库的语句，其中 DATABASES 和 SCHEMAS 含义相同，可以切换使用。
- LIKE 'identifier_with_wildcards'：可选，LIKE 子句用于模糊查询，identifier_with_wildcards 用于指定查询条件。

接下来，查询 Hive 中所有数据库，具体命令如下。

```
SHOW DATABASES;
```

如果要查询 Hive 中数据库名称的首字母是 i 的数据库，具体命令如下。

```
SHOW DATABASES LIKE 'i*';
```

上述命令在 Hive 客户端工具 Beeline 的执行效果如图 3-1 所示。

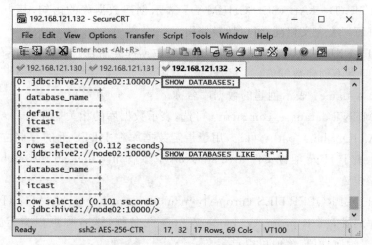

图 3-1　查询 Hive 所有数据库和指定数据库

3.1.3　查看数据库信息

Hive 中查看数据库信息的语法格式如下所示。

```
DESCRIBE|DESC (DATABASES|SCHEMAS) [EXTENDED] db_name;
```

上述语法的具体讲解如下。

- DESCRIBE|DESC（DATABASES|SCHEMAS）：表示查询数据库信息的语句，其中 DESCRIBE 和 DESC 含义相同，可以切换使用。
- EXTENDED：可选，在查询数据库的信息中显示属性。
- db_name：用于指定查询的数据库名称。

接下来，查看 Hive 中数据库 itcast 的信息，具体命令如下。

```
DESC DATABASE EXTENDED itcast;
```

上述命令在 Hive 客户端工具 Beeline 的执行效果如图 3-2 所示。

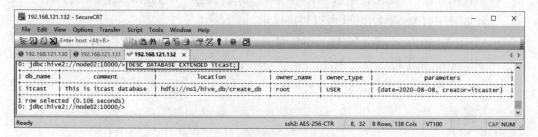

图 3-2　查看数据库 itcast 的信息

在图 3-2 中，数据库 itcast 中的信息包含 6 个字段。其中，db_name 表示数据库名称，comment 表示数据库描述，location 表示数据库在 HDFS 上的存储位置，owner_name 表示数据库所有者名称，owner_type 表示数据库所有者类型，parameters 表示数据库属性。

3.1.4　切换数据库

使用 Hive 客户端工具 Beeline 或者 HiveCLI 操作 Hive 时，默认打开的数据库是 default。如果使用已创建的其他数据库，则需要手动切换。Hive 中切换数据库的语法格式如下所示。

```
USE db_name;
```

上述语法的具体讲解如下。
- USE：表示切换数据库的语句。
- db_name：用于指定要切换的数据库名称。

例如，将当前使用的数据库切换至数据库 itcast，具体命令如下。

```
USE itcast;
```

上述命令在 Hive 客户端工具 Beeline 执行后，使用 SELECT 语句查看当前使用的数据库，具体如图 3-3 所示。

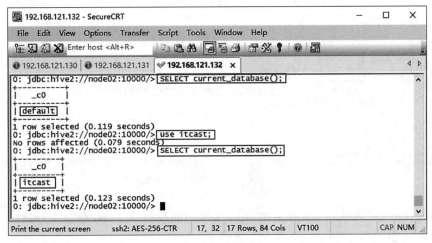

图 3-3　查看当前使用的数据库

从图 3-3 可以看出，第一次使用 SELECT 语句查看当前使用的数据库时显示的是 default，通过 USE 语句将当前使用的数据库切换到 itcast 之后，再次使用 SELECT 语句查看当前使用的数据库时显示的是 itcast，证明当前使用的数据库由 default 切换到 itcast。需要注意的是，在使用 Hive 客户端工具操作 Hive 时，一定要确认当前使用的数据库是否正确，避免将数据存储在错误的数据库中。

3.1.5　修改数据库

在 Hive 中可以修改数据库信息中的属性和所有者，修改数据库信息的语法格式如下所示。

```
/*修改数据库属性*/
ALTER (DATABASE|SCHEMA) database_name SET DBPROPERTIES
                                     (property_name=property_value, ...);
/*修改数据库所有者*/
ALTER (DATABASE|SCHEMA) database_name SET OWNER [USER|ROLE] user_or_role;
```

上述语法的具体讲解如下。

- ALTER（DATABASE｜SCHEMA）：表示修改数据库信息的语句，其中 DATABASE 和 SCHEMA 含义相同，可以切换使用。
- database_name：指定数据库名称。
- SET DBPROPERTIES（property_name＝property_value，...）：指定修改数据库信息中的属性，在修改数据库信息的属性时，若属性已经存在则覆盖之前的属性值，反之添加该属性。
- SET OWNER［USER｜ROLE］user_or_role：指定修改数据库信息中的所有者。

接下来，修改数据库 itcast 中的属性，具体命令如下。

```
ALTER DATABASE itcast SET DBPROPERTIES ("date"="2020-08-18", "locale"="beijing");
```

在 Hive 客户端工具 Beeline 中执行上述命令后，使用 DESCRIBE 查看修改后数据库 itcast 的信息，具体如图 3-4 所示。

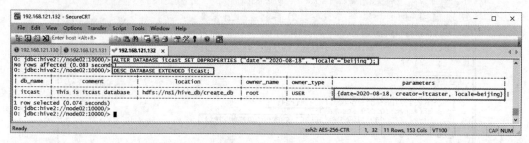

图 3-4 查看修改后数据库 itcast 的信息

通过对比图 3-2 和图 3-4 可以看出，图 3-4 展示的数据库 itcast 信息中，属性 date 的值由 2020-08-08 更改为 2020-08-18，增加了属性 locale。

3.1.6 删除数据库

Hive 中删除数据库的语法格式如下所示。

```
DROP (DATABASE|SCHEMA) [IF EXISTS] database_name [RESTRICT|CASCADE];
```

上述语法的具体讲解如下。

- DROP（DATABASE｜SCHEMA）：表示删除数据库的语句，其中 DATABASE 和 SCHEMA 含义相同，可以切换使用。
- IF EXISTS：可选，用于判断数据库是否存在。
- database_name：用于指定数据库名称。

- [RESTRICT|CASCADE]：可选，表示数据库中存在表时是否可以删除数据库。默认值为 RESTRICT，表示如果数据库中存在表则无法删除数据库。若使用 CASCADE，表示即使数据库中存在表，仍然会删除数据库并删除数据库中的表，因此需要谨慎使用 CASCADE。

接下来，删除数据库 itcast，具体命令如下。

```
DROP DATABASE IF EXISTS itcast;
```

上述命令在 Hive 客户端工具 Beeline 执行后，查询 Hive 中所有数据库，具体如图 3-5 所示。

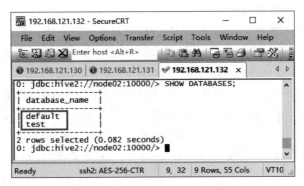

图 3-5　查询 Hive 中所有数据库

从图 3-5 可以看出，Hive 中的数据库只有 default 和 test，已经不存在数据库 itcast，证明成功删除了数据库 itcast。

3.2　数据表的基本操作

3.2.1　CREATE TABLE 句式分析

Hive 中使用 CREATE TABLE 句式创建数据表，CREATE TABLE 句式的语法格式如下。

```
CREATE [TEMPORARY] [EXTERNAL] TABLE [IF NOT EXISTS] [db_name.]table_name
  [(col_name data_type [COMMENT col_comment], ... [constraint_specification])]
  [COMMENT table_comment]
  [PARTITIONED BY (col_name data_type [COMMENT col_comment], ...)]
  [CLUSTERED BY (col_name, col_name, ...) [SORTED BY (col_name [ASC|DESC], ...)]
    INTO num_buckets BUCKETS]
  [SKEWED BY (col_name, col_name, ...)]
    ON ((col_value, col_value, ...), (col_value, col_value, ...), ...)
    [STORED AS DIRECTORIES]
  [
  [ROW FORMAT row_format]
  [STORED AS file_format]
    | STORED BY 'storage.handler.class.name' [WITH SERDEPROPERTIES (...)]
  ]
```

```
[LOCATION hdfs_path]
[TBLPROPERTIES (property_name=property_value, ...)]
[AS select_statement];
```

上述语法的具体讲解如下。

- TEMPORARY：可选，用于指定创建的表为临时表。
- EXTERNAL：可选，用于指定创建的表为外部表，若不指定则默认创建内部表。
- IF NOT EXISTS：可选，用于判断创建的表是否存在。
- db_name：可选，用于指定创建表时存放的数据库，若不指定则默认在当前数据库创建。
- table_name：指定表名称。
- col_name：指定表中的字段名称，若创建的数据表是空表，则 col_name 为可选的。
- data_type：指定字段类型，若创建的数据表是空表，则 data_type 为可选的。
- COMMENT col_comment：可选，指定字段描述。
- constraint_specification：可选，指定字段约束，支持 Hive 3.0 及以上版本。
- COMMENT table_comment：可选，指定字段描述。
- PARTITIONED BY (col_name data_type [COMMENT col_comment],...)：可选，用于创建分区表，指定分区名(col_name)、分区类型(data_type)和分区描述(col_comment)。
- [CLUSTERED BY (col_name, col_name, ...) [SORTED BY (col_name [ASC|DESC], ...)] INTO num_buckets BUCKETS]：可选，用于创建分桶表，指定分桶的字段(col_name)、根据指定字段对桶内的数据进行升序(ASC，默认)或降序(DESC)排序以及桶的数量(num_buckets)。
- [SKEWED BY (col_name, col_name, ...)] ON ((col_value, col_value, ...), (col_value, col_value, ...), ...) [STORED AS DIRECTORIES]：可选，用于创建倾斜表解决 Hive 中数据倾斜问题，其中 SKEWED BY col_name 指定出现数据倾斜的字段，ON col_value 指定数据倾斜字段中数据倾斜的值，STORED AS DIRECTORIES 将数据倾斜字段中出现频繁的值拆分成文件夹，若不指定则拆分成文件。
- ROW FORMAT row_format：可选，用于序列化行对象。
- STORED AS file_format：可选，用于创建表时指定 Hive 表的文件存储格式。
- LOCATION hdfs_path：可选，用于指定 Hive 表在 HDFS 的存储位置。
- TBLPROPERTIES（property_name = property_value，...）：可选，用于指定表属性。
- AS select_statement：可选，用于在创建表的同时将查询结果插入表中。

通过对上述创建数据库表 CREATE TABLE 句式的学习，读者对 Hive 中创建数据库表的方式有了初步认识，本章后续的内容会详细讲解 CREATE TABLE 句式的实际应用。

📖多学一招：Serde 和表属性

1. Serde

Serde 是 Serializer and Deserializer(序列化和反序列化)的简称，Hive 通过 Serde 处理

Hive 数据表中每一行数据的读取和写入,例如查询 Hive 数据表数据时,HDFS 中存放的数据表数据会通过 Serializer 序列化为字节流便于数据传输;向 Hive 数据表插入数据时,会通过 Deserializer 将数据反序列化成 Hive 数据表的每一行值,方便将数据加载到数据表中,不需要对数据进行转换。

　　Hive 中的 Serde 分为自定义 Serde 和内置 Serde,其中使用自定义 Serde 时需要在 CREATE TABLE 句式中指定 ROW FORMAT 子句的 row_format 值为 Serde,并根据 Serde 类型指定实现类;内置 Serde 需要在 CREATE TABLE 句式中指定 ROW FORMAT 子句的 row_format 值为 DELIMITED。Hive 中常用的自定义 Serde 和内置 Serde 如表 3-1 和表 3-2 所示。

表 3-1　常用的自定义 Serde

自定义 Serde	介　　绍
ROW FORMAT SERDE 'org.apache.hadoop.hive.serde2.RegexSerDe' WITH SERDEPROPERTIES ("input.regex" = "regex") STORED AS TEXTFILE;	使用正则表达式序列化/反序列化数据表的每一行数据,其中 regex 用于指定正则表达式
ROW FORMAT SERDE 'org.apache.hive.hcatalog.data.JsonSerDe' STORED AS TEXTFILE	使用 JSON 格式序列化/反序列化数据表的每一行数据
CREATE TABLE my_table(a string, b string, …) ROW FORMAT SERDE 'org.apache.hadoop.hive.serde2.OpenCSVSerde' WITH SERDEPROPERTIES (　"separatorChar" = "\t", 　"quoteChar"　　= "'", 　"escapeChar"　　= "\\") STORED AS TEXTFILE;	使用 CSV 格式序列化/反序列化数据表的每一行数据,其中 separatorChar 用于指定 CSV 文件的分隔符;quoteChar 用于指定 CSV 文件的应用符;escapeChar 用于指定 CSV 文件的转义符

表 3-2　常用的内置 Serde

内置 Serde	介　　绍
FIELDS TERMINATED BY char〔ESCAPED BY char〕	FIELDS TERMINATED 指定字段分隔符;ESCAPED 指定转义符,避免数据中存在与字段分隔符一样的字符,造成混淆
COLLECTION ITEMS TERMINATED BY char	指定集合中元素的分隔符,集合包含数据类型为 MAP、ARRAY 和 STRUCT
MAP KYS TERMINATED BY char	指定 MAP 中 Key 和 Value 的分隔符
LINES TERMINATED BY char	指定行分隔符
NULL DEFINED AS char	自定义空值格式,Hive 默认为'\N'

2. 表属性

通过 CREATE TABLE 句式创建数据表时可以使用 TBLPROPERTIES 子句指定表属性,Hive 表属性分为自定义属性和预定义属性,其中使用自定义属性时,用户可以自定义属性名称(property_name)和属性值(property_value),用于为创建的数据表指定自定义标签,例如指定创建表的作者、创建表的时间等;使用预定义属性时,需要根据 Hive 规定的属性名称和属性值使用,用于为创建的数据表指定相关配置,有关 Hive 预定义属性如表 3-3 所示。

表 3-3　Hive 预定义属性

属　　性	值	描　　述
comment	table_comment	表描述
hbase.table.name	table_name	集成 HBase
immutable	true 或 false	防止意外更新,若为 true,则无法通过 Insert 实现数据的更新和插入
orc.compress	ZLIB 或 SNAPPY 或 NONE	指定 ORC 压缩方式
transactional	true 或 false	指定表是否支持 ACID(更新、插入、删除)
NO_AUTO_COMPACTION	true 或 false	表事务属性,指定表是否支持自动紧缩
compactor.mapreduce.map.memory.mb	mapper_memory	表事务属性,指定紧缩 map(内存/MB)作业的属性
compactorthreshold.hive.compactor.delta.num.threshold	threshold_num	表事务属性,如果有超过 threshold_num 个增量目录,则触发轻度紧缩
compactorthreshold.hive.compactor.delta.pct.threshold	threshold_pct	表事务属性,如果增量文件的大小与基础文件的大小比率大于 threshold_pct(区间为 0~1),则触发深度紧缩
auto.purge	true 或 false	若为 true,则删除或者覆盖的数据会不经过回收站直接被删除
EXTERNAL	true 或 false	内部表和外部表的转换

3.2.2　数据表简介

数据表是 Hive 存储数据的基本单位,Hive 数据表主要分为内部表(又叫托管表)和外部表,以内部表和外部表为基础可以创建分区表或分桶表,即内/外部分区表或内/外部分桶表。接下来,针对内部表和外部表进行详细讲解。

默认情况下,内部表和外部表的数据都存储在 Hive 配置文件中参数 hive.metastore.warehouse.dir 指定的路径。它们的区别在于删除内部表时,内部表的元数据和数据会一同删除;而删除外部表时,只删除外部表的元数据,不会删除数据。外部表相对来说更加安全,数据组织更加灵活并且方便共享源数据文件。

3.2.3　创建数据表

在虚拟机 Node_03 中使用 Hive 客户端工具 Beeline,远程连接虚拟机 Node_02 的

HiveServer2 服务操作 Hive。在 Hive 中创建一个数据库 hive_database,并在该数据库中通过 CREATE TABLE 句式创建内部表 managed_table 和外部表 external_table。

（1）创建内部表 managed_table 的命令如下。

```
CREATE   TABLE IF NOT EXISTS
hive_database.managed_table(
staff_id INT COMMENT "This is staffid",
staff_name STRING COMMENT "This is staffname",
salary FLOAT COMMENT "This is staff salary",
hobby ARRAY<STRING> COMMENT "This is staff hobby",
deductions MAP<STRING, FLOAT> COMMENT "This is staff deduction",
address STRUCT<street:STRING,city:STRING> COMMENT "This is staff address"
)
ROW FORMAT DELIMITED
FIELDS TERMINATED BY ','
COLLECTION ITEMS TERMINATED BY '_'
MAP KEYS TERMINATED BY ':'
LINES TERMINATED BY '\n'
STORED AS textfile
TBLPROPERTIES("comment"="This is a managed table");
```

上述命令中,指定 ROW FORMAT DELIMITED 子句使用 Hive 内置的 Serde,自定义字段（FIELDS）分隔符为“,”;自定义集合元素（COLLECTION ITEMS）的分隔符为“_”;自定义 MAP（MAP KEYS）的键值对分隔符为“:”;自定义行（LINES）分隔符为\n。

（2）创建外部表 external_table 的命令如下。

```
CREATE EXTERNAL TABLE IF NOT EXISTS
hive_database.external_table
(
staff_id INT COMMENT "This is staffid",
staff_name STRING COMMENT "This is staffname",
salary FLOAT COMMENT "This is staff salary",
hobby ARRAY<STRING> COMMENT "This is staff hobby",
deductions MAP<STRING, FLOAT> COMMENT "This is staff deduction",
address STRUCT<street:STRING,city:STRING> COMMENT "This is staff address"
)
ROW FORMAT DELIMITED
FIELDS TERMINATED BY ','
COLLECTION ITEMS TERMINATED BY '_'
MAP KEYS TERMINATED BY ':'
LINES TERMINATED BY '\n'
STORED AS textfile
LOCATION '/user/hive_external/external_table/'
TBLPROPERTIES("comment"="This is a external table");
```

上述命令中,通过在 CREATE TABLE 句式中指定 EXTERNAL 子句创建外部表。创建外部表时通常配合 LOCATION 子句指定数据的存储位置,便于数据的维护与管理。

3.2.4　查看数据表

Hive 提供了查看当前数据库的所有数据表以及查看指定数据表结构信息的语句,具体语法格式如下。

```
/* 显示出当前数据库的所有数据表 */
SHOW TABLES [LIKE 'identifier_with_wildcards'];
/* 查看指定数据表结构信息 */
DESCRIBE|DESC [FORMATTED] table_name;
```

上述语法的具体讲解如下。

- SHOW TABLES：表示查看当前数据库的所有数据表。
- LIKE 'identifier_with_wildcards'：可选,LIKE 子句用于模糊查询,identifier_with_wildcards 用于指定查询条件。
- DESCRIBE|DESC：表示查询指定数据表基本结构信息,其中 DESCRIBE 和 DESC 含义相同,可以切换使用。
- FORMATTED：可选,表示查询指定数据表详细结构信息。

接下来,在虚拟机 Node_03 中使用 Hive 客户端工具 Beeline,远程连接虚拟机 Node_02 的 HiveServer2 服务操作 Hive,讲解查看数据表语法的实际应用,具体操作步骤如下。

(1) 切换到数据库 hive_database,具体命令如下。

```
USE hive_database;
```

(2) 查看数据库 hive_database 的所有数据表,具体命令如下。

```
SHOW TABLES;
```

上述命令在 Hive 客户端工具 Beeline 中的执行效果如图 3-6 所示。

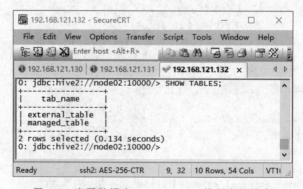

图 3-6　查看数据库 hive_database 的所有数据表

从图 3-6 可以看出,数据库 hive_database 中包含两个表,其中表 external_table 是 3.2.3 小节创建的外部表;表 managed_table 是 3.2.3 小节创建的内部表。

(3) 通过模糊查询查看数据库 hive_database 中数据表名称首字母为 m 的数据表,具体命令如下。

```
SHOW TABLES LIKE 'm*';
```

上述命令在 Hive 客户端工具 Beeline 中的执行效果如图 3-7 所示。

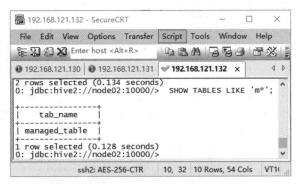

图 3-7　查看数据表名称首字母为 m 的数据表

从图 3-7 可以看出，数据库 hive_database 中数据表名称首字母为 m 的数据表只有
managed_table。

（4）查看数据库 hive_database 中内部表 managed_table 表结构的基本信息，具体命令如下。

```
DESC managed_table;
```

上述命令在 Hive 客户端工具 Beeline 中的执行效果如图 3-8 所示。

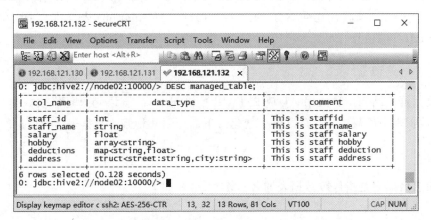

图 3-8　查看内部表 managed_table 表结构的基本信息

从图 3-8 可以看出，内部表 managed_table 表结构的基本信息包含字段名称（col_
name）、字段数据类型（data_type）和字段描述（comment）。

（5）查看数据库 hive_database 中外部表 external_table 表结构的详细信息，具体命令
如下。

```
DESC FORMATTED external_table;
```

上述命令在 Hive 客户端工具 Beeline 中的执行效果如图 3-9 所示。

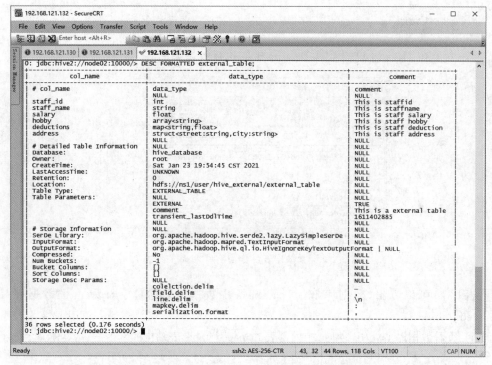

图 3-9　查看外部表 external_table 表结构的详细信息

从图 3-9 可以看出,外部表 external_table 表结构的详细信息中不仅包含了 col_name (字段)的相关信息,而且还包含了 Detailed Table Information(表详细信息)和 storage Information(存储信息)。

3.2.5　修改数据表

修改数据表结构信息使用 ALTER TABLE 语句实现,该语句只是修改数据表的元数据信息,数据表中的数据不会随之发生变化。下面介绍几种修改数据表结构信息的方法。

1. 重命名数据表

重命名数据表是指修改数据表的名称,语法格式如下。

```
ALTER TABLE table_name RENAME TO new_table_name;
```

上述语法的具体讲解如下。
- ALTER TABLE:表示修改数据表结构信息的语句。
- RENAME TO:用于数据表的重命名操作。
- table_name:指定需要重命名的数据表名称。
- new_table_name:指定重命名后的数据表名称。

接下来,在虚拟机 Node_03 中使用 Hive 客户端工具 Beeline,远程连接虚拟机 Node_02

的 HiveServer2 服务操作 Hive,将数据库 hive_database 的内部表 managed_table 重命名为
managed_table_new,具体命令如下。

```
ALTER TABLE managed_table RENAME TO managed_table_new;
```

上述命令执行完成后,在 Hive 客户端工具 Beeline 中执行"SHOW TABLES;"命令,查
看数据库 hive_database 的所有数据表,如图 3-10 所示。

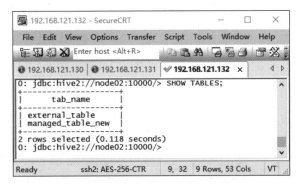

图 3-10　查看数据库 hive_database 的所有数据表

从图 3-10 可以看出,数据库 hive_database 中原有的内部表 managed_table 已经重命名
为 managed_table_new。

2. 修改数据表的属性

修改数据表属性的语法格式如下。

```
ALTER TABLE table_name SET TBLPROPERTIES(property_name = property_value, property_name =
property_value, ...);
```

上述语法的具体讲解如下。
- ALTER TABLE:表示修改数据表结构信息的语句。
- SET TBLPROPERTIES:表示修改数据表属性的操作。
- table_name:指定需要修改属性的数据表名称。
- property_name = property_value:指定修改的属性(property_name)和属性值
(property_value)。

接下来,在虚拟机 Node_03 中使用 Hive 客户端工具 Beeline,远程连接虚拟机 Node_02
的 HiveServer2 服务操作 Hive,修改内部表 managed_table_new 的属性 comment,具体命
令如下。

```
ALTER TABLE managed_table_new SET TBLPROPERTIES("comment"="This is a new managed table");
```

上述命令执行完成后,在 Hive 客户端工具 Beeline 中执行"DESC FORMATTED
managed_table_new;"命令,查看数据库 hive_database 中内部表 managed_table_new 表结
构的详细信息,如图 3-11 所示。

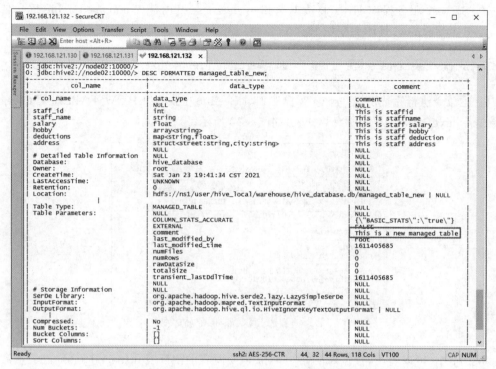

图 3-11　查看内部表 managed_table_new 表结构的详细信息

从图 3-11 可以看出，内部表 managed_table_new 属性 comment 的属性值由原始的 This is a managed table 修改为 This is a new managed table。

3. 修改数据表列

修改数据表列是指修改数据表中列的名称、描述、数据类型或者列的位置，语法格式如下。

```
ALTER TABLE table_name CHANGE [COLUMN] col_old_name col_new_name column_type [COMMENT col_
comment] [FIRST|AFTER column_name];
```

上述语法的具体讲解如下。
- ALTER TABLE：表示修改数据表结构信息的语句。
- CHANGE [COLUMN]：用于修改数据表列的操作，其中 COLUMN 为可选。
- table_name：指定需要修改列的数据表名称。
- col_old_name：指定需要修改的列名。
- col_new_name：指定列名被修改后的新列名。
- column_type：指定列修改后的字段类型。需要注意的是，指定列修改后的字段类型与原始字段类型之间需要符合 Hive 的强制类型转换规则。
- COMMENT col_comment：可选，修改列的描述。
- FIRST|AFTER column_name：可选，指定列修改后的位置。FIRST 表示在第一列，AFTER 表示在 column_name 之后，其中 column_name 表示已经存在的列。需要注意的是，如果表中每个列的数据类型不一致，则无法使用该功能。

接下来,在虚拟机 Node_03 中使用 Hive 客户端工具 Beeline,远程连接虚拟机 Node_02 的 HiveServer2 服务操作 Hive,讲解修改数据表列语法的实际应用,具体操作步骤如下。

(1) 为了便于演示修改列位置及列类型的操作,这里在数据库 hive_database 中创建数据表 alter_managed_table,该表中所有列的数据类型一致,具体命令如下。

```
CREATE TABLE IF NOT EXISTS alter_managed_table(
id STRING,
sex STRING,
name STRING);
```

(2) 修改数据库 hive_database 中数据表 alter_managed_table 的列 sex,首先重命名列 sex 为 gender,然后移动列 gender 的位置到列 name 的后边,最后修改列 gender 的描述为 "This is gender",具体命令如下。

```
ALTER TABLE alter_managed_table CHANGE sex gender STRING COMMENT "This is gender" AFTER name;
```

(3) 修改数据库 hive_database 中内部表 alter_managed_table 的列 gender,将列的数据类型由 STRING 修改为 VARCHAR(30),具体命令如下。

```
ALTER TABLE alter_managed_table CHANGE gender gender VARCHAR(30);
```

(4) 在 Hive 客户端工具 Beeline 中执行"DESC alter_managed_table;"命令,查看数据库 hive_database 中数据表 alter_managed_table 表结构的基本信息,如图 3-12 所示。

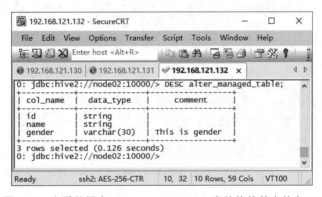

图 3-12　查看数据表 alter_managed_table 表结构的基本信息(1)

从图 3-12 可以看出,数据表 alter_managed_table 的列 sex 重命名为 gender,数据类型由 string 修改为 varchar(30),位置由列 name 之前移动到了列 name 之后,由无描述修改描述为 This is gender。

4. 添加数据表列

添加数据表列会在数据表的尾部添加指定列,语法格式如下。

```
ALTER TABLE table_name ADD COLUMNS (col_name data_type [COMMENT col_comment], ...)
```

上述语法的具体讲解如下。
- ALTER TABLE：表示修改数据表结构信息的语句。
- ADD COLUMNS：用于向数据表中添加列。
- table_name：指定需要添加列的数据表名称。
- col_name：指定需要添加的列名。
- data_type：指定需要添加列的数据类型。
- COMMENT col_comment：指定需要添加列的描述。

接下来，在虚拟机 Node_03 中使用 Hive 客户端工具 Beeline，远程连接虚拟机 Node_02 的 HiveServer2 服务操作 Hive，在数据表 alter_managed_table 中添加列，具体命令如下。

```
ALTER TABLE alter_managed_table ADD COLUMNS (age INT COMMENT "This is age",phone STRING
COMMENT "This is phone");
```

上述命令中，在数据表 alter_managed_table 中添加列 age，指定列 age 的数据类型为 INT 并指定列描述为"This is age"；在数据表 alter_managed_table 中添加列 phone，指定列 phone 的数据类型为 STRING 并指定列描述为"This is phone"。

上述命令执行完成后，在 Hive 客户端工具 Beeline 中执行"DESC alter_managed_table;"命令，查看数据库 hive_database 中数据表 alter_managed_table 表结构的基本信息，如图 3-13 所示。

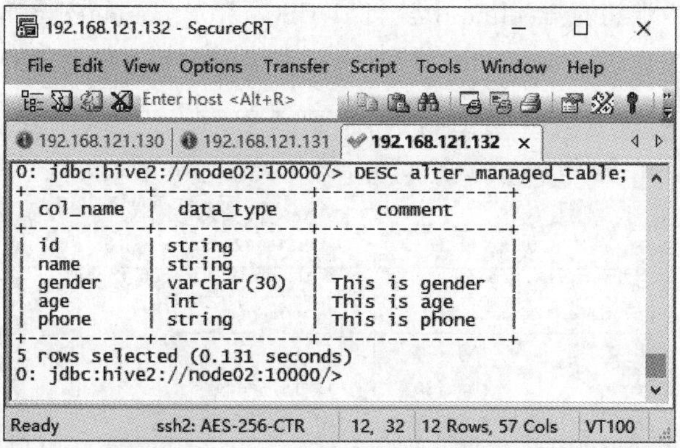

图 3-13   查看数据表 alter_managed_table 表结构的基本信息（2）

从图 3-13 可以看出，内部表 alter_managed_table 由原始的 3 列增加为 5 列，新增的 2 列分别是列 age 和列 phone。

5. 替换数据表列

替换数据表列是指替换当前数据表中的所有列，语法格式如下。

```
ALTER TABLE table_name REPLACE COLUMNS (col_name data_type [COMMENT col_comment], ...)
```

上述语法的具体讲解如下。
- ALTER TABLE：表示修改数据表结构信息的语句。

- REPLACE COLUMNS：用于替换数据表中已存在的所有列。
- table_name：指定需要替换列的数据表名称。
- col_name：指定替换列的列名。
- data_type：指定替换列的数据类型。
- COMMENT col_comment：指定替换列的描述。

接下来，在虚拟机 Node_03 中使用 Hive 客户端工具 Beeline，远程连接虚拟机 Node_02 的 HiveServer2 服务操作 Hive，替换数据表 alter_managed_table 的列，具体命令如下。

```
ALTER TABLE alter_managed_table REPLACE COLUMNS (username STRING COMMENT "This is username",
password STRING COMMENT "This is password");
```

上述命令中，将数据表 alter_managed_table 中的所有列替换为列 username 和列 password。

上述命令执行完成后，在 Hive 客户端工具 Beeline 中执行"DESC alter_managed_table;"命令，查看数据库 hive_database 中数据表 alter_managed_table 表结构的基本信息，如图 3-14 所示。

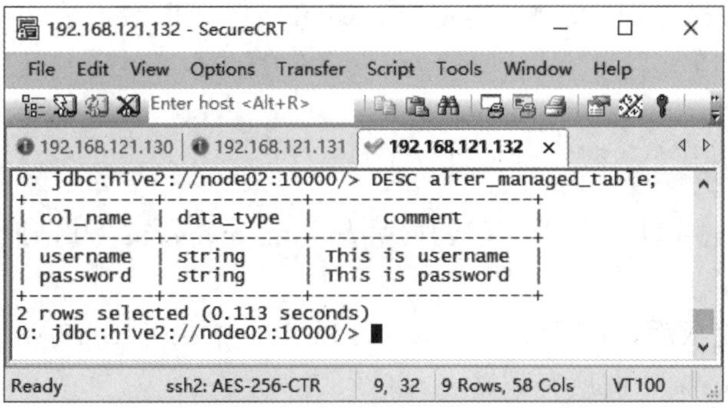

图 3-14　查看数据表 alter_managed_table 表结构的基本信息(3)

从图 3-14 可以看出，数据表 alter_managed_table 中只包含两列，即列 username 和列 password。

📖 多学一招：Hive 中强制数据类型转换规则

在 Hive 中执行修改列的数据类型操作时只能按照强制数据类型转换规则进行修改，Hive 的强制数据类型转换规则如图 3-15 所示。

	boolean	tinyint	smallint	int	bigint	float	double	decimal	string	varchar	timestamp	date	binary
boolean	TRUE	FALSE	FALSE	FALSE	FALSE	FALSE	FALSE	FALSE	FALSE	FALSE	FALSE	FALSE	FALSE
tinyint	FALSE	TRUE	TRUE	TRUE	TRUE	TRUE	TRUE	TRUE	TRUE	TRUE	TRUE	FALSE	FALSE
smallint	FALSE	FALSE	TRUE	TRUE	TRUE	TRUE	TRUE	TRUE	TRUE	TRUE	FALSE	FALSE	FALSE
int	FALSE	FALSE	FALSE	TRUE	TRUE	TRUE	TRUE	TRUE	TRUE	TRUE	FALSE	FALSE	FALSE
bigint	FALSE	FALSE	FALSE	FALSE	TRUE	TRUE	TRUE	TRUE	TRUE	TRUE	FALSE	FALSE	FALSE
float	FALSE	FALSE	FALSE	FALSE	FALSE	TRUE	TRUE	TRUE	TRUE	TRUE	FALSE	FALSE	FALSE
double	FALSE	FALSE	FALSE	FALSE	FALSE	FALSE	TRUE	TRUE	TRUE	TRUE	FALSE	FALSE	FALSE
decimal	FALSE	FALSE	FALSE	FALSE	FALSE	FALSE	FALSE	TRUE	TRUE	TRUE	FALSE	FALSE	FALSE
string	FALSE	FALSE	FALSE	FALSE	FALSE	FALSE	TRUE	TRUE	TRUE	TRUE	FALSE	FALSE	FALSE
varchar	FALSE	FALSE	FALSE	FALSE	FALSE	FALSE	TRUE	TRUE	TRUE	TRUE	FALSE	FALSE	FALSE
timestamp	FALSE	FALSE	FALSE	FALSE	FALSE	FALSE	FALSE	FALSE	TRUE	TRUE	TRUE	FALSE	FALSE
date	FALSE	FALSE	FALSE	FALSE	FALSE	FALSE	FALSE	FALSE	TRUE	TRUE	FALSE	TRUE	FALSE
binary	FALSE	FALSE	FALSE	FALSE	FALSE	FALSE	FALSE	FALSE	FALSE	FALSE	FALSE	FALSE	TRUE

图 3-15　Hive 的强制数据类型转换规则

从图 3-15 可以看出,string 类型数据可以转换为 double、decimal、string 和 varchar 这 4
种数据类型。

3.2.6　删除数据表

删除数据表的语法格式如下。

```
DROP TABLE [IF EXISTS] table_name [PURGE];
```

上述语法的具体讲解如下。
- DROP TABLE:表示删除数据表的语句。
- IF EXISTS:可选,用于判断要删除的数据表是否存在。
- table_name:表示要删除的数据表名称。
- PURGE:可选,当删除内部表时,若使用 PURGE,则内部表的数据不会放入回收
  站,后续无法通过回收站恢复内部表的数据,反之,内部表的数据会放入回收站,这
  里指的恢复数据不包含元数据,元数据删除后无法恢复。

接下来,在虚拟机 Node_03 中使用 Hive 客户端工具 Beeline,远程连接虚拟机 Node_02
的 HiveServer2 服务操作 Hive,删除数据库 hive_database 的数据表 alter_managed_table,
具体命令如下。

```
DROP TABLE IF EXISTS alter_managed_table PURGE;
```

上述命令中,通过 PURGE 子句指定数据表 alter_managed_table 删除后的数据不放入
回收站。

上述命令执行完成后,在 Hive 客户端工具 Beeline 中执行"SHOW TABLES;"命令,查
看数据库 hive_database 中的所有数据表,如图 3-16 所示。

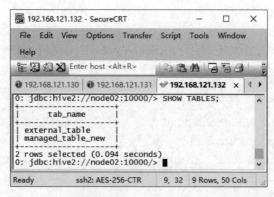

图 3-16　查看数据库 hive_database 中的所有数据表

从图 3-16 可以看出,数据库 hive_database 中只有数据表 external_table 和 managed_
table_new,说明数据表 alter_managed_table 成功从数据库 hive_database 中删除了。

📖多学一招:回收站

Hive 中的回收站是通过 HDFS 的 Trash 功能实现,Trash 功能可以将 HDFS 中删除的

文件放入回收站目录(默认回收站目录/user/root/.Trash/Current,其中回收站目录中的 root 会根据当前操作 HDFS 的用户名而变化),防止用户意外删除文件,出现无法找回的情况。Hive 内部表的数据存放在 HDFS 中,并且删除内部表时数据也会一同被删除,所以为了防止用户意外删除 Hive 内部表造成数据丢失的情况,在删除内部表的语句中不要指定 PURGE,这样可以将删除的内部表数据放入回收站目录,后续复制回收站目录中删除的内部表数据即可。

HDFS 默认情况下并没有开启 Trash 功能,需要在 Hadoop 的配置文件 core-site.xml 的<configuration/>标签中添加如下配置内容。

```
<property>
    <name>fs.trash.interval</name>
    <value>1440</value>
</property>
<property>
    <name>fs.trash.checkpoint.interval</name>
    <value>60</value>
</property>
```

上述配置内容中,参数 fs.trash.interval 表示回收站目录中文件保存的时间,该参数的默认值为 0(分钟),也就是不保存,这里指定参数值为 1440,也就是被删除的文件会在回收站目录保存一天;参数 fs.trash.checkpoint.interval 表示 NameNode 检查回收站目录间隔的时长,这里指定参数值为 60,也就是 NameNode 每间隔一小时检查一次回收站目录,永久删除回收站目录中存放时长超过一天的文件。

在 3 台虚拟机 Node_01、Node_02 和 Node_03 的 Hadoop 配置文件 core-site.xml 中分别添加上述内容,添加完成后需要重新启动 Hadoop 集群使配置内容生效。

3.3 分区表

随着系统运行时间的增加,表的数据量会越来越大,而 Hive 查询数据通常是使用全表扫描,这会导致对大量不必要数据的扫描,从而降低查询效率。为了解决这一问题,Hive 引进了分区技术,分区主要是将表的整体数据根据业务需求,划分成多个子目录进行存储,每个子目录对应一个分区。通过扫描分区表中指定分区的数据,避免 Hive 全表扫描,从而提升 Hive 查询数据的效率。本节针对 Hive 的分区表进行详细讲解。

3.3.1 创建分区表

由于分区表是基于内/外部表创建,所以分区表的创建方式和创建数据表的方式类似。

接下来,在虚拟机 Node_03 中使用 Hive 客户端工具 Beeline,远程连接虚拟机 Node_02 的 HiveServer2 服务操作 Hive,在数据库 hive_database 中创建分区表 partitioned_table,具体命令如下。

```
CREATE TABLE IF NOT EXISTS
hive_database.partitioned_table(
```

```
username STRING COMMENT "This is username",
age INT COMMENT "This is user age"
)
PARTITIONED BY (
province STRING COMMENT "User live in province",
city STRING COMMENT "User live in city"
)
ROW FORMAT DELIMITED
FIELDS TERMINATED BY ','
LINES TERMINATED BY '\n'
STORED AS textfile
TBLPROPERTIES("comment"="This is a partitioned table");
```

上述命令中,通过 PARTITIONED BY 子句在分区表 partitioned_table 中创建了两个分区字段 province 和 city,该分区表的分区属于二级分区,也就是说在分区表的数据目录下会出现多个 province 子目录,用于存放不同 province 的数据,在每个 province 目录下存在多个 city 子目录,用于存放不同 city 的数据。

注意:

(1) 分区表中的分区字段名称不能与分区表的列名重名。

(2) 分区字段在创建分区表时指定,一旦分区表创建完成,后续则无法修改或者添加分区字段的。

3.3.2　查询分区表

查询分区表是指查看分区表的分区信息,语法格式如下。

```
SHOW PARTITIONS [db_name.]table_name [PARTITION(partition_column = partition_col_value,
partition_column = partition_col_value, ...)];
```

上述语法的具体讲解如下。

- SHOW PARTITIONS:表示查看分区表分区信息的语句。
- db_name.:可选,用于指定数据库名称,若不指定则使用当前数据库。
- table_name:用于指定分区表名称。
- PARTITION(...):可选,查询指定分区信息,其中 partition_column 用于指定分区字段,partition_col_value 用于指定分区字段的值,即实际分区名。

接下来,在虚拟机 Node_03 中使用 Hive 客户端工具 Beeline,远程连接虚拟机 Node_02 的 HiveServer2 服务操作 Hive,查询数据库 hive_database 中分区表 partitioned_table 的分区信息,具体命令如下。

```
SHOW PARTITIONS hive_database.partitioned_table;
```

上述命令的执行效果如图 3-17 所示。

从图 3-17 可以看出,此时分区表 partitioned_table 的分区信息是空的,这是因为分区表 partitioned_table 中只存在分区字段,还没有实际分区。

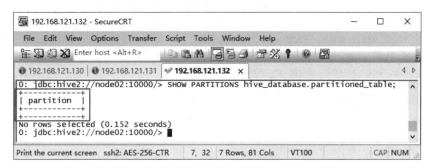

图 3-17　分区表 partitioned_table 的分区信息(1)

3.3.3　添加分区

添加分区是在分区表中根据分区字段添加实际分区,语法格式如下。

```
ALTER TABLE table_name ADD [IF NOT EXISTS] PARTITION
(partition_column = partition_col_value,
partition_column = partition_col_value, ...)
[LOCATION 'location']...;
```

上述语法的具体讲解如下。

- ALTER TABLE:表示修改数据表结构信息的语句。
- ADD [IF NOT EXISTS] PARTITION:用于添加分区,其中 IF NOT EXISTS 为可选,用于判断添加的分区是否存在。
- partition_column:用于指定分区字段。
- partition_col_value:用于指定分区字段的值,即实际分区。
- LOCATION 'location':可选,用于指定分区在 HDFS 上的存储位置。

接下来,在虚拟机 Node_03 中使用 Hive 客户端工具 Beeline,远程连接虚拟机 Node_02 的 HiveServer2 服务操作 Hive,向数据库 hive_database 的分区表 partitioned_table 添加分区,具体命令如下。

```
ALTER TABLE hive_database.partitioned_table
ADD PARTITION (province='HeBei', city='HanDan')
location '/user/hive_local/warehouse/hive_database.db/HeBei'
PARTITION (province='ShanDong', city='JiNan')
location '/user/hive_local/warehouse/hive_database.db/ShanDong';
```

上述命令在数据库 hive_database 的分区表 partitioned_table 中添加了两个二级分区,分别是 province=HeBei/city=HanDan 和 province=ShanDong/city=JiNan。

上述命令执行完成后,在 Hive 客户端工具 Beeline 中执行"SHOW PARTITIONS hive_database.partitioned_table;"命令,查看数据库 hive_database 中分区表 partitioned_table 的分区信息,如图 3-18 所示。

从图 3-18 可以看出,分区表 partitioned_table 中成功添加了两个二级分区,分别是

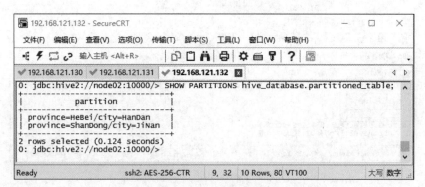

图 3-18   分区表 partitioned_table 的分区信息（2）

province＝HeBei/city＝HanDan 和 province＝ShanDong/city＝JiNan。

3.3.4   重命名分区

重命名分区是根据分区表的分区字段修改分区表的实际分区，重命名分区的语法格式如下。

```
ALTER TABLE table_name PARTITION
(partition_column = partition_col_value,
partition_column = partition_col_value, ...)
RENAME TO PARTITION (partition_column = partition_col_value,
partition_column = partition_col_value, ...);
```

接下来，在虚拟机 Node_03 中使用 Hive 客户端工具 Beeline，远程连接虚拟机 Node_02 的 HiveServer2 服务操作 Hive，重命名数据库 hive_database 中分区表 partitioned_table 的分区，具体命令如下。

```
ALTER TABLE hive_database.partitioned_table PARTITION
(province='HeBei', city='HanDan')
RENAME TO PARTITION (province='HuBei', city='WuHan');
```

上述命令将分区表 partitioned_table 的二级分区 province＝HeBei/city＝HanDan 重命名为 province＝HuBei/city＝WuHan。

上述命令执行完成后，在 Hive 客户端工具 Beeline 中执行"SHOW PARTITIONS hive_database.partitioned_table;"命令，查看数据库 hive_database 中分区表 partitioned_table 的分区信息，如图 3-19 所示。

从图 3-19 可以看出，分区表 partitioned_table 的二级分区 province＝HeBei/city＝HanDan 成功重命名为 province＝HuBei/city＝WuHan。

3.3.5   移动分区

移动分区可以将分区表 A 中的分区移动到另一个具有相同表结构的分区表 B 中，需要注意的是，分区表 B 中不能存在分区表 A 中要移动的分区。移动分区的语法格式如下。

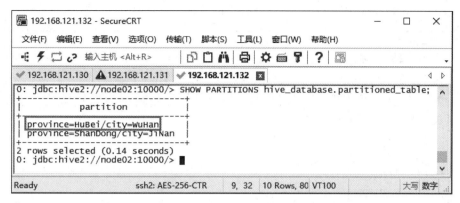

图 3-19　分区表 partitioned_table 重命名分区后的分区信息

```
ALTER TABLE table_name_B EXCHANGE PARTITION
(partition_column = partition_col_value,
partition_column = partition_col_value, ...)
 WITH TABLE table_name_A;
```

接下来，在虚拟机 Node_03 中使用 Hive 客户端工具 Beeline，远程连接虚拟机 Node_02 的 HiveServer2 服务操作 Hive，并讲解移动分区的实际应用，具体操作步骤如下。

（1）在数据库 hive_database 中，创建与分区表 partitioned_table 表结构一致的分区表 partitioned_table1，具体命令如下。

```
CREATE  TABLE IF NOT EXISTS
hive_database.partitioned_table1(
username STRING COMMENT "This is username",
age INT COMMENT "This is user age"
)
PARTITIONED BY (
province STRING COMMENT "User live in province",
city STRING COMMENT "User live in city"
)
ROW FORMAT DELIMITED
FIELDS TERMINATED BY ','
LINES TERMINATED BY '\n'
STORED AS textfile
TBLPROPERTIES("comment"="This is a partitioned table");
```

（2）将分区表 partitioned_table 的二级分区 province＝HuBei/city＝WuHan 移动到分区表 partitioned_table1，具体命令如下。

```
ALTER TABLE hive_database.partitioned_table1 EXCHANGE
PARTITION (province='HuBei', city='WuHan') WITH TABLE partitioned_table;
```

（3）在 Hive 客户端工具 Beeline 中分别执行"SHOW PARTITIONS hive_database. partitioned_table；"和"SHOW PARTITIONS hive_database.partitioned_table1；"命令查看

分区表 partitioned_table 和 partitioned_table1 的分区信息,如图 3-20 所示。

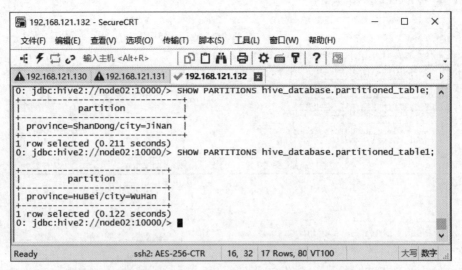

图 3-20　分区表 partitioned_table 和 partitioned_table1 的分区信息

从图 3-20 可以看出,分区表 partitioned_table 中已经不存在二级分区 province＝HuBei/city＝WuHan,分区表 partitioned_table1 中添加了二级分区 province＝HuBei/city＝WuHan,说明成功将分区表 partitioned_table 中的二级分区 province＝HuBei/city＝WuHan 移动到分区表 partitioned_table1。

3.3.6　删除分区

删除分区是根据分区表的分区字段删除分区表的实际分区,语法格式如下。

```
ALTER TABLE table_name DROP [IF EXISTS]
PARTITION (partition_column = partition_col_value,
partition_column = partition_col_value, ...) [PURGE];
```

上述命令中,PURGE 为可选,当删除分区时,若使用 PURGE,则分区的数据不会放入回收站,之后也无法通过回收站恢复分区的数据,反之则放入回收站,这里的恢复数据不包含元数据,元数据删除后无法恢复。

接下来,在虚拟机 Node_03 中使用 Hive 客户端工具 Beeline,远程连接虚拟机 Node_02 的 HiveServer2 服务操作 Hive,删除数据库 hive_database 中分区表 partitioned_table1 的分区,具体命令如下。

```
ALTER TABLE hive_database.partitioned_table1 DROP IF EXISTS
PARTITION (province='HuBei', city='WuHan');
```

上述命令用于删除数据库 hive_database 中分区表 partitioned_table1 的二级分区 province＝HuBei/city＝WuHan。

上述命令执行完成后,在 Hive 客户端工具 Beeline 中执行“SHOW PARTITIONS hive

_database.partitioned_table1;"命令,查看数据库 hive_database 中分区表 partitioned_table1 的分区信息,如图 3-21 所示。

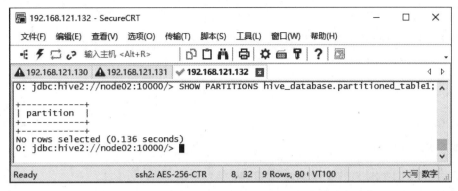

图 3-21 分区表 partitioned_table1 删除分区后的分区信息

从图 3-21 可以看出,分区表 partitioned_table1 中已经不存在二级分区 province＝HuBei/city＝WuHan,说明成功删除分区表 partitioned_table1 中的二级分区 province＝HuBei/city＝WuHan。

📖 多学一招:修改分区存储位置和文件格式

修改分区表中分区在 HDFS 的存储位置,语法格式如下。

```
ALTER TABLE PARTITION (partition_column = partition_col_value, partition_column =
partition_col_value, ...) SET LOCATION "new location";
```

修改分区表中分区的文件存储格式,语法格式如下。

```
ALTER TABLE table_name PARTITION (partition_column = partition_col_value, partition_column
= partition_col_value, ...) SET FILEFORMAT file_format;
```

上述语法中,file_format 与 CREATE TABLE 句式中的 file_format 子句文件存储格式一致。

3.4 分桶表

Hive 的分区可以将整体数据划分成多个分区,从而优化查询,但是并非所有的数据都可以被合理分区,会出现每个分区数据大小不一致的问题,有的分区数据量很大,有的分区数据量却很小,这就是常说的数据倾斜。为了解决分区可能带来的数据倾斜问题,Hive 提供了分桶技术,Hive 中的分桶是指定分桶表的某一列,让该列数据按照哈希取模的方式随机、均匀地分发到各个桶文件中。本节详细讲解分桶表的相关操作。

3.4.1 创建分桶表

由于分桶表是基于内/外部表创建,所以分桶表的创建方式和创建数据表的方式类似。

接下来,在虚拟机 Node_03 中使用 Hive 客户端工具 Beeline,远程连接虚拟机 Node_02 的 HiveServer2 服务操作 Hive,在数据库 hive_database 中创建分桶表 clustered_table,具体命令如下。

```
CREATE   TABLE IF NOT EXISTS
hive_database.clustered_table(
id STRING,
name STRING,
gender STRING,
age INT,
dept STRING
)
CLUSTERED BY (dept) SORTED BY (age DESC) INTO 3 BUCKETS
ROW FORMAT DELIMITED
FIELDS TERMINATED BY ','
LINES TERMINATED BY '\n'
STORED AS textfile
TBLPROPERTIES("comment"="This is a clustered table");
```

上述命令中,指定分桶表 clustered_table 按照列 dept 进行分桶,每个桶中的数据按照列 age 进行降序(DESC)排序,指定桶的个数为 3。

注意:

(1) 分桶个数是指在 HDFS 中分桶表的存储目录下会生成相应分桶个数的小文件。

(2) 分桶表只能根据一列进行分桶。

(3) 分桶表可以与分区表同时使用,分区表的每个分区下都会有指定分桶个数的桶。

(4) 分桶表中指定分桶的列可以与排序的列不相同。

3.4.2　查看分桶表信息

由于分桶表属于 Hive 数据表的一种,所以可以通过 3.2.4 小节查看数据表的方式查看分桶表信息。

接下来,在虚拟机 Node_03 中使用 Hive 客户端工具 Beeline,远程连接虚拟机 Node_02 的 HiveServer2 服务操作 Hive,查看数据库 hive_database 中分桶表 clustered_table 的信息,具体命令如下。

```
DESC FORMATTED hive_database.clustered_table;
```

上述命令在 Hive 客户端工具 Beeline 中的执行效果如图 3-22 所示。

在图 3-22 中,Num Buckets 表示分桶表 clustered_table 中桶的个数;Bucket Columns 表示分桶的列名称;Sort Columns 表示分桶的排序规则,其中 age 表示根据列 age 进行排序,0 表示逆序排列。

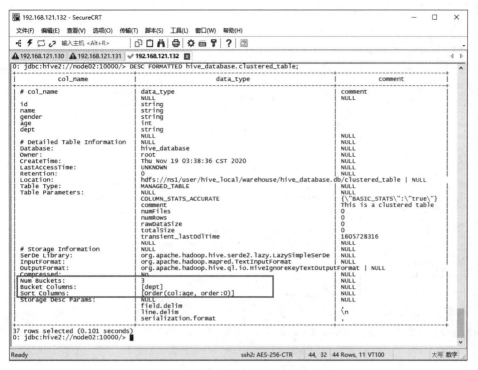

图 3-22　查看分桶表 clustered_table 信息

3.5　临时表

临时表是 Hive 数据表的一种特殊形式,临时表只对当前会话可见,数据被存储在用户的临时目录,并在会话结束时删除。接下来,在虚拟机 Node_03 中使用 Hive 客户端工具 Beeline,远程连接虚拟机 Node_02 的 HiveServer2 服务操作 Hive,在数据库 hive_database 中创建临时表 temporary_table,具体命令如下。

```
CREATE TEMPORARY TABLE
hive_database.temporary_table
(
name STRING,
age int,
gender STRING
)
ROW FORMAT DELIMITED
FIELDS TERMINATED BY ','
LINES TERMINATED BY '\n'
STORED AS textfile
TBLPROPERTIES("comment"="This is a temporary table");
```

上述命令执行完成后,在 Hive 客户端工具 Beeline 中执行"DESC FORMATTED temporary_table;"命令,查看数据库 hive_database 中临时表 temporary_table 的表结构信

息,如图 3-23 所示。

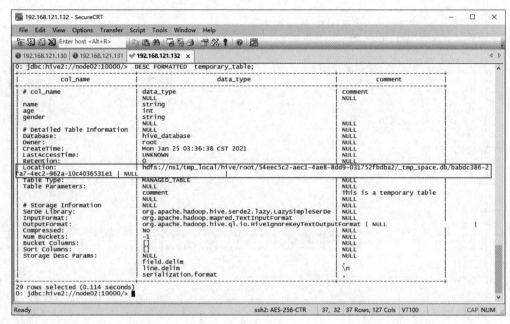

图 3-23　临时表 temporary_table 的表结构信息

从图 3-23 可以看出,临时表 temporary_table 在 HDFS 的数据存储路径为/tmp_local/hive/root 目录中,该路径中/tmp_local/hive 为 Hive 配置文件中参数 hive.exec.scratchdir 指定的临时目录,/root 是根据当前用户名 root 创建的目录。

在 Hive 客户端工具 Beeline 中执行"! table"命令退出当前会话,再次使用 Hive 客户端工具 Beeline,在虚拟机 Node_03 中远程连接虚拟机 Node_02 的 HiveServer2 服务时,会发现数据库 hive_database 中已经不存在临时表 temporary_table。

注意:

(1) 临时表不支持分区,不能基于 CREATE TABLE 句式创建临时分区表。

(2) 临时表不支持索引。

(3) 临时表是数据表的一种展现形式,因此针对数据表的操作同样可以应用于临时表。

(4) 如果同一数据库中的临时表与非临时表名称一致,那么此会话内任何操作都会被解析为临时表的操作,用户将无法访问同名的非临时表。

3.6　视图

视图是从数据库的数据表中选取出来的数据组成的逻辑窗口,它是一个虚拟表。引入视图后,用户可以将注意力集中在关心的数据上,如果数据来源于多个基本表结构,并且搜索条件比较复杂时,需要编写的查询语句就会比较烦琐,此时可以使用视图将数据查询语句变得简单可行。

Hive 中的视图是一种无关底层存储的逻辑对象,也就是说视图中的数据并不会持久化到 HDFS 中。视图中的数据是来自 SELECT 语句查询的结果集,一旦视图创建完成,便不能向视图中插入或者加载数据。本节针对视图的相关操作进行讲解。

3.6.1　创建视图

创建视图的语法格式如下。

```
CREATE VIEW [IF NOT EXISTS] [db_name.]view_name
[(column_name [COMMENT column_comment], ...) ]
  [COMMENT view_comment]
  [TBLPROPERTIES (property_name = property_value, ...)]
  AS SELECT ...;
```

上述语法的具体讲解如下。

- CREATE VIEW：表示创建视图的语句，创建视图时无法指定列的数据类型，列的数据类型与查询语句中数据表对应列的数据类型一致。
- IF NOT EXISTS：可选，判断创建的视图是否存在。
- db_name：可选，用于指定创建视图的数据库。
- view_name：用于指定视图名称。
- column_name：可选，用于指定列名，若没有指定列名，则通过查询语句生成列名，生成的列名与查询语句中数据表的列名一致。
- COMMENT column_comment：可选，用于指定列描述。
- COMMENT view_comment：可选，用于指定视图描述。
- TBLPROPERTIES (property_name = property_value, ...)：可选，用于指定视图的属性。
- AS SELECT：用于指定查询语句。

接下来，在虚拟机 Node_03 中使用 Hive 客户端工具 Beeline，远程连接虚拟机 Node_02 的 HiveServer2 服务操作 Hive，在数据库 hive_database 中创建视图 view_table，具体命令如下。

```
CREATE VIEW IF NOT EXISTS hive_database.view_table
  COMMENT "This is a view table"
AS SELECT staff_name FROM hive_database.managed_table_new;
```

上述命令根据查询内部表 managed_table_new 中列 staff_name 的结果集，在数据库 hive_database 中创建视图 view_table，此时视图 view_table 中只包含列 staff_name。

上述命令执行完成后，在 Hive 客户端工具 Beeline 中执行"DESC view_table;"命令，查看数据库 hive_database 中视图 view_table 的表结构信息。

注意：若创建视图时，查询语句中包含表达式，则列名称会以_c0,_c1 表示，例如查询语句中以 X＋Y 的方式查询列 X 和列 Y，则视图中显示这两列数据的列名为_c0 和_c1。

3.6.2　查询视图信息

查询视图信息的语法格式如下。

```
DESC [FORMATTED] view_table;
```

接下来,在虚拟机 Node_03 中使用 Hive 客户端工具 Beeline,远程连接虚拟机 Node_02 的 HiveServer2 服务操作 Hive,查看视图 view_table 的详细结构信息和基本结构信息,具体命令如下。

```
/* 查看视图 view_table 的详细结构信息 */
DESC FORMATTED view_table;
/* 查看视图 view_table 的基本结构信息 */
DESC view_table;
```

上述命令在 Hive 客户端工具 Beeline 中的执行效果如图 3-24 所示。

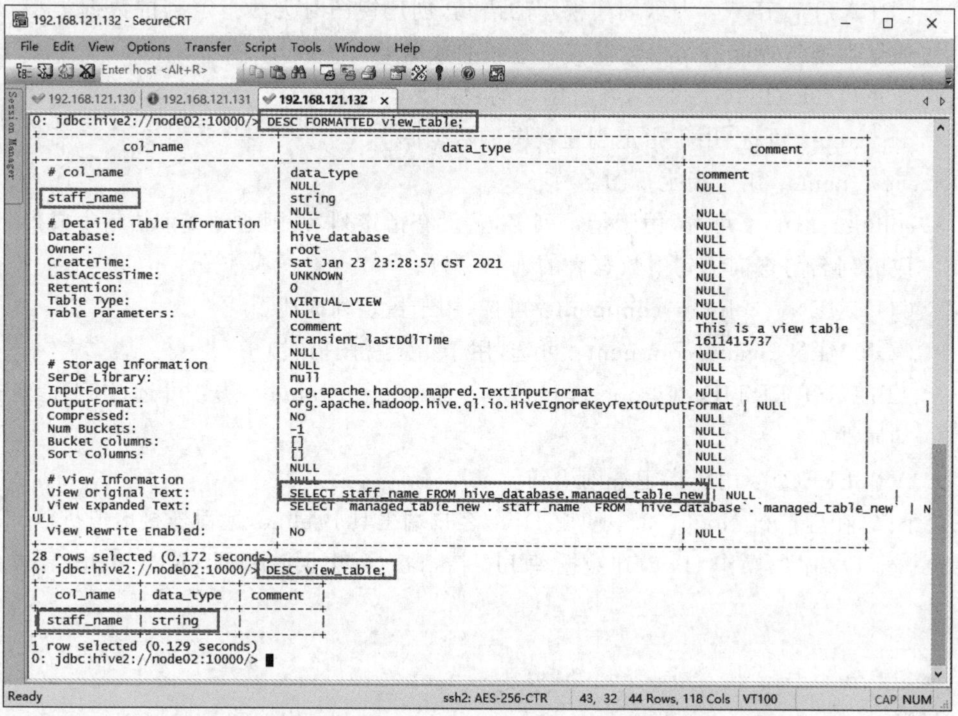

图 3-24　查看视图 view_table 的详细结构信息和基本结构信息

从图 3-24 可以看出,在视图 view_table 的详细结构信息中并没有出现 Location 参数 (数据文件存放目录),这说明视图的数据并不会进行实际存储,并且视图 view_table 中列以及列的数据类型与内部表 managed_table 中列 staff_name 一致,说明若创建视图时没有提供列名,则通过查询语句生成列名,生成的列名与查询语句中数据表的列名一致。

3.6.3　查看视图

查看数据库中视图的语法格式如下。

```
SHOW VIEWS [IN/FROM database_name] [LIKE 'pattern_with_wildcards'];
```

上述语法的具体讲解如下。

- SHOW VIEWS：表示查看视图的语句。
- IN/FROM database_name：可选，指定数据库，其中 IN/FROM 含义相同，可切换使用。
- LIKE 'pattern_with_wildcards'：可选，LIKE 子句用于模糊查询，pattern_with_wildcards 用于指定查询条件。

接下来，在虚拟机 Node_03 中使用 Hive 客户端工具 Beeline，远程连接虚拟机 Node_02 的 HiveServer2 服务操作 Hive，查看数据库 hive_database 中包含的视图，具体命令如下。

```
SHOW VIEWS IN hive_database;
```

上述命令在 Hive 客户端工具 Beeline 中的执行效果如图 3-25 所示。

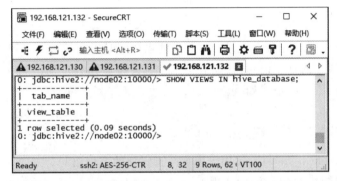

图 3-25　查看数据库 hive_database 中包含的视图

从图 3-25 可以看出，数据库 hive_database 中包含视图 view_table。

3.6.4　修改视图

修改视图操作，包括修改视图属性以及修改视图结构，下面针对这两种修改视图操作进行讲解，具体内容如下。

1. 修改视图属性

修改视图属性的语法格式如下。

```
ALTER VIEW [db_name.]view_name SET TBLPROPERTIES
(property_name = property_value,
property_name = property_value, ...);
```

上述语法的具体讲解如下。

- ALTER VIEW：表示修改视图的语句。
- db_name：可选，用于指定数据库名称。
- view_name：用于指定视图名称。
- SET TBLPROPERTIES（property_name = property_value, property_name =

property_value,…）：用于修改视图的指定属性，其中 property_name ＝ property_value 表示修改的属性（property_name）和属性值（property_value）。

接下来，在虚拟机 Node_03 中使用 Hive 客户端工具 Beeline，远程连接虚拟机 Node_02 的 HiveServer2 服务操作 Hive，修改数据库 hive_database 中视图 view_table 的属性，具体命令如下。

```
ALTER VIEW hive_database.view_table
SET TBLPROPERTIES("comment"="view table");
```

上述命令修改数据库 hive_database 中视图 view_table 的属性 comment，将属性值修改为 view table。上述命令执行完成后，在 Hive 客户端工具 Beeline 中执行"DESC FORMATTED view_table;"命令，查看数据库 hive_database 中视图 view_table 的表结构信息。

2. 修改视图结构

视图结构（列名、数据和列数据类型）通过创建视图时指定的查询语句构建，因此修改视图结构是指修改视图的查询语句，查询语句修改后会覆盖原有查询语句在视图中构建的结构。修改视图结构的语法格式如下。

```
ALTER VIEW [db_name.]view_name AS select_statement;
```

上述语法中，select_statement 用于为视图指定新的查询语句。

接下来，在虚拟机 Node_03 中使用 Hive 客户端工具 Beeline，远程连接虚拟机 Node_02 的 HiveServer2 服务操作 Hive，修改数据库 hive_database 中视图 view_table 结构，具体命令如下。

```
ALTER VIEW hive_database.view_table
AS SELECT salary,hobby FROM managed_table_new;
```

上述命令中，将视图 view_table 结构由查询内部表 managed_table_new 中列 staff_name 的结果集，修改为查询内部表 managed_table_new 中列 salary 和 hobby 的结果集。

上述命令执行完成后，在 Hive 客户端工具 Beeline 中执行"DESC view_table;"命令，查看数据库 hive_database 中视图 view_table 修改后的结构信息，如图 3-26 所示。

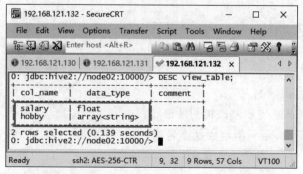

图 3-26　视图 view_table 修改后的结构信息

从图 3-26 可以看出，视图 view_table 的结构由原始的单列 staff_name 更改为两列 salary 和 hobby。

3.6.5　删除视图

删除视图的语法格式如下。

```
DROP VIEW [IF EXISTS] [db_name.]view_name;
```

上述语法中，DROP VIEW 表示删除视图的语句；IF EXISTS 为可选，用于判断视图是否存在；db_name 表示数据库名称；view_name 表示视图名称。

接下来，在虚拟机 Node_03 中使用 Hive 客户端工具 Beeline，远程连接虚拟机 Node_02 的 HiveServer2 服务操作 Hive，删除数据库 hive_database 中的视图 view_table，具体命令如下。

```
DROP VIEW IF EXISTS hive_database.view_table;
```

上述命令执行完成后，在 Hive 客户端工具 Beeline 中执行"SHOW VIEWS IN hive_database;"命令，查看数据库 hive_database 中的所有视图，如图 3-27 所示。

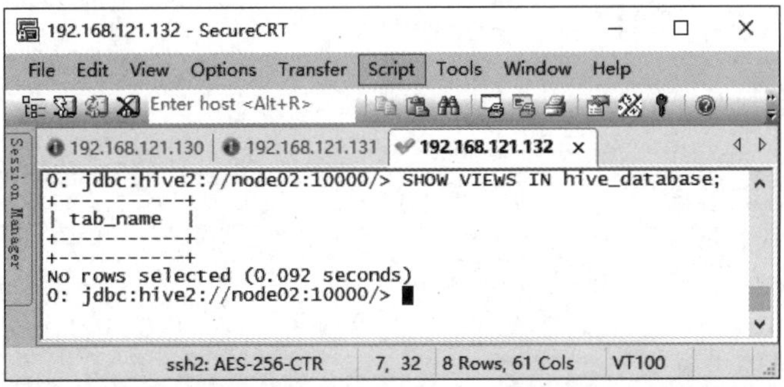

图 3-27　查看数据库 hive_database 中的所有视图

从图 3-27 可以看出，数据库 hive_database 中没有视图，说明成功删除数据库 hive_database 中的视图 view_table。

注意：如果要删除的视图被其他视图引用，那么删除视图时，程序不会发出警告，但是引用该删除视图的其他视图会默认失效。

3.7　索引

在数据快速增长的时代，对数据查询及处理的速度已成为判断应用系统优劣的重要指标之一。采用索引加快查询数据的速度是广大数据库用户接受的一种优化方法。在良好的数据库设计基础上，有效地使用索引可以提高数据库性能。本节针对索引操作进行详细讲解。

3.7.1　Hive 中的索引

索引创建在 Hive 表的指定列，创建索引的列称为索引列，通过索引列执行查询操作时，可以避免全表扫描以及全分区扫描，从而提高查询速度。然而在提高查询速度的同时，Hive 会额外消耗资源去创建索引，以及需要更多的磁盘空间存储索引。索引可以总结为是一种以空间换取时间的方式。

Hive 的索引其实是一张索引表，在表中存储了索引列的值、索引列的值在 HDFS 对应的数据文件路径以及索引列的值在数据文件中的偏移量。涉及索引列的查询时，首先会去索引表中查找索引列的值在 HDFS 对应的数据文件路径以及索引列的值在数据文件中的偏移量，通过数据文件路径和偏移量去扫描全表的部分数据，从而避免全表扫描。

3.7.2　创建索引

创建索引的语法格式如下。

```
CREATE INDEX index_name
  ON TABLE base_table_name (col_name, ...)
  AS index_type
  [WITH DEFERRED REBUILD]
  [IN TABLE index_table_name]
  [
    [ ROW FORMAT ...] STORED AS ...
    | STORED BY ...
  ]
  [LOCATION hdfs_path]
  [TBLPROPERTIES (...)]
  [COMMENT "index comment"];
```

上述语法的具体讲解如下。
- CREATE INDEX：表示创建索引的语句。
- index_name：用于指定创建索引时实现的类，通常使用类 org.apache.hadoop.hive. ql.index.compact.CompactIndexHandler。
- ON TABLE base_table_name（col_name，...）：用于指定数据表中创建索引的列。
- AS index_type：用于指定索引类型。
- WITH DEFERRED REBUILD：可选，用于重建索引。
- IN TABLE index_table_name：可选，用于指定索引表的名称。
- ROW FORMAT：可选，用于序列化行对象。
- STORED AS：可选，用于指定存储格式，例如 RCFILE 或 SEQUENCFILE 文件格式。
- STORED BY：可选，用于指定存储方式，例如将索引表存储在 HBase 中。
- LOCATION hdfs_path：可选，用于指定索引表在 HDFS 的存储位置。
- TBLPROPERTIES：可选，用于指定索引表属性。
- COMMENT "index comment"：可选，用于指定索引描述。

接下来，在虚拟机 Node_03 中使用 Hive 客户端工具 Beeline，远程连接虚拟机 Node_02

的 HiveServer2 服务操作 Hive,为数据库 hive_database 的内部表 managed_table_new 创建
索引,具体命令如下。

```
CREATE INDEX index_staff_name
ON TABLE hive_database.managed_table_new (staff_name)
AS 'org.apache.hadoop.hive.ql.index.compact.CompactIndexHandler'
WITH DEFERRED REBUILD
IN TABLE index_name_table
TBLPROPERTIES ("create"="itcast")
COMMENT "index comment";
```

上述命令在数据库 hive_database 的内部表 managed_table_new 中创建索引 index_
staff_name,指定索引列为 staff_name,指定索引类型为 org.apache.hadoop.hive.ql.index.
compact.CompactIndexHandler,指定索引表名称为 index_name_table,指定索引表属性
create 的属性值为 itcast,指定索引描述为 index comment。

3.7.3　查看索引表

索引表属于 Hive 数据表的一种形式,可以通过 3.2.4 小节查看数据表的语句查看当前
数据库中的索引表以及索引表的表结构信息。

接下来,在虚拟机 Node_03 中使用 Hive 客户端工具 Beeline,远程连接虚拟机 Node_02
的 HiveServer2 服务操作 Hive,查看数据库 hive_database 中的索引表以及查看索引表
index_name_table 的详细结构信息,具体命令如下。

```
/*查看当前数据库中的索引表*/
SHOW TABLES;
/*查看索引表的详细结构信息*/
DESC FORMATTED index_name_table;
```

上述命令在 Hive 客户端工具 Beeline 中的执行效果,如图 3-28 所示。

从图 3-28 可以看出,索引表 index_name_table 默认存储在 Hive 配置文件中参数 hive.
metastore.warehouse.dir 指定的 HDFS 路径;索引表 index_name_table 中包含 3 个列,分别
是 staff_name(索引列)、_bucletname(索引列的值在 HDFS 对应的数据文件路径)和 _
offsets(索引列的值在数据文件中的偏移量)。

3.7.4　查看索引

查看索引是指查看 Hive 中创建索引数据表的索引信息,语法格式如下。

```
SHOW [FORMATTED] (INDEX|INDEXES) ON table_with_index [(FROM|IN) db_name];
```

上述语法中,INDEX 和 INDEXES 含义相同,可以切换使用,表示用于查看索引信息;
table_with_index 用于指定查看创建索引的数据表。

接下来,在虚拟机 Node_03 中使用 Hive 客户端工具 Beeline,远程连接虚拟机 Node_02
的 HiveServer2 服务操作 Hive,查看数据库 hive_database 中内部表 managed_table_new 的

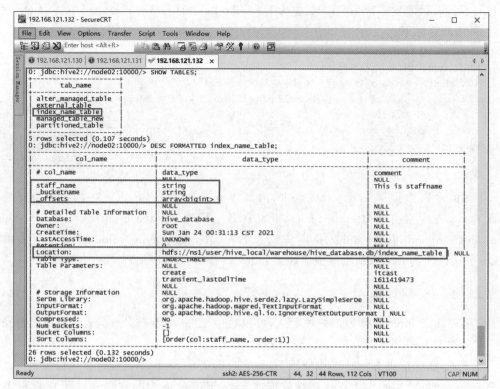

图 3-28　查看索引表 index_name_table

索引信息,具体命令如下。

```
SHOW INDEXES ON managed_table_new FROM hive_database;
```

上述命令在 Hive 客户端工具 Beeline 中的执行效果,如图 3-29 所示。

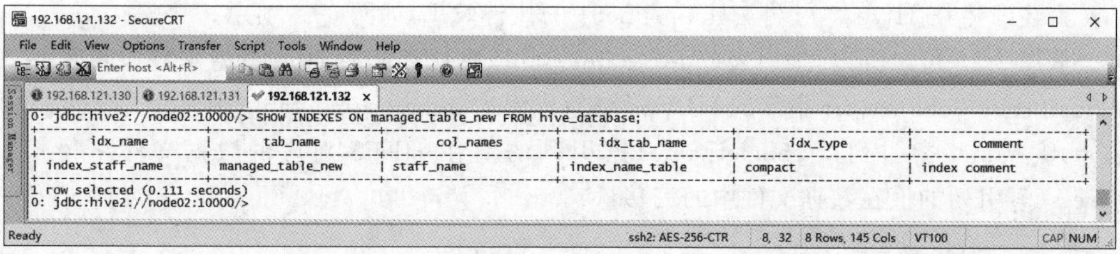

图 3-29　查看内部表 managed_table_new 的索引信息

从图 3-29 可以看出,内部表 managed_table_new 存在索引 index_staff_name,索引列为 staff_name,索引表为 index_name_table,索引类型为 compact,索引描述为 index comment。

3.7.5　重建索引

索引创建完成后还无法使用索引功能,此时索引表中是没有数据的,需要通过重建索引操作,将索引列的值、索引列的值在 HDFS 对应的数据文件路径和索引列的值在数据文件中的偏移量,这些数据加载到索引表中。重建索引的语法格式如下。

```
ALTER INDEX index_name ON table_name [PARTITION partition_spec] REBUILD;
```

上述语法中,PARTITION partition_spec 为可选,表示只重建指定分区内的索引;
index_name 表示索引名称;table_name 表示索引所在的数据表。

接下来,在虚拟机 Node_03 中使用 Hive 客户端工具 Beeline,远程连接虚拟机 Node_02
的 HiveServer2 服务操作 Hive,重建数据库 hive_database 中内部表 managed_table_new 的
索引 index_staff_name,具体命令如下。

```
ALTER INDEX index_staff_name ON hive_database.managed_table_new REBUILD;
```

上述命令执行完成后,便可以在数据表 managed_table_new 使用索引功能。需要注意
的是,若数据表 managed_table_new 中的数据发生变化,则数据表不会自动重建索引,需要
手动重建索引生成新的索引表数据。

3.7.6　删除索引

删除索引是指删除数据表中创建的索引,删除索引的同时会删除索引对应的索引表,删
除索引语法格式如下。

```
DROP INDEX [IF EXISTS] index_name ON table_name;
```

上述语法中,index_name 表示索引名称;table_name 表示索引所在的数据表。

接下来,在虚拟机 Node_03 中使用 Hive 客户端工具 Beeline,远程连接虚拟机 Node_02
的 HiveServer2 服务操作 Hive,删除内部表 managed_table_new 创建的索引 index_staff_
name,具体命令如下。

```
DROP INDEX IF EXISTS index_staff_name ON managed_table_new;
```

上述命令执行完成后,在 Hive 客户端工具 Beeline 中分别执行"SHOW INDEXES ON managed_
table_new FROM hive_database;"命令和"SHOW TABLES;"命令,查看数据库 hive_database 中内
部表 managed_table_new 的索引信息和查看当前数据库下的所有表,如图 3-30 所示。

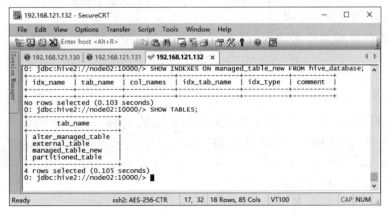

图 3-30　删除内部表 managed_table_new 的索引

从图 3-30 可以看出，数据库 hive_database 中不存在索引表 index_name_table，并且内部表 managed_table_new 中的索引 index_staff_name 也不存在了。

📖多学一招：开启自动使用索引功能

默认情况下，在查询 Hive 中已创建索引的数据表时，是不会使用索引功能的，需要在 Hive 中开启自动使用索引功能，此时涉及查询创建索引的数据表时，就会使用索引功能去优化查询，开启自动使用索引功能相关配置如下。

```
SET hive.input.format=org.apache.hadoop.hive.ql.io.HiveInputFormat;
SET hive.optimize.index.filter=true;
SET hive.optimize.index.filter.compact.minsize=0;
```

需要注意的是，上述配置需要在 Hive 客户端工具 Beeline 中执行，并且是针对于当前会话临时生效。

3.8　本章小结

本章主要讲解了 Hive 数据定义语言的相关操作，包括数据库的基本操作、数据表的基本操作，以及分区表、分桶表、临时表、视图和索引的相关操作。希望通过本章的学习，读者可以熟练掌握 Hive 的数据定义操作，为后续学习 Hive 更多的数据操作奠定基础。

3.9　课后习题

一、填空题

1. 操作 Hive 时，默认使用的数据库是_____。

2. 若需要同时删除数据库和数据库中的表，则需要在删除数据库的语句中添加_____。

3. 分区主要是将表的整体数据根据业务需求，划分成多个子目录来存储，每个子目录对应一个_____。

4. 索引是一种以空间换取_____的方式。

5. 临时表只对当前会话可见，数据被存储在用户的_____目录，并在会话结束时_____。

二、判断题

1. 当删除外部表时，外部表的元数据和数据文件会一同删除。　　　　（　　）

2. 查看表结构信息语法中，DESCRIBE 要比 DESC 查看的信息更加详细。（　　）

3. 分区表中的分区字段名称不能与分区表的列名重名。　　　　　　　（　　）

4. 分桶表可以根据多列进行分桶。　　　　　　　　　　　　　　　　（　　）

三、选择题

1. 下列选项中,不属于 Hive 内置 Serde 的是(　　)。

　　A. FIELD TERMINATED BY

　　B. COLLECTION ITEMS TERMINATED BY

　　C. MAP KYS TERMINATED BY

　　D. NULL DEFINED AS

2. 下列选项中,下列关于 Hive 分桶表描述错误的是(　　)。

　　A. 创建分桶表可以不指定排序列

　　B. 分桶表不能与分区表同时使用

　　C. 分桶个数决定分桶表的存储目录下生成小文件的数量

　　D. 分桶表中指定分桶的列需要与排序的列保持一致

3. 下列选项中,关于视图说法错误的是(　　)。

　　A. 视图是只读的

　　B. 视图包含数据文件

　　C. 创建视图时无法指定列的数据类型

　　D. 视图是通过查询语句创建的

四、简答题

简述索引如何避免扫描全表数据。

五、操作题

1. 在数据库 hive_database 中创建外部表 external_test,外部表 external_ test 的结构要求如下。

(1) 要求数据文件存储位置为/test/hive/external_ test。

(2) 外部表 external_ test 包含 5 列,这 5 列的数据类型分别是 STRING、INT、FLOAT、ARRAY 和 MAP,并自定义列名。

(3) 指定数据类型为 ARRAY 的列中元素的数据类型为 STRING。

(4) 指定数据类型为 MAP 的列中每个键值对 KEY：VALUE 的数据类型为 STRING：INT。

2. 在数据库 hive_ database 中创建与外部表 external_ test 表结构一致的分区表 partitioned_test,指定文件存储位置为/test/hive/partitioned_ test,在分区表中创建两个分区字段,自定义分区字段的名称和数据类型。

第 4 章

Hive的数据操作语言

思政案例

学习目标：

- 掌握 Hive 加载文件的基本操作，能够通过加载文件的 HiveQL 语句向 Hive 数据表中加载数据。
- 了解基本查询的基本操作，能够使用 HiveQL 语句查询 Hive 数据表中的数据。
- 掌握插入数据的基本操作，能够使用 HiveQL 语句通过基本插入和查询插入的方式向 Hive 数据表中插入数据。
- 掌握插入数据的基本操作，能够使用 HiveQL 语句通过动态分区、静态分区和混合分区的方式向 Hive 分区表中插入数据。
- 熟悉 IMPORT 和 EXPORT 的基本操作，能够使用 HiveQL 语句对数据表进行导入和导出操作。

Hive 提供了与 SQL 相似的数据操作语言 DML，主要用于操作数据表中的数据，例如数据的加载、查询和插入等操作。接下来，本章针对 Hive 的数据操作语言 DML 进行详细讲解。

4.1 加载文件

加载文件是 Hive 中常见的数据加载方式，通过加载本地文件系统或 HDFS 文件系统中的文件进行批量数据加载，将文件中的结构化数据加载到指定的 Hive 数据表中。本节详细讲解如何使用加载文件的方式向 Hive 数据表中加载批量数据。

4.1.1 加载文件的语法格式

加载文件的语法格式如下。

```
LOAD DATA [LOCAL] INPATH 'filepath' [OVERWRITE]
INTO TABLE table_name [PARTITION (partcol1=val1, partcol2=val2 ...)]
```

上述语法的具体讲解如下。

- LOAD DATA：表示加载文件的语句。
- LOCAL：可选，若指定 LOCAL 则加载本地文件系统中的文件，反之加载 HDFS 文件系统中的文件。需要注意的是，若操作 Hive 时使用的是远程访问工具 Beeline，则此时的本地文件系统是指启动 HiveServer2 服务的虚拟机,而不是启动远程访问工具 Beeline 的虚拟机。

- INPATH 'filepath':指定加载文件的路径,其中 filepath 可以是具体文件的路径,也可以是一个目录,若 filepath 指定的是目录,则加载该目录下的所有文件。
- OVERWRITE:可选,若指定 OVERWRITE 则加载文件时会覆盖数据表或分区中已存在的数据,反之向数据表或分区中追加数据。
- table_name:指定加载文件的数据表。
- PARTITION（partcol1＝val1, partcol2＝val2 …）:可选,用于将文件中的数据加载到分区表的指定分区,其中 partcol1 表示分区字段,val1 表示分区字段的值。

接下来,以 3.2.3 小节创建的外部表 external_table 为基础,通过一个案例演示如何通过加载文件的方式向外部表 external_table 中加载数据,具体操作步骤如下。

1. 创建文件

在虚拟机 Node_02 的/export/data 目录下创建文件夹 hive_data,用于存放加载的文件,具体命令如下。

```
$ mkdir -p /export/data/hive_data
```

在/export/data/hive_data 目录下执行 vi staff_data 命令,创建并编辑文件 staff_data,在文件中添加如下内容。

```
001,xiaoming,8000,music_game,late:100_unpaidleave:500,hui long guan_beijing
002,xiaohong,9000,run_gourmet,late:50_unpaidleave:0,xi er qi_beijing
003,zhangsan,10000,swim_basketball_travel,late:0_unpaidleave:300,yong feng_beijing
```

上述内容添加完成后,保存并退出文件即可,此时可以在/export/data/hive_data 目录下分别执行 ll 命令和 cat staff_data 命令,查看文件 staff_data 是否存在以及内容是否正确,如图 4-1 所示。

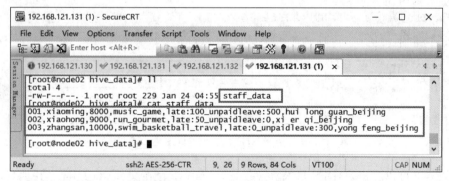

图 4-1　查看文件 staff_data 是否存在以及内容是否正确

从图 4-1 可以看出,/export/data/hive_data 目录下存在文件 staff_data,并且该文件的内容与添加的内容一致。

通过 LOAD DATA 语句向指定数据表加载数据文件时,需要注意以下几点。

(1) 文件分隔符需要与数据表的字段分隔符保持一致,例如数据表中 FIELDS TERMINATED BY 子句指定的符号为",",那么文件分隔符必须为","。

(2) 文件换行符需要与数据表的行分隔符保持一致,例如数据表中 LINES TERMINATED BY 子句指定的符号为\n,那么文件换行符必须为 Enter。

(3) 文件中的集合数据与数据表的集合元素分隔符保持一致,例如数据表中 COLLECTION ITEMS TERMINATED BY 子句指定的符号为"_",那么文件中所有通过字符"_"拼接的字符串都会被解析为集合元素。

(4) 文件中的键值对数据与创建数据表时指定键值对的分隔符保持一致,例如数据表中 MAP KEYS TERMINATED BY 子句指定的符号为":",那么文件中所有通过字符":"拼接的字符串都会被解析为键值对。

(5) 文件中每个字段的顺序需要与数据表中字段的顺序保持一致,并且文件的字段数量需要与数据表的字段数量保持一致。

2. 上传文件到 HDFS

在 HDFS 创建目录/hive_data/staff,用于存放文件 staff_data,具体命令如下。

```
$ hdfs dfs -mkdir /hive_data/staff
```

将虚拟机 Node_02 目录/export/data/hive_data 下的文件 staff_data 上传到 HDFS 的 /hive_data/staff 目录,具体命令如下。

```
#将文件 staff_data 上传到 HDFS 的/hive_data/staff 目录
$ hdfs dfs -put /export/data/hive_data/staff_data /hive_data/staff
```

上述命令执行完成后,在虚拟机 Node_02 执行"hdfs dfs -ls /hive_data/staff"命令,查看 HDFS 目录/hive_data/staff 中的内容,如图 4-2 所示。

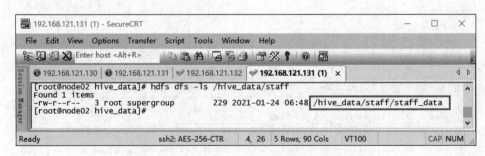

图 4-2   查看 HDFS 目录/hive_data/staff 中的内容

从图 4-2 可以看出,HDFS 目录/hive_data/staff 下存在文件 staff_data,说明成功将文件 staff_data 上传到 HDFS 目录/hive_data/staff。

3. 向外部表 external_table 加载文件 staff_data

在虚拟机 Node_03 中使用 Hive 客户端工具 Beeline,远程连接虚拟机 Node_02 的

HiveServer2 服务操作 Hive,实现向数据库 hive_database 的外部表 external_table 加载文件 staff_data,具体命令如下。

```
LOAD DATA INPATH '/hive_data/staff/staff_data' OVERWRITE INTO TABLE hive_database.external_
table;
```

上述命令执行完成后,HDFS 目录/hive_data/staff 下的文件 staff_data 会被移动到外部表 external_table 在 HDFS 的存储目录/user/hive_external/external_table。

📖多学一招：LOCATION 加载文件

在创建外部表时,通常使用 LOCATION 子句指定文件在 HDFS 的存储位置,若指定的存储位置已经存在,且存储位置下包含数据文件,那么此时外部表会默认加载该存储位置中的文件,有关创建外部表时通过 LOCATION 加载文件的命令如下。

```
CREATE EXTERNAL TABLE IF NOT EXISTS
hive_database.external_table1
(
staff_id INT COMMENT "This is staffid",
staff_name STRING COMMENT "This is staffname",
salary FLOAT COMMENT "This is staff salary",
hobby ARRAY<STRING> COMMENT "This is staff hobby",
deductions MAP<STRING, FLOAT> COMMENT "This is staff deduction",
address STRUCT<street:STRING,city:STRING> COMMENT "This is staff address"
)
ROW FORMAT DELIMITED
FIELDS TERMINATED BY ','
COLLECTION ITEMS TERMINATED BY '_'
MAP KEYS TERMINATED BY ':'
LINES TERMINATED BY '\n'
STORED AS textfile
LOCATION '/hive_data/staff/'
TBLPROPERTIES("comment"="This is a external table","EXTERNAL"="true");
```

在上述命令中,创建了外部表 external_table1,并且指定 LOCATION 的存储位置为/hive_data/staff/,若目录/hive_data/staff/中存在文件 staff_data,则外部表 external_table1 会默认加载文件 staff_data,从而实现了创建外部表的同时加载文件。

4.1.2　向分区表加载文件

在 Hive 中可以通过静态分区、动态分区和混合分区的方式向分区表中加载数据,它们的区别是加载数据方式不同,其中,静态分区加载数据时需要指定分区字段和分区字段值;动态分区加载数据时只需要指定分区字段即可,Hive 根据加载数据自动判断分区字段值;混合分区是静态分区和动态分区混合使用的一种形式,在加载数据时必须指定一个分区包含分区字段和分区字段值,其他分区可以直接使用分区字段即可。

由于使用加载文件向分区表中加载数据时,需要指定分区字段和分区字段值,所以加载文件只适用于通过静态分区方式向分区表中加载数据。有关通过动态分区和混合分区向分区表中加载数据的方式会在 4.3 节进行讲解。

接下来,以 3.3.1 小节在数据库 hive_database 中创建的分区表 partitioned_table 为例,演示通过加载文件语法将文件中的数据加载到分区表的指定分区,具体操作步骤如下。

1. 创建文件

在虚拟机 Node_02 的/export/data/hive_data 目录下执行 vi username_data 命令,创建并编辑文件 username_data,在文件中添加如下内容。

```
username01,20
username02,24
username03,50
username04,33
username05,26
username06,27
```

上述内容添加完成后,保存并退出文件即可,此时可以在/export/data/hive_data 目录下分别执行 ll 命令和 cat username_data 命令,查看文件 username_data 是否存在以及内容是否正确。

2. 向分区表 partitioned_table 加载文件 username_data

在虚拟机 Node_03 中使用 Hive 客户端工具 Beeline,远程连接虚拟机 Node_02 的 HiveServer2 服务操作 Hive,实现向数据库 hive_database 的分区表 partitioned_table 加载文件 username_data,将文件中的数据加载到分区表 partitioned_table 的二级分区 province＝ShanDong/city＝JiNan,具体命令如下。

```
LOAD DATA LOCAL INPATH '/export/data/hive_data/username_data' OVERWRITE INTO TABLE hive_
database.partitioned_table
PARTITION (province='ShanDong', city='JiNan');
```

上述命令执行完成后,本地文件系统目录/export/data/hive_data 中的文件 username_data,会上传到分区表 partitioned_table 的二级分区 province＝ShanDong/city＝JiNan 在 HDFS 的存储路径/user/hive_local/warehouse/hive_database.db/partitioned_table/province＝ShanDong/city＝JiNan。

4.2　基本查询

在 Hive 中可以通过基本查询语法,查询指定数据表中符合某一条件的数据集,基本查询的语法格式如下。

```
SELECT select_expr FROM table_name [WHERE where_condition];
```

上述语法的具体讲解如下。
- SELECT:表示查询数据表的语句。

- select_expr：用于指定查询某一列/分区字段或者全部数据，若查询全部数据，则直接使用符号 * 即可。若查询某一列/分区字段数据，则直接指定列名/分区字段即可，多个列名/分区字段用符号"，"分隔。
- table_name：表示查询的数据表。
- where_condition：用于指定查询条件。

接下来，在虚拟机 Node_03 中使用 Hive 客户端工具 Beeline，远程连接虚拟机 Node_02 的 HiveServer2 服务操作 Hive，查询数据库 hive_database 中分区表 partitioned_table 的列 username 和分区字段 city 数据，具体命令如下。

```
SELECT username,city FROM hive_database.partitioned_table WHERE
province='ShanDong' and city='JiNan';
```

上述命令中，通过 WHERE 子句指定分区 province= ShanDong 和分区 city=JiNan 作为查询条件。在执行查询命令时分区表列的概念等同于分区字段。

上述命令在 Hive 客户端工具 Beeline 中的执行效果如图 4-3 所示。

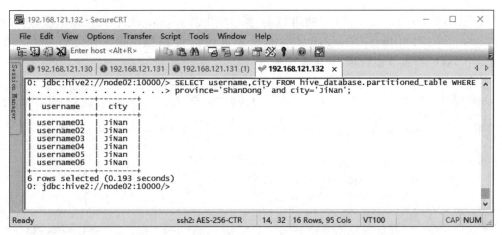

图 4-3　分区表 partitioned_table 的查询结果

从图 4-3 可以看出，分区表 partitioned_table 的查询结果包含列 username 和分区字段 city，并且分区字段 city 的值全部为 JiNan。

4.3　插入数据

Hive 使用 INSERT 语句向数据表插入数据。插入数据的方式有多种，可以直接向数据表中插入单条数据或多条数据，也可以将查询结果集直接插入数据表或文件系统。在 Hive 中执行插入数据操作会通过 MapReduce 任务实现。本节详细讲解插入数据的相关操作。

4.3.1　基本插入

基本插入指的是向 Hive 表中插入单条或多条数据的操作，基本插入的语法格式如下。

```
INSERT INTO TABLE tablename
[PARTITION (partcol1[=val1], partcol2[=val2] ...)]
VALUES (value1,value2,...) [,(value1,value2,...), ...]
```

上述语法的具体讲解如下。

- INSERT INTO TABLE：表示插入数据的语句。
- tablename：用于指定插入数据的数据表。
- PARTITION（partcol1[＝val1]，partcol2[＝val2],...）：可选，用于将数据插入分区表的指定分区，其中 partcol1 表示分区字段，val1 表示分区字段的值。如果使用动态分区的方式向分区表内插入数据，则不需要指定分区字段的值。
- VALUES（value1,value2,...）[,（value1,value2,...）, ...]：用于向表中插入单条或者多条数据，其中，（value1,value2,...）需要根据表中的列填写对应的值，必须为每一列指定值，若某一列不存在值，可以使用 null 代替。

需要注意的是，Hive 不支持对数据类型为集合类型（包括 ARRAY、MAP 和 STRUCT）的列插入数据。

接下来，在虚拟机 Node_03 中使用 Hive 客户端工具 Beeline，远程连接虚拟机 Node_02 的 HiveServer2 服务操作 Hive，通过基本插入语法向数据库 hive_database 的分桶表 clustered_table 插入 8 条数据，具体命令如下。

```
INSERT INTO TABLE hive_database.clustered_table VALUES
("001","user01","male",20,"YanFa"),
("002","user02","woman",23,"WeiHu"),
("003","user03","woman",25,"YanFa"),
("004","user04","woman",null,"RenShi"),
("005","user05","male",28,"YanFa"),
("006","user06","male",27,"CeShi"),
("007","user07","woman",33,"ShouHou"),
("008","user08","male",32,"CeShi");
```

上述命令执行完成后，在 Hive 客户端工具 Beeline 中执行"SELECT ＊ FROM hive_database.clustered_table;"命令，查询数据库 hive_database 的分桶表 clustered_table 数据，如图 4-4 所示。

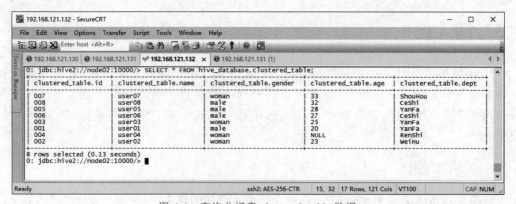

图 4-4　查询分桶表 clustered_table 数据

从图 4-4 可以看出，分桶表 clustered_table 中成功插入 8 条数据。

📖多学一招：查看分桶表中每个桶中的数据

成功向分桶表 clustered_table 中插入数据后，分桶表 clustered_table 在 HDFS 的存储目录/user/hive_local/warehouse/hive_database.db/clustered_table 下会生成 3 个文件，这 3 个文件表示分桶表的 3 个桶，可以通过 Hadoop 的 cat 命令查看每个桶中的数据。

4.3.2　查询插入

查询插入可分为单表插入、多表插入和本地插入。其中，单表插入是将查询的单个结果集插入一张表中；多表插入是将查询的多个结果集插入多张表中；本地插入是将查询的单个结果集插入本地文件系统或 HDFS 文件系统，该方式的数据插入可以看作 Hive 的导出功能。关于这 3 种查询插入方式的相关讲解具体如下。

1. 单表插入

单表插入的语法格式如下。

```
INSERT OVERWRITE|INTO TABLE tablename
[PARTITION (partcol1=val1, partcol2=val2 ...) [IF NOT EXISTS]]
select_statement1 FROM from_statement;
```

上述语法的具体讲解如下。
- INSERT OVERWRITE TABLE：表示覆盖插入。
- INSERT INTO TABLE：表示追加插入。
- tablename：表示插入数据的数据表。
- PARTITION：可选，用于向分区表的指定分区插入数据。
- IF NOT EXISTS：可选，用于判断分区是否存在，在覆盖插入时使用，若分区存在则无法覆盖插入数据。
- select_statement1：表示查询语句。
- FROM from_statement：表示查询的数据表。

2. 多表插入

多表插入的语法格式如下。

```
FROM from_statement
INSERT OVERWRITE TABLE tablename1
[PARTITION (partcol1=val1, partcol2=val2 ...) [IF NOT EXISTS]]
select_statement1
[INSERT OVERWRITE TABLE tablename2
[PARTITION ... [IF NOT EXISTS]]
select_statement2]
[INSERT INTO TABLE tablename2 [PARTITION ...] select_statement2]
...;
```

从上述语法可以看出,多表插入语法是由多个单表插入语法组合而成,其区别在于,多表插入语法将多个单表插入语法中查询数据表的子句统一提取到头部,说明在多表插入语法中只能指定一个查询表,但是每个单表插入语法中可以指定不同的插入表和查询语句,因此多表插入是将同一张表的不同查询结果集插入多张表。

3. 本地插入

本地插入的语法格式如下。

```
INSERT OVERWRITE [LOCAL] DIRECTORY 'directory1'
  [ROW FORMAT row_format] [STORED AS file_format]
  SELECT ... FROM ...
```

上述语法的具体讲解如下。
- INSERT OVERWRITE:表示覆盖插入,会覆盖指定文件系统目录下的所有内容。
- LOCAL:可选,若指定 LOCAL,则插入 HDFS 文件系统,反之插入本地文件系统,这里所指的本地文件系统是指启动 HiveServer2 服务的虚拟机,而不是使用 Beeline 的虚拟机。
- directory1:用于指定文件系统的路径。
- ROW FORMAT row_format:用于指定序列化方式,与 CREATE TABLE 句式中的 ROW FORMAT row_format 一致。
- STORED AS file_format:用于指定文件存储格式,与 CREATE TABLE 句式中的 STORED AS file_format 一致。
- SELECT ... FROM ...:用于指定查询语句。

接下来,在虚拟机 Node_03 中使用 Hive 客户端工具 Beeline,远程连接虚拟机 Node_02 的 HiveServer2 服务操作 Hive,讲解查询插入中单表插入、多表插入以及本地插入语法的实际使用,具体操作步骤如下。

(1) 在数据库 hive_database 中使用查询插入的单表插入语法,将分区表 partitioned_table 中列 username 和 age 的查询结果集数据覆盖插入分区表 partitioned_table1 的二级分区 province＝ShanDong/city＝QingDao,具体命令如下。

```
INSERT OVERWRITE TABLE partitioned_table1
PARTITION (province='ShanDong',city='QingDao')
IF NOT EXISTS SELECT username,age FROM partitioned_table;
```

上述命令执行完成后,在 Hive 客户端工具 Beeline 中执行"SELECT ＊ FROM hive_database.partitioned_table1;"命令,查询数据库 hive_database 的分区表 partitioned_table1 数据,如图 4-5 所示。

从图 4-5 可以看出,分区表 partitioned_table1 的二级分区 province＝ShanDong/city＝QingDao 存在 6 条数据,与图 4-3 分区表 partitioned_table 数据一致,说明成功将分区表 partitioned_table 中列 username 和 age 的查询结果集数据,插入分区表 partitioned_table1 的二级分区 province＝ShanDong/city＝QingDao。

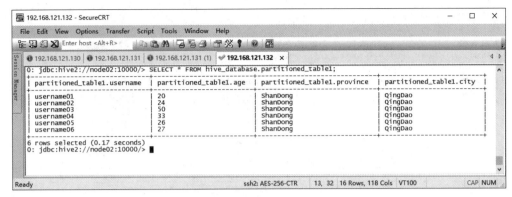

图 4-5　查询分区表 partitioned_table1 数据

（2）在数据库 hive_database 中使用查询插入的多表插入语法，将分桶表 clustered_table 中列 name 和 age 的查询结果集数据，覆盖插入分区表 partitioned_table1 的二级分区 province＝ShanDong/city＝QingDao，并且追加插入分区表 partitioned_table 的二级分区 province＝ShanDong/city＝JiNan，具体命令如下。

```
FROM clustered_table
INSERT INTO TABLE partitioned_table
PARTITION (province='ShanDong',city='JiNan')
SELECT name,age
INSERT OVERWRITE TABLE partitioned_table1
PARTITION (province='ShanDong',city='QingDao')
SELECT name,age;
```

需要注意的是，分区表 partitioned_table1 已经存在二级分区 province＝ShanDong/city＝QingDao，覆盖插入时若使用 IF NOT EXISTS 子句则无法运行上述命令。

上述命令执行完成后，在 Hive 客户端工具 Beeline 中分别执行"SELECT ＊ FROM partitioned_ table1;"和"SELECT ＊ FROM partitioned_ table;"命令，查询分区表 partitioned_table1 和分区表 partitioned_table 数据，如图 4-6 所示。

从图 4-6 可以看出，分区表 partitioned_table 成功追加插入分桶表 clustered_table 中列 name 和 age 的数据，分区表 partitioned_table1 成功覆盖插入分桶表 clustered_table 中列 name 和 age 的数据。

（3）在数据库 hive_database 中使用查询插入的本地插入语法，将分桶表 clustered_table 数据插入本地文件系统的/export/data/hive_data/clustered_table 目录，具体命令如下。

```
INSERT OVERWRITE LOCAL
DIRECTORY '/export/data/hive_data/clustered_table'
ROW FORMAT DELIMITED
FIELDS TERMINATED BY ','
LINES TERMINATED BY '\n'
STORED AS textfile
SELECT * FROM clustered_table;
```

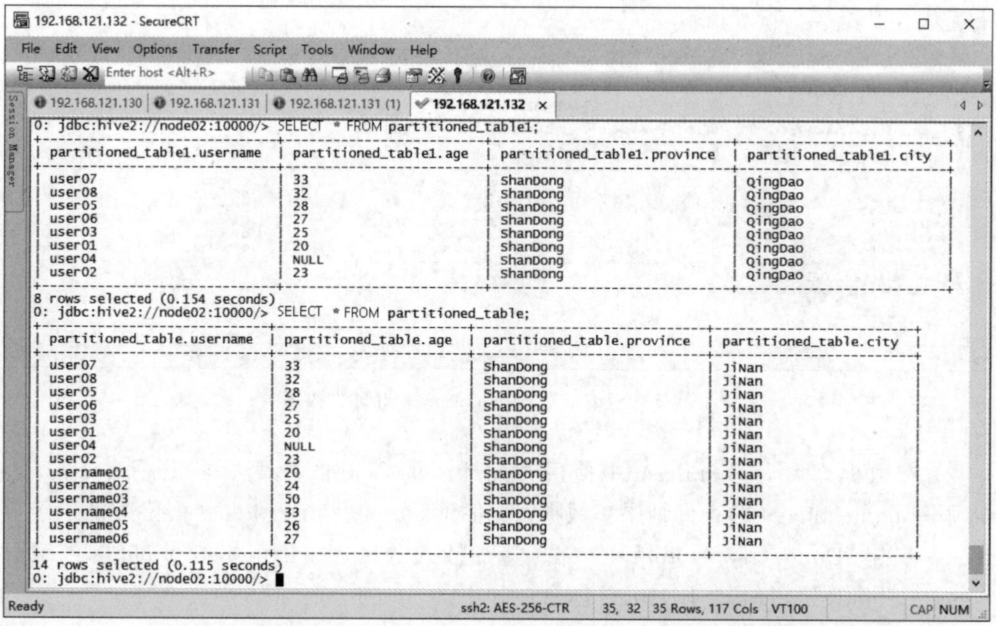

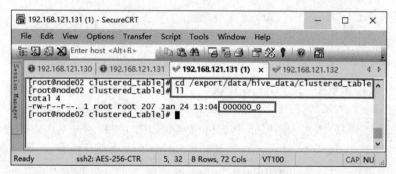

图 4-6　查询分区表 partitioned_table1 和分区表 partitioned_table 数据

上述命令,指定字段分隔符为",";指定行分隔符为\n;指定文件存储格式为 textfile。

上述命令执行完成后,在虚拟机 Node_02 的/export/data/hive_data/clustered_table 目录下执行 ll 命令,查看目录/export/data/hive_data/clustered_table 下的内容,如图 4-7 所示。

图 4-7　查看目录/export/data/hive_data/clustered_table 下的内容

从图 4-7 可以看出,目录/export/data/hive_data/clustered_table 下生成文件 000000_0,此时执行 cat 000000_0 命令,查看文件 000000_0 的内容,如图 4-8 所示。

从图 4-8 可以看出,文件 000000_0 的内容与分桶表 clustered_table 数据一致,说明成功将分桶表 clustered_table 数据插入本地文件系统。

脚下留心:保证插入数据表列的数量与查询数据表列的数量一致

因为查询插入语句无法指定具体向数据表中的哪几列插入数据,所以在查询语句中需要注意列的个数要与插入数据表中列的个数保持一致。例如,数据表 A 中有 5 列,数据表 B 中有 2 列,那么查询数据表 A 插入数据表 B 时,只能查询数据表 A 的 2 列数据插入数据表 B。

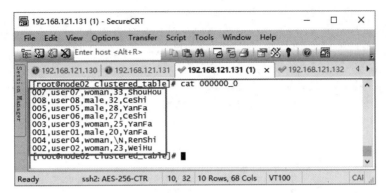

图 4-8 查看文件 000000_0 的内容

4.3.3 向分区表插入数据

在 Hive 中可以使用静态分区、动态分区和混合分区的方式向分区表插入数据,具体介绍如下。

1. 使用静态分区向分区表插入数据

使用静态分区向分区表中插入数据时,需要指定具体的分区字段和分区字段值。接下来,在虚拟机 Node_03 中使用 Hive 客户端工具 Beeline,远程连接虚拟机 Node_02 的 HiveServer2 服务操作 Hive,通过基本插入语法使用静态分区的方式向分区表 partitioned_table 插入数据,具体命令如下。

```
INSERT INTO TABLE partitioned_table
PARTITION (province='ShanDong', city='JiNan')
VALUES ("user22",44),("user33",55);
```

上述命令向分区表 partitioned_table 的二级分区 province＝ShanDong/city＝JiNan 插入两条数据,分区字段分别为 province 和 city,这两个分区字段对应的分区字段值分别为 ShanDong 和 JiNan。

上述命令执行完成后,在 Hive 客户端工具 Beeline 中执行"SELECT ＊ FROM partitioned_table;"命令,查询分区表 partitioned_table 数据,如图 4-9 所示。

从图 4-9 可以看出,分区表 partitioned_table 成功插入两条数据,说明成功通过基本插入语法使用静态分区的方式向分区表 partitioned_table 中插入数据。

2. 使用动态分区向分区表插入数据

在使用 Hive 动态分区前,需要修改 Hive 的配置参数 hive. exec. dynamic. partition. mode 为 nonstrict,该配置参数默认值为 strict,表示严格模式,此模式下不允许 Hive 使用动态分区,因此需要在虚拟机 Node_02 的 Hive 配置文件 hive-site. xml 中添加如下内容。

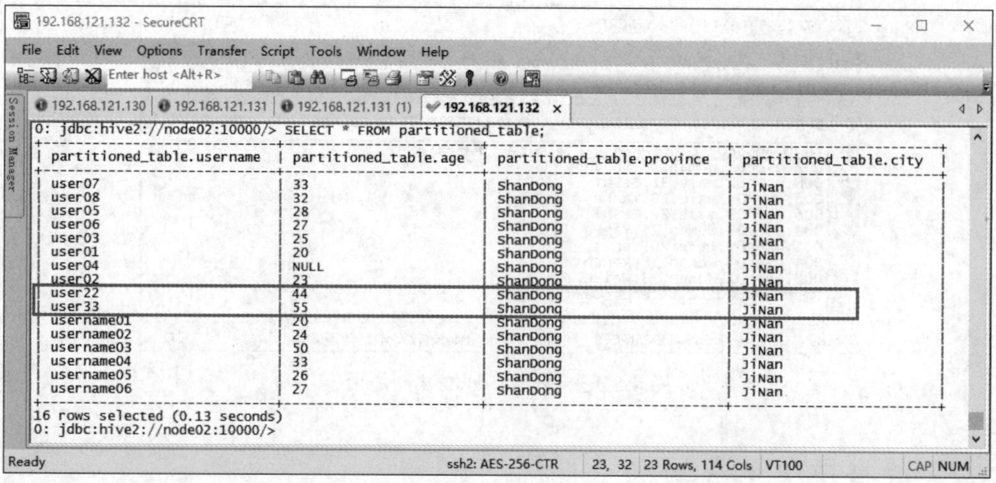

图 4-9　查询分区表 partitioned_table 数据

```
<property>
    <name>hive.exec.dynamic.partition.mode</name>
    <value>nonstrict</value>
</property>
```

hive-site.xml 文件配置完成后需要重启虚拟机 Node_02 的 HiveServer2 服务，使配置内容生效。

接下来，在虚拟机 Node_03 中使用 Hive 客户端工具 Beeline，重新远程连接虚拟机 Node_02 重启后的 HiveServer2 服务操作 Hive，讲解通过查询插入语法使用动态分区的方式向分区表插入数据，具体操作步骤如下。

（1）为了便于演示动态分区的展示效果，这里在数据库 hive_database 中创建一个分区表 dynamic_table，具体命令如下。

```
CREATE TABLE IF NOT EXISTS
hive_database.dynamic_table(
username STRING,
age INT
) PARTITIONED BY (
gender_type STRING
)
ROW FORMAT DELIMITED
FIELDS TERMINATED BY ','
LINES TERMINATED BY '\n'
STORED AS textfile;
```

上述命令在分区表 dynamic_table 中创建了一个分区字段 gender_type。

（2）通过查询插入语法，将分桶表 clustered_table 中列 name、age 和 gender 的查询结果集数据以动态分区的方式插入分区表 dynamic_table，具体命令如下。

```
INSERT INTO TABLE dynamic_table PARTITION (gender_type)
SELECT name,age,gender FROM clustered_table;
```

在上述命令中,由于使用动态分区方式向分区表中插入数据,所以只需要指定分区表 dynamic_table 的分区字段 gender_type 即可,并不需要分区字段值,分区字段 gender_type 会对分桶表 clustered_table 中列 gender 的数据自动进行分类,并创建对应的分区字段值。也就是说,在查询分桶表 clustered_table 数据时,查询列 gender 的目的是将分区表 dynamic _table 的分区字段 gender_type 进行动态分区,而列 name 和 age 的数据会插入分区表 dynamic_table 的列 username 和 age。

（3）在 Hive 客户端工具 Beeline 中执行“SHOW PARTITIONS dynamic_table；”命令, 查询分区表 dynamic_table 的分区信息,如图 4-10 所示。

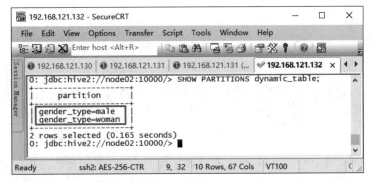

图 4-10　分区表 dynamic_table 的分区信息

从图 4-10 可以看出,分区表 dynamic _ table 的分区字段 gender _ type 将分桶表 clustered_table 中列 gender 的数据动态划分为两个分区,即 gender_type＝male(分区字段 为 gender_type,分区字段值为 male)和 gender_type＝woman(分区字段为 gender_type,分 区字段值为 woman)。

3. 使用混合分区向分区表插入数据

混合分区是动态分区的一种,是静态分区和动态分区合并使用的一种方式。使用混合 分区向分区表中插入数据时,需要包含指定分区字段值的分区字段和不指定分区字段值的 分区字段。

接下来,在虚拟机 Node_03 中使用 Hive 客户端工具 Beeline,重新远程连接虚拟机 Node_02 重启后的 HiveServer2 服务操作 Hive,讲解通过基本插入语法使用混合分区的方 式向分区表插入数据,具体操作步骤如下。

（1）为了便于演示混合分区的展示效果,这里在数据库 hive_database 中创建一个分区 表 dynamic_table2,具体命令如下。

```
CREATE TABLE IF NOT EXISTS
hive_database.dynamic_table2(
name STRING,
```

```
age INT
) PARTITIONED BY (
year STRING,
month STRING,
day STRING
)
ROW FORMAT DELIMITED
FIELDS TERMINATED BY ','
LINES TERMINATED BY '\n'
STORED AS textfile;
```

上述命令在分区表 dynamic_table2 中创建了 3 个分区字段 year、month 和 day。

（2）通过基本插入语法，使用混合分区的方式向分区表 dynamic_table2 中插入 4 条数据，具体命令如下。

```
INSERT INTO TABLE dynamic_table2
PARTITION (year='2020',month,day) VALUES
("user01",20,"01","22"),
("user02",24,"02","23"),
("user03",50,"01","24"),
("user04",33,"03","24");
```

在上述命令中，指定分区字段 year 的分区字段值为 2020，即分区字段 year 是以静态分区的方式插入数据；指定分区字段 month 和 day，即分区字段 month 和 day 是以动态分区的方式插入数据；分区字段 month 会对插入每行数据的第 3 个值自动进行分类，并创建对应的分区字段值；分区字段 day 会对插入每行数据的第 4 个值自动进行分类，并创建对应的分区字段值；插入每行数据的第 1 个值和第 2 个值会插入分区表 dynamic_table2 的列 name 和 age。

由于分组字段 year 已经指定了分区字段值 2020，所以在插入数据时只需要考虑列 name、列 age、分区字段 month 和分区字段 day 的数据内容，即插入数据时只需要按照顺序指定 4 列数据。

（3）在 Hive 客户端工具 Beeline 中执行"SHOW PARTITIONS dynamic_table2;"命令，查询分区表 dynamic_table2 的分区信息，如图 4-11 所示。

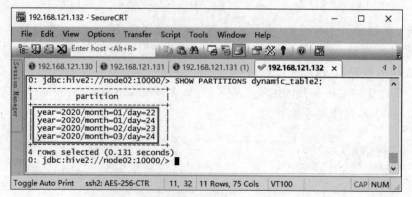

图 4-11   分区表 dynamic_table2 的分区信息

从图 4-11 可以看出，分区表 dynamic_table2 的分区信息包括 4 个三级分区，即 year＝
2020/month＝01/day＝22、year＝2020/month＝01/day＝24、year＝2020/month＝02/day＝
23 和 year＝2020/month＝03/day＝24。

4.4　IMPORT 和 EXPORT

IMPORT 和 EXPORT 分别代表导入和导出，其中 EXPORT 用于将数据表的数据以
及元数据导出到 HDFS 的指定位置；IMPORT 用于将使用 EXPORT 导出的内容在 Hive
中创建目标表。IMPORT 和 EXPORT 的语法格式如下。

```
/* EXPORT 语法 */
EXPORT TABLE tablename [PARTITION(part_column="value"[, ...])]
TO 'export_target_path'
/* IMPORT 命令 */
IMPORT [[EXTERNAL] TABLE new_or_original_tablename
[PARTITION (part_column="value"[, ...])]]
FROM 'source_path'
[LOCATION 'import_target_path']
```

上述语法的具体讲解如下。
- EXPORT TABLE：表示导出数据表的语句。
- PARTITION（part_column="value"[, ...]）：用于导出分区表的指定分区或向分
  区表中导入指定分区。
- export_target_path：表示将数据表的数据以及元数据导出到 HDFS 的指定路径。
- IMPORT[EXTERNAL] TABLE：表示导入数据表的语句，其中 EXTERNAL 为
  可选，指定导入的数据表为外部表。
- new_or_original_tablename：可选，用于重命名导入的数据表名。若不指定，则默认
  使用导出时元数据中记录的数据表名。
- source_path：指定导入数据表或分区的数据以及元数据所在的 HDFS 路径。
- import_target_path：可选，指定导入的数据表为外部表时数据在 HDFS 的存储
  路径。

需要注意的是，使用 IMPORT 导入数据时，会自动创建目标表或分区，该表的属性和
结构与原数据表的属性和结构相同。如果目标表存在且未分区，则该表必须为空。如果目
标表存在且已分区，则表中不得存在与导入的分区一致的分区字段。

接下来，以数据库 hive_database 的分区表 dynamic_table 为例，演示如何使用
IMPORT 和 EXPORT 实现数据表的导入和导出，具体操作步骤如下。

（1）在虚拟机 Node_03 中使用 Hive 客户端工具 Beeline，远程连接虚拟机 Node_02 的
HiveServer2 服务操作 Hive，将分区表 dynamic_table 的分区 gender_type＝male 导出到
HDFS 的/export_dir 目录中，具体命令如下。

```
EXPORT TABLE dynamic_table PARTITION (gender_type="male") TO '/export_dir';
```

上述命令指定完成后,执行 Hadoop 命令"hdfs dfs -ls /export_dir",查看 HDFS 目录 export_dir 下的内容,如图 4-12 所示。

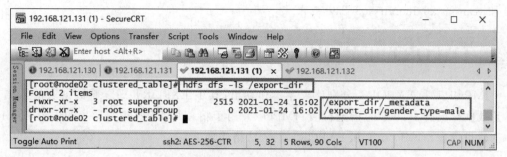

图 4-12   查看 HDFS 目录 export_dir 下的内容

从图 4-12 可以看出,HDFS 目录 export_dir 下出现了文件_meadata 和文件夹 gender_type=male,其中文件_meadata 存储分区 gender_type＝male 元数据,文件夹 gender_type＝male 存储了分区 gender_type＝male 的数据。

（2）在虚拟机 Node_03 中使用 Hive 客户端工具 Beeline,远程连接虚拟机 Node_02 的 HiveServer2 服务操作 Hive,通过导出分区表 dynamic_table 分区 gender_type＝male 的 HDFS 目录 export_dir,进行导入数据表的操作,并且重命名导入的数据表为 dynamic_table3,具体命令如下。

```
IMPORT EXTERNAL TABLE dynamic_table3 FROM '/export_dir';
```

上述命令执行完成后,在 Hive 客户端工具 Beeline 中执行"SELECT ＊ FROM dynamic_table3;"命令,查询分区表 dynamic_table3 的数据,如图 4-13 所示。

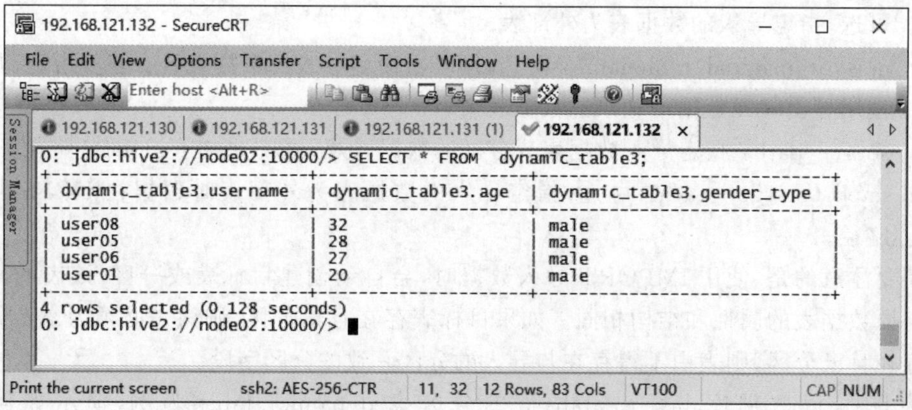

图 4-13   查询分区表 dynamic_table3 的数据

从图 4-13 可以看出,分区表 dynamic_table3 的数据与分区表 dynamic_table 中分区 gender_type ＝ male 的数据一致,说明成功导入数据。

4.5　本章小结

本章主要讲解了 Hive 的数据操作,包括加载文件、基本查询、插入数据以及 IMPORT 和 EXPORT。希望通过本章的学习,读者可以熟练掌握 Hive 的数据操作,为后续学习 Hive 更多的数据操作奠定基础。

4.6　课后习题

一、填空题

1. 加载文件是将文件中的_____数据加载到指定的 Hive 数据表中。

2. 在 Hive 中可以通过_____、动态分区和混合分区的方式向分区表中加载数据。

3. 查询插入可以分为_____、多表插入和本地插入。

4. IMPORT 和 EXPORT 分别代表_____和_____。

5. 在使用 Hive 动态分区前,需要修改 Hive 的配置参数 hive.exec.dynamic.partition. mode 为_____。

二、判断题

1. Hive 中加载文件只能加载 HDFS 文件系统中的文件。　　　　　　　　　(　　)

2. LOCATION 子句可以将数据文件中的数据加载到数据表。　　　　　　　(　　)

3. 本地插入是将本地系统文件中的数据插入数据表。　　　　　　　　　　(　　)

4. 多表插入是将多个表的查询结果插入多张表。　　　　　　　　　　　　(　　)

5. 保证插入数据表列的数量与查询数据表列的数量一致。　　　　　　　　(　　)

三、选择题

1. 下列选项中,关于插入数据的语句书写正确的是(　　)。

　　A. INSERT INTO TABLE table1 VALUES (11);

　　B. INSERT INTO TABLE table2 VALUES (user01);

　　C. INSERT INTO TABLE table3 VALUES (11,20)(22,30);

　　D. INSERT INTO TABLE table3 VALUES (user01),(user02);

2. 下列选项中,关于查询数据的语句书写正确的是(　　)。

　　A. SELECT username city FROM table1;

　　B. SELECT ＊ FROM table1;

　　C. SELECT username FROM table1 WHERE province;

　　D. SELECT username FROM table1 WHERE province＝ShanDong;

四、简答题

1. 简述通过 LOAD DATA 语句向指定数据表加载数据文件时的注意事项。

2. 简述动态分区与混合分区的区别。

五、操作题

将本地文件系统目录/export/data/hive_data 中的文件 test.txt 加载到分区表 partitioned_table 的二级分区 province＝ShanDong/city＝HeZe。

第 5 章
Hive数据查询语言

学习目标：

思政案例

- 了解 SELECT 句式的语法，能够描述 SELECT 句式中不同子句的作用并查询数据表中的数据。
- 掌握 Hive 运算符的使用，能够在 SELECT 句式中灵活使用关系运算符、算术运算符、逻辑运算符和复杂运算符查询数据表中的数据。
- 熟悉公用表表达式的使用，能够使用公用表表达式基于临时结果集进行查询。
- 掌握分组操作，能够对数据表进行分组查询。
- 掌握排序操作，能够对数据表的查询结果进行排序。
- 熟悉 UNION 语句使用，能够将多个 SELECT 句式的查询结果集进行合并的操作。
- 熟悉 JOIN 语句的使用，能够将不同数据表的数据进行合并的操作。
- 熟悉抽样查询的使用，能够灵活运用 SELECT 句式实现随机抽样查询、分桶抽样查询和数据块抽样查询的操作。

数据查询语言（Data Query Language，DQL）是用于从数据库中查询数据的计算机语言。在 Hive 中可以通过 HiveQL 语言查询数据，查询数据的结果会存储在结果集中。本章详细讲解 Hive 数据查询语言的相关操作。

5.1 SELECT 句式分析

Hive 使用 SELECT 句式实现查询，在第 4 章对 SELECT 句式的基本查询语法进行了讲解，不过在实际使用中，仅对基础查询语法进行学习显然是不够的。本节详细讲解 SELECT 句式的完整格式，有关 SELECT 句式的完整语法格式如下。

```
[WITH CommonTableExpression (, CommonTableExpression) * ]
SELECT [ALL|DISTINCT] select_expr, select_expr, ...
  FROM table_reference
  [WHERE where_condition]
  [GROUP BY col_list]
  [ORDER BY col_list]
  [CLUSTER BY col_list
    | [DISTRIBUTE BY col_list] [SORT BY col_list]
  ]
[LIMIT number]
```

上述语法的具体讲解如下。

- WITH CommonTableExpression：可选，表示公用表达式。
- ALL｜DISTINCT：可选，默认是 ALL，即显示全部查询结果；若使用 DISTINCT，则显示去重后的查询结果，去重是指去除重复数据。
- select_expr：表示查询语句的表达式。
- table_reference：表示实际的查询对象，可以是数据表、视图或子查询。
- WHERE where_condition：可选，指定查询条件。
- GROUP BY col_list：可选，用于对查询结果根据指定列 col_list 进行分组处理。
- ORDER BY col_list：可选，用于对查询结果根据指定列 col_list 进行排序处理。
- CLUSTER BY col_list｜[DISTRIBUTE BY col_list][SORT BY col_list]：可选，用于排序处理，CLUSTER BY 的功能等于 DISTRIBUTE BY+ SORT BY。
- LIMIT number：可选，用于限制查询结果返回的行数。

接下来，在虚拟机 Node_03 中使用 Hive 客户端工具 Beeline，远程连接虚拟机 Node_02 的 HiveServer2 服务操作 Hive，讲解 SELECT 句式的实际使用，具体操作步骤如下。

（1）在虚拟机 Node_02 的目录/export/data/hive_data 下执行"vi employess.txt"命令，创建员工信息数据文件 employess.txt，在数据文件 employess.txt 中添加如下内容。

```
Lilith Hardy,30,6000,50,Finance Department
Byron Green,36,5000,25,Personnel Department
Yvette Ward,21,4500,15.5,
Arlen Esther,28,8000,20,Finance Department
Rupert Gold,39,10000,66,R&D Department
Deborah Madge,41,6500,0,R&D Department
Tim Springhall,22,6000,36.5,R&D Department
Olga Belloc,36,5600,10,Sales Department
Bruno Wallis,43,6700,0,Personnel Department
Flora Dan,27,4000,35,Sales Department
```

上述内容中，每一行数据从左到右依次表示员工姓名、年龄、薪资、迟到扣款和所属部门。

（2）将虚拟机 Node_02 目录/export/data/hive_data 下的数据文件 employess.txt 上传到 HDFS 的/hive_data/employess 目录，上传文件前需要在 HDFS 创建目录/hive_data/employess，有关创建目录和上传数据文件的命令如下。

```
#创建目录
$ hdfs dfs -mkdir -p /hive_data/employess
#上传数据文件
$ hdfs dfs -put /export/data/hive_data/employess.txt /hive_data/employess
```

（3）根据数据文件 employess.txt 的数据格式，在数据库 hive_database 中创建员工信息表 employess_table，该表中包含列 staff_name（员工姓名）、staff_age（员工年龄）、staff_salary（员工薪资）、late_deduction（迟到扣款）和 staff_dept（员工所属部门），在虚拟机 Node_03 的 Hive 客户端工具 Beeline 中执行如下命令创建员工信息表 employess_table。

```
CREATE EXTERNAL TABLE IF NOT EXISTS
hive_database.employess_table(
staff_name STRING,
staff_age INT,
staff_salary FLOAT,
late_deduction FLOAT,
staff_dept STRING
)
ROW FORMAT DELIMITED
FIELDS TERMINATED BY ','
LINES TERMINATED BY '\n'
STORED AS textfile
LOCATION '/hive_data/employess';
```

从上述命令可以看出,创建的员工信息表 employess_table 为外部表,并且通过 LOCATION 子句指定员工信息表 employess_table 在 HDFS 的数据存储路径/hive_data/ employess,由于在创建员工信息表之前将数据文件 employess.txt 上传到 HDFS 的/hive_ data/employess 目录,所以在创建员工信息表 employess_table 同时会加载数据文件 employess.txt。

(4) 查询员工信息表 employess_table 包含几种部门,具体命令如下。

```
SELECT DISTINCT staff_dept from hive_database.employess_table;
```

上述命令中,通过 DISTINCT 子句对列 staff_dept(员工所属部门)的数据进行去重,上述命令的执行效果如图 5-1 所示。

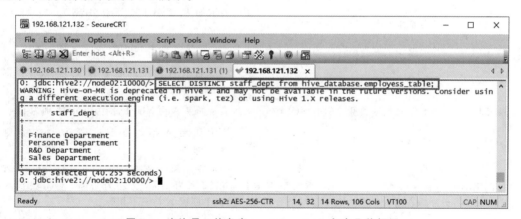

图 5-1　查询员工信息表 employess_table 包含几种部门

从图 5-1 可以看出,员工信息表 employess_table 中包含 5 种部门,分别是 Finance Department、Personnel Department、R&D Department、Sales Department 和一个没有名称的部门,这是因为数据文件中存在空值导致。

📖多学一招:HAVING 子句

HAVING 子句的用法与 WHERE 子句的用法一致,都是在查询语句中指定查询条件,不同的是 HAVING 子句中可以使用聚合函数,并且 HAVING 子句必须配合 GROUP BY 子句一同使用,而 WHERE 子句中不能使用聚合函数,例如查询每个部门平均薪资大于 5000 的部门,命令如下。

```
SELECT staff_dept FROM employess_table GROUP BY staff_dept HAVING AVG(staff_salary) > 5000;
```

5.2　Hive 运算符

Hive 内置的运算符主要分为 4 类,分别是关系运算符、算术运算符、逻辑运算符和复杂运算符,本节针对这 4 类运算符进行详细讲解。

5.2.1　关系运算符

关系运算符通常在 SELECT 句式的 WHERE 子句中使用,用来比较两个操作数,下面通过表 5-1 来介绍 Hive 内置的常用关系运算符。

表 5-1　Hive 内置的常用关系运算符

关系运算符	支持数据类型	示　　例	示　例　描　述
=	所有基本数据类型	A＝B	表示如果 A 与 B 相等,则为 true,否则为 false
!=	所有基本数据类型	A！＝B	表示如果 A 与 B 不相等,则为 true,否则为 false
<	所有基本数据类型	A<B	表示如果 A 小于 B,则为 true,否则为 false
<=	所有基本数据类型	A<=B	表示如果 A 小于或等于 B,则为 true,否则为 false
>	所有基本数据类型	A>B	表示如果 A 大于 B,则为 true,否则为 false
>=	所有基本数据类型	A>=B	表示如果 A 大于或等于 B,则为 true,否则为 false
IS NULL	所有基本数据类型	A IS NULL	表示如果 A 为 NULL,则为 true,否则为 false
IS NOT NUL	所有基本数据类型	A IS NOT NULL	表示如果 A 不为 NULL,则为 true,否则为 false
[NOT] LIKE	字符串类型	A [NOT] LIKE B	表示通过 SQL 正则匹配 A 与 B 是否相等,若相等,则为 true,反之为 false;使用关键字 NOT 匹配 A 与 B 不相等
RLIKE	字符串类型	ARLIKE B	表示通过 Java 正则匹配 A 与 B 相等的查询结果,若相等,则为 true,反之为 false

在表 5-1 中,若关系运算符比较操作数的结果为 true,则返回查询结果,否则返回空。

接下来,在虚拟机 Node_03 中使用 Hive 客户端工具 Beeline,远程连接虚拟机 Node_02 的 HiveServer2 服务操作 Hive,讲解关系运算符＝、[NOT] LIKE 和 RLIKE 的实际使用,具体操作步骤如下。

(1)查询员工信息表 employess_table 中员工年龄为 36 岁的员工信息,具体命令如下。

```
SELECT * FROM hive_database.employess_table WHERE staff_age=36;
```

上述命令使用关系运算符"＝"比较列 staff_age 与 36 相等的值,返回比较结果为 true 的查询结果。上述命令在 Hive 客户端工具 Beeline 中的执行效果如图 5-2 所示。

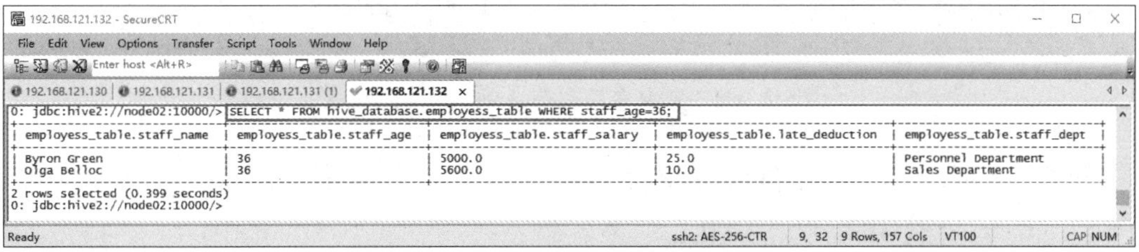

图 5-2　员工年龄为 36 岁的员工信息

从图 5-2 可以看出,员工信息表 employess_table 中有两个员工的年龄为 36 岁,员工姓名分别是 Byron Green 和 Olga Belloc。

（2）查询员工信息表 employess_table 中部门名称以 Per 开头的员工信息,具体命令如下。

```
SELECT * FROM hive_database.employess_table WHERE staff_dept LIKE "Per%";
```

上述命令使用关系运算符 LIKE 比较列 staff_dept 与 Per% 相等的字符串,返回比较结果为 true 的查询结果,其中"％"表示通配符,用来匹配任意字符,因此 Per％表示字符串开头为 Per 的任意字符串。上述命令在 Hive 客户端工具 Beeline 中的执行效果如图 5-3 所示。

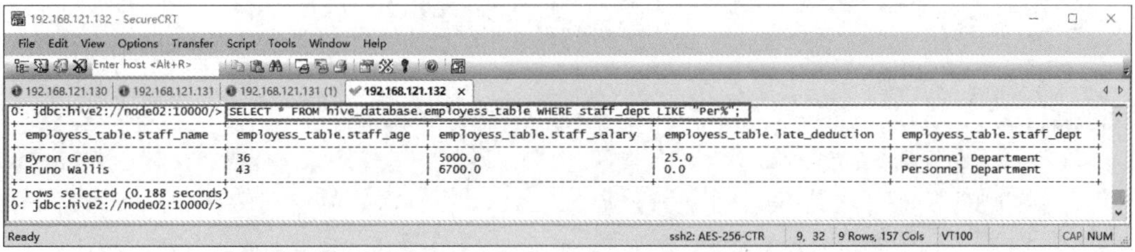

图 5-3　部门 Personnel Department 的员工信息

从图 5-3 可以看出,员工信息表 employess_table 中部门 Personnel Department 包含两个员工,员工姓名分别是 Byron Green 和 Bruno Wallis。

（3）查询员工信息表 employess_table 中员工姓名首字母为 A 或 D 的员工信息,具体命令如下。

```
SELECT * FROM hive_database.employess_table
WHERE staff_name RLIKE "^A|^D.*";
```

上述命令中,通过关系运算符 RLIKE 比较列 staff_name 与 Java 正则表达式"^A|^D.＊"相等的字符串,这里使用的正则表达式表示匹配字符串首字母以 A 或 D 开头的字符串。上述命令在 Hive 客户端工具 Beeline 中的执行效果如图 5-4 所示。

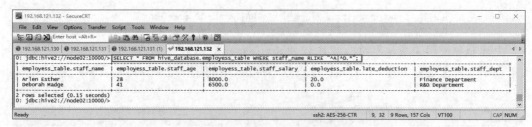

图 5-4　员工姓名首字母为 A 或 D 的员工信息

从图 5-4 可以看出，员工信息表 employess_table 中有两名员工姓名首字母为 A 或 D。

📖多学一招：Hive 中的 NULL

Hive 的数据存储在 HDFS 时，默认会将空值转换为字符串，因此使用 IS NULL 或者 IS NOT NULL 关系运算符时无法匹配到表中存在的空值，需要通过数据表的属性 serialization.null.format 格式化表中的空值，例如，执行 "alter table hive_database. employess_table set serdeproperties ('serialization.null.format' = '');" 命令格式化表 employess_table 中的空字符串为 NULL，或者执行 "alter table hive_database.employess_ table set serdeproperties ('serialization.null.format' = 'NULL');" 命令格式化表 employess _table 中的字符串 "NULL" 为 NULL。

也可以在创建表时使用 "NULL DEFINED AS """ 命令指定表中空值的序列化方式，具体实例代码如下。

```
CREATE  TABLE IF NOT EXISTS table1(
col1 INT ,
col2 STRING
)
ROW FORMAT DELIMITED
FIELDS TERMINATED BY ','
COLLECTION ITEMS TERMINATED BY '_'
MAP KEYS TERMINATED BY ':'
LINES TERMINATED BY '\n'
NULL DEFINED AS ''
STORED AS textfile
TBLPROPERTIES("comment"="This is a managed table");
```

5.2.2　算术运算符

算术运算符是用来计算两个数值的操作，下面通过表 5-2 来介绍 Hive 内置的常用算术运算符。

表 5-2　Hive 内置的常用算术运算符

算术运算符	支持数据类型	示　　例	示　例　描　述
＋	所有数字数据类型	A ＋ B	A 加 B 的计算结果
－	所有数字数据类型	A － B	A 减 B 的计算结果

续表

算术运算符	支持数据类型	示　例	示　例　描　述
*	所有数字数据类型	A * B	A 乘以 B 的计算结果
/	所有数字数据类型	A / B	A 除以 B 的计算结果
%	所有数字数据类型	A % B	A 除以 B 产生余数的计算结果
&.	所有数字数据类型	A &. B	A 和 B 按位与的计算结果
|	所有数字数据类型	A | B	A 和 B 按位或的计算结果
^	所有数字数据类型	A ^ B	A 和 B 按位异或的计算结果
~	所有数字数据类型	~A	A 按位非的计算结果

接下来,在虚拟机 Node_03 中使用 Hive 客户端工具 Beeline,远程连接虚拟机 Node_02 的 HiveServer2 服务操作 Hive,讲解算术运算符"-"和"/"的实际使用,具体操作步骤如下。

(1) 计算员工信息表 employess_table 中所有员工的实际工资,具体命令如下。

```
SELECT staff_name,
staff_salary-late_deduction actual_salary
FROM hive_database.employess_table;
```

上述命令中,通过算术运算符"-"计算员工薪资(staff_salary)减迟到扣款(late_deduction)得出每个员工的实际工资,指定实际工资的列名为 actual_salary。上述命令在 Hive 客户端工具 Beeline 中的执行效果如图 5-5 所示。

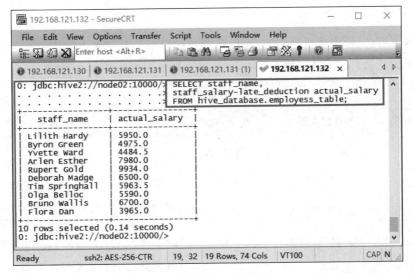

图 5-5　计算员工实际工资

(2) 计算员工信息表 employess_table 中每位员工每天的薪资,以单月工作日为 20 天计算,具体命令如下。

```
SELECT staff_name,
staff_salary/20 everyday_salary
FROM hive_database.employess_table;
```

上述命令中,通过算术运算符"/"计算员工薪资(staff_salary)除以 20 得出每位员工每天的薪资,指定每天薪资的列名为 everyday_salary。上述命令在 Hive 客户端工具 Beeline 中的执行效果如图 5-6 所示。

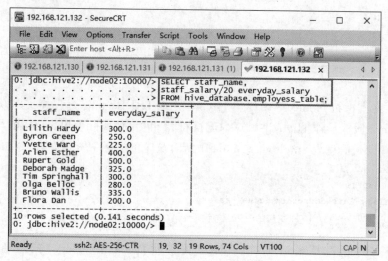

图 5-6　计算每位员工每天的薪资

5.2.3　逻辑运算符

逻辑运算符(又称为逻辑联结词)可以将两个或多个关系表达式合并为一个表达式或者反转表达式的逻辑。下面通过表 5-3 来介绍 Hive 内置的常用逻辑运算符。

表 5-3　Hive 内置的常用逻辑运算符

逻辑运算符	支持数据类型	示　　例	示 例 描 述
AND	Boolean 数据类型	A AND B	逻辑与,表达式 A 和表达式 B 必须都为 true,合并后的整体表达式结果才为 true
&&	Boolean 数据类型	A && B	逻辑与,含义与逻辑运算符 AND 相同
OR	Boolean 数据类型	A OR B	逻辑或,表达式 A 或表达式 B 至少一个为 true,才能使合并后的整体表达式结果为 true
||	Boolean 数据类型	A || B	逻辑或,含义与逻辑运算符 OR 相同
!	Boolean 数据类型	! A	逻辑非,反转表达式 A 的"真相",若表达式 A 为 true 则反转后的结果为 false
NOT	Boolean 数据类型	NOT A	逻辑非,含义与逻辑运算符 ! 相同

接下来,在虚拟机 Node_03 中使用 Hive 客户端工具 Beeline,远程连接虚拟机 Node_02 的 HiveServer2 服务操作 Hive,查询员工信息表 employess_table 中薪资大于或等于 5000,

并且薪资小于或等于 8000 的员工信息，具体命令如下。

```
SELECT * FROM hive_database.employess_table WHERE staff_salary >= 5000 AND staff_salary
<= 8000;
```

上述命令通过逻辑运算符 AND 将表达式"staff_salary $>=$ 5000"和表达式"staff_salary $<=$ 8000"合并为一个整体表达式。上述命令在 Hive 客户端工具 Beeline 中的执行效果如图 5-7 所示。

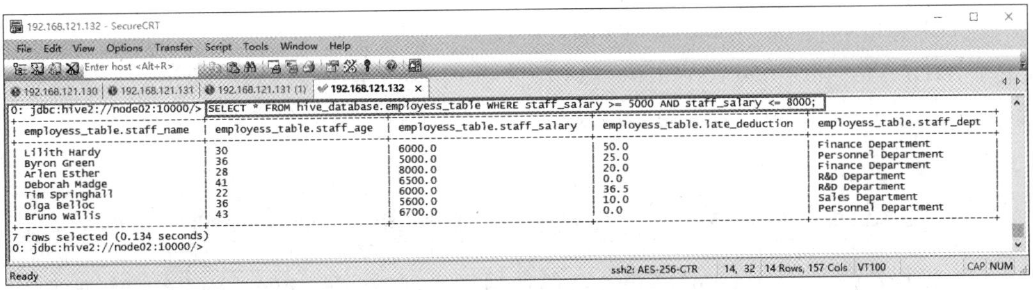

图 5-7　薪资大于或等于 5000，并且薪资小于或等于 8000 的员工信息

从图 5-7 可以看出，员工信息表 employess_table 中有 7 名员工薪资大于或等于 5000，并且薪资小于或等于 8000。

5.2.4　复杂运算符

复杂运算符用于操作 Hive 中集合数据类型的列，集合数据类型包括 ARRAY、MAP 或 STRUCT，下面通过表 5-4 来介绍 Hive 内置的复杂运算符。

表 5-4　Hive 内置的复杂运算符

复杂运算符	支持数据类型	描　　述
A[n]	ARRAY	返回 A(ARRAY)的第 n 个元素的值
M[key]	MAP	返回 M(MAP)中指定 key 的 value
S.x	STRUCT	返回 S(STRUCT)中 x 字段的值

接下来，在虚拟机 Node_03 中使用 Hive 客户端工具 Beeline，远程连接虚拟机 Node_02 的 HiveServer2 服务操作 Hive，讲解复杂运算符的实际使用，具体操作步骤如下。

（1）在虚拟机 Node_02 的目录/export/data/hive_data 下执行"vi student_exam.txt"命令，创建学生考试成绩文件 student_exam.txt，在数据文件 student_exam.txt 中添加如下内容。

```
Mandy,Peking University-Wuhan University-Nankai University,Chemistry:90-Physics:98-
Biology:83,126-135-140
Jerome,Tsinghua University-Fudan University-Nanjing University,History:89-Politics:92-
Geography:87,130-116-128
Delia,Nanjing University-Wuhan University-Nankai University,Chemistry:87-Physics:95-
Biology:73,102-123-112
```

```
Ben,Tianjin Universit-Peking University-Fudan University,Chemistry:92-Physics:88-
Biology:79,98-142-106
Carter,Tsinghua University-Fudan University-Tianjin Universit,History:90-Politics:91-
Geography:80,109-111-140
Vivian,Fudan University-Nanjing University-Nankai University,Chemistry:83-Physics:86-
Biology:90,120-140-132
```

上述内容中，每一行数据从左到右依次表示学生姓名、意向大学、文综（政治、历史、地理）/理综（生物、化学、物理）成绩和综合（语、数、外）成绩。

（2）将虚拟机 Node_02 目录/export/data/hive_data 下的数据文件 student_exam.txt 上传到 HDFS 的/hive_data/student_exam 目录，上传文件前需要在 HDFS 上创建目录/hive_data/student_exam，有关创建目录和上传数据文件的命令如下。

```
$ hdfs dfs -mkdir -p /hive_data/student_exam
$ hdfs dfs -put /export/data/hive_data/student_exam.txt /hive_data/student_exam
```

（3）根据数据文件 student_exam.txt 的数据格式，在数据库 hive_database 中创建学生考试成绩表 student_exam_table，该表中包含列 student_name（学生姓名）、intent_university（意向大学）、humanities_and_sciences（文/理综成绩）和 comprehensive（综合成绩），在虚拟机 Node_03 的客户端工具 Beeline 中执行如下命令。

```
CREATE EXTERNAL TABLE IF NOT EXISTS
hive_database.student_exam_table(
student_name STRING,
intent_university ARRAY<STRING>,
humanities_or_sciences MAP<STRING, FLOAT>,
comprehensive STRUCT<chinese:FLOAT,maths:FLOAT,english:FLOAT>
)
ROW FORMAT DELIMITED
FIELDS TERMINATED BY ','
COLLECTION ITEMS TERMINATED BY '-'
MAP KEYS TERMINATED BY ':'
LINES TERMINATED BY '\n'
STORED AS textfile
LOCATION '/hive_data/student_exam';
```

上述命令中，创建的学生考试成绩表 student_exam_table 为外部表，并且通过 LOCATION 子句指定学生考试成绩表 student_exam_table 在 HDFS 的数据存储路径/hive_data/student_exam，因此在创建学生考试成绩表 student_exam_table 同时会加载数据文件 student_exam.txt。学生考试成绩表 student_exam_table 包含 3 个集合数据类型的列，分别是 intent_university、humanities_or_sciences 和 comprehensive。

（4）查询学生考试成绩表 student_exam_table 中所有学生的第一意向大学，具体命令如下。

```
SELECT student_name,
intent_university[0] first
FROM hive_database.student_exam_table;
```

上述命令中,通过复杂运算符 A[n] 获取 ARRAY 数据类型的列 intent_university 中元素为 0 的值,即第一个值,并指定第一意向大学列名为 first。上述命令在 Hive 客户端工具 Beeline 中的执行效果如图 5-8 所示。

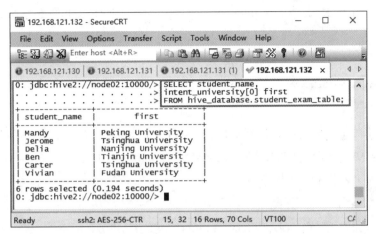

图 5-8　所有学生的第一意向大学

从图 5-8 可以看出,列 first 显示了所有学生的第一意向大学。

(5) 查询学生考试成绩表 student_exam_table 中,学生的物理或历史成绩,具体命令如下。

```
SELECT student_name,
humanities_or_sciences["Physics"] physics,
humanities_or_sciences["History"] history
FROM hive_database.student_exam_table;
```

上述命令中,通过复杂运算符 M[key] 获取列 humanities_or_sciences(MAP 数据类型)中 key 为 Physics(物理)的 value(物理考试成绩)和 key 为 History(历史)的 value(历史考试成绩),并分别指定物理考试成绩和历史考试成绩的列名为 physics 和 history。上述命令在 Hive 客户端工具 Beeline 中的执行效果如图 5-9 所示。

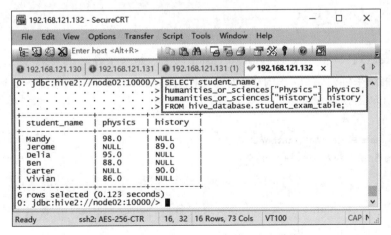

图 5-9　学生参加物理或历史考试的成绩

从图 5-9 可以看出,列 physics 和 history 分别显示了每个学生的物理和历史成绩。因为物理属于理综,历史属于文综,所以会出现参加历史考试的人没有物理成绩(NULL),或者参加物理考试的人没有历史成绩(NULL)。

(6) 查询学生考试成绩表 student_exam_table 中,所有学生的数学成绩,具体命令如下。

```
SELECT student_name,
comprehensive.maths maths
FROM hive_database.student_exam_table;
```

上述命令中,通过复杂运算符 S.x 获取 STRUCT 数据类型的列 comprehensive 中 key 为 maths(数学)的 value,并指定数学成绩列名为 maths。上述命令在 Hive 客户端工具 Beeline 中的执行效果如图 5-10 所示。

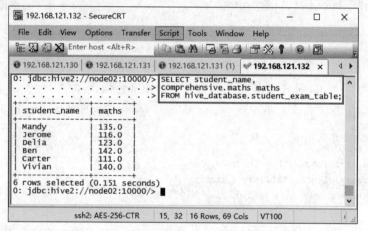

图 5-10　所有学生的数学成绩

从图 5-10 可以看出,列 maths 显示了每个学生的数学成绩。

5.3　公用表表达式

公用表表达式(Common Table Expression,CTE)是一个临时结果集,此结果集通过查询语句的查询结果创建,存放在内存中,可以作为后续查询语句中 FROM 子句指定的表。公用表表达式的语法格式如下。

```
WITH cte_name AS (select statment)
[, cte_name AS (select statment),...]
SELECT ...
```

上述语法中,cte_name 表示临时结果集的名称;select statement 表示基本查询语句;SELECT...表示 SELECT 句式。

接下来,在虚拟机 Node_03 中使用 Hive 客户端工具 Beeline,远程连接虚拟机 Node_02

的 HiveServer2 服务操作 Hive，查询员工信息表 employess_table，获取部门 R&D
Department 中薪资大于 8000 的员工信息，具体命令如下。

```
WITH part1 AS
(
SELECT * FROM
hive_database.employess_table
WHERE staff_dept="R&D Department"
)
SELECT * FROM part1 where part1.staff_salary > 8000;
```

上述命令中，临时结果集 part1 存储表 employess_table 中部门 R&D Department 的查
询结果集，通过查询临时结果集 part1，获取薪资大于 8000 的员工信息。上述命令在 Hive
客户端工具 Beeline 中的执行效果如图 5-11 所示。

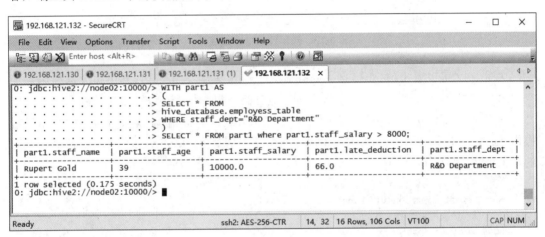

图 5-11　部门 R&D Department 中薪资大于 8000 的员工信息

从图 5-11 可以看出，部门 R&D Department 中薪资大于 8000 的员工姓名为 Rupert Gold。

公用表表达式的优点在于提高查询性能，可以先将查询的一部分数据加载到内存中，后
续的查询可以直接使用，除此之外还可以提高 HiveQL 语句的可读性。

5.4　分组操作

分组操作是按照数据表某一列或多列的值进行分组，将相同的值放在一组，执行分组操
作时会触发 MapReduce 任务进行处理，分组是通过 SELECT 语句中的子句 GROUP BY 实
现，本节讲解 Hive 查询中的分组操作。

在虚拟机 Node_03 中使用 Hive 客户端工具 Beeline，远程连接虚拟机 Node_02 的
HiveServer2 服务操作 Hive，分组查询员工信息表 employess_table 的部门，具体命令如下。

```
SELECT staff_dept FROM
hive_database.employess_table
GROUP BY staff_dept;
```

上述命令中，通过子句 GROUP BY 对列 staff_dept（部门）进行分组操作。上述命令在 Hive 客户端工具 Beeline 中的执行效果如图 5-12 所示。

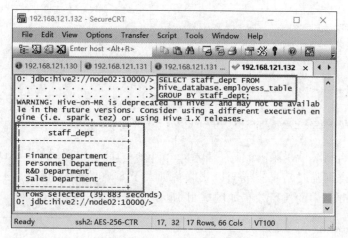

图 5-12　对部门进行分组操作

从图 5-12 可以看出，员工信息表 employess_table 存在 5 个部门，其中包含部门名称为空的内容，这是因为分组操作时，默认会将空值分为一组。

图 5-12 对部门进行分组操作的结果只是显示分组的名称，若需要对分组内的数据进行操作，则需要与聚合函数配合使用。例如，查询员工信息表 employess_table 中各部门包含的员工个数，具体命令如下。

```
SELECT staff_dept,count(*) num
FROM hive_database.employess_table
GROUP BY staff_dept;
```

上述命令使用聚合函数 count()统计每个分组中的元素个数，即统计每个部门的员工个数，指定员工个数的列名为 num。上述命令在 Hive 客户端工具 Beeline 中的执行效果如图 5-13 所示。

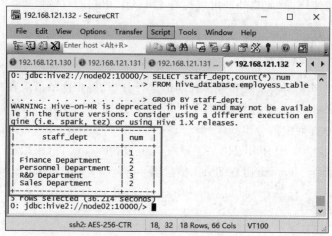

图 5-13　每个部门包含的员工个数

从图 5-13 可以看出，列 num 显示了每个部门包含的员工数。

注意：

（1）除聚合函数之外，SELECT 语句中的每个列都必须在 GROUP BY 子句中给出。

（2）GROUP BY 子句的执行顺序是在 SELECT 语句之前。因此，GROUP BY 子句中不能使用 SELECT 语句中列的别名。

5.5　排序操作

排序操作是将查询结果按照数据表某一列或多列的值进行排序，排序方式可以分为升序或降序，执行排序操作时会触发 MapReduce 任务进行处理。Hive 中的排序分为两种，一种是 SELECT 语句的子句 ORDER BY，另一种是 SELECT 语句的子句 SORT BY，这两者的本质区别在于，前者属于全局排序，而后者属于局部排序。接下来，针对这两种方式进行详细讲解。

1. ORDER BY

ORDER BY 用来对查询结果做全局排序，查询的结果集只会交由一个 Reducer 处理。如果查询的结果集数据量较大，建议 ORDER BY 与 LIMIT 子句一同使用，目的是控制全局排序的显示条数，因为全局排序只有一个 Reducer 去处理最终的排序输出，如果输出结果集行数过大，单独的 Reducer 会花费非常长的时间去处理。

2. SORT BY

SORT BY 用来对查询结果做局部排序，根据 MapReduce 默认划分 Reducer 个数的规则，将查询结果集交由多个 Reducer 处理，SORT BY 会对每个 Reducer 进行排序，每个 Reducer 中的数据都是有序的，但是不能保证所有数据都是有序的，除非 Reducer 个数为 1。

SORT BY 子句可以配合 DISTRIBUTE BY 子句实现分区排序的效果，DISTRIBUTE BY 的分区规则是根据分区字段值的哈希码与 Reducer 的个数进行模除运算后，余数相同的分区字段值会被分发到同一分区，每一个分区交由一个 Reducer 去处理，通过 SORT BY 子句实现每个 Reducer 内部排序。

接下来，在虚拟机 Node_03 中使用 Hive 客户端工具 Beeline，远程连接虚拟机 Node_02 的 HiveServer2 服务操作 Hive，讲解排序操作的实际使用，具体操作步骤如下。

（1）在虚拟机 Node_02 的目录/export/data/hive_data 下执行 vi sales.txt 命令，创建商品销售额数据文件 sales.txt，在数据文件 sales.txt 中添加如下内容。

```
SiChuan,ChengDu,34631
SiChuan,MianYang,54516
SiChuan,LeShan,41288
SiChuan,DeYang,13492
SiChuan,PanZhiHua,48080
SiChuan,YaAn,64473
SiChuan,DuJiangYan,12464
SiChuan,LuZhou,29712
```

```
HuBei,WuHan,16564
HuBei,YiBin,87007
HuBei,XiaoGan,59840
HuBei,JinZhou,86992
HuBei,HuangGang,12906
HuBei,XiangYang,64564
HuBei,EnShi,23074
HeBei,ShiJiaZhuang,73612
HeBei,BaoDing,68192
HeBei,TangShan,29889
HeBei,XingTai,86107
HeBei,LangFang,70897
HeBei,ChengDe,30378
```

上述内容中,每一行数据从左到右依次表示省份、城市和销售额。

（2）将虚拟机 Node_02 目录/export/data/hive_data 下的数据文件 sales.txt 上传到 HDFS 的/hive_data/sales 目录中,上传文件前需要在 HDFS 上创建目录/hive_data/sales,有关创建目录和上传数据文件的命令如下。

```
$ hdfs dfs -mkdir -p /hive_data/sales
$ hdfs dfs -put /export/data/hive_data/sales.txt /hive_data/sales
```

（3）根据数据文件 sales.txt 的数据格式,在数据库 hive_database 中创建商品销售表 sales_table,该表中包含列 province(省份)、city(城市)和 sales_amount(销售额),在虚拟机 Node_03 的客户端工具 Beeline 中执行如下命令。

```
CREATE EXTERNAL TABLE IF NOT EXISTS
hive_database.sales_table(
province STRING,
city STRING,
sales_amount FLOAT
)
ROW FORMAT DELIMITED
FIELDS TERMINATED BY ','
LINES TERMINATED BY '\n'
STORED AS textfile
LOCATION '/hive_data/sales';
```

（4）查询商品销售表 sales_table 中销售额排名前 10 名的省份及城市,具体命令如下。

```
SELECT * FROM hive_database.sales_table
ORDER BY sales_amount DESC
LIMIT 10;
```

上述命令中,通过 ORDER BY 子句对列 sales_amount 进行逆序排序(DESC),并且使用 LIMIT 子句获取排序结果的前 10 条数据。上述命令在 Hive 客户端工具 Beeline 中的执行效果如图 5-14 所示。

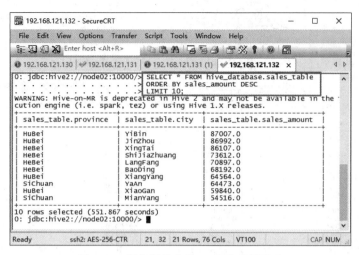

图 5-14　销售额排名前 10 的省份及城市

（5）对商品销售表 sales_table 中不同省份内每个城市的销售额进行排序。由于商品销售表 sales_table 的数据量较小，所以程序只会启动一个 Reducer 处理，此时通过 SORT BY 子句和 ORDER BY 子句的执行效果是一样的，具体命令如下。

```
/* ORDER BY 子句排序 */
SELECT * FROM hive_database.sales_table
ORDER BY province DESC, sales_amount DESC;
/* SORT BY 子句排序 */
SELECT * FROM hive_database.sales_table
SORT BY province DESC, sales_amount DESC;
```

上述命令在 Hive 客户端工具 Beeline 中的执行效果如图 5-15 和图 5-16 所示。

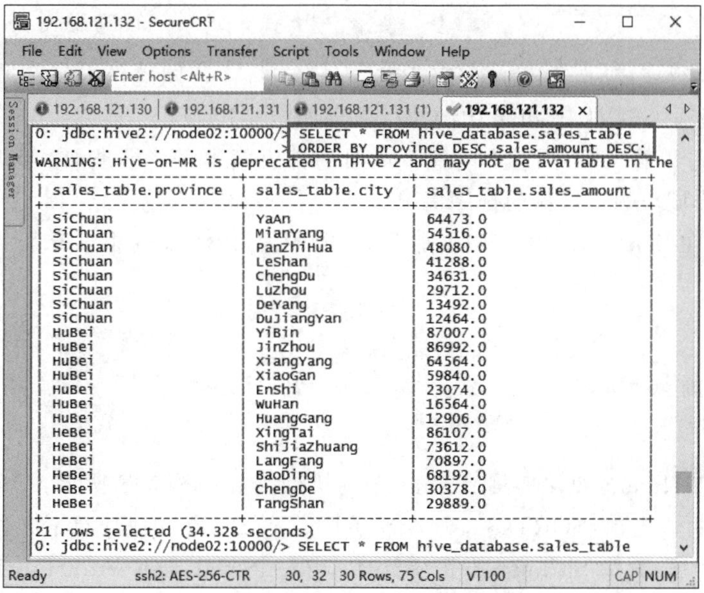

图 5-15　ORDER BY 子句排序不同省份内每个城市的销售额

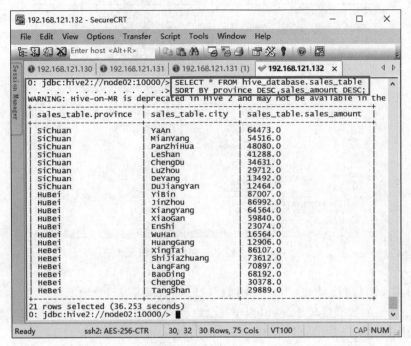

图 5-16   SORT BY 子句排序不同省份内每个城市的销售额(1)

从图 5-15 和图 5-16 可以看出,ORDER BY 子句和 SORT BY 子句对于不同省份内每个城市的销售额排序结果是一样的,其中 SiChuan 省销售额排名第一的城市是 YaAn;HuBei 省销售额排名第一的城市是 YiBin;HeBei 省销售额排名第一的城市是 XingTai。

(6) 为了体现 SORT BY 子句与 ORDER BY 子句排序不同省份内每个城市的销售额结果的区别,这里通过手动设置参数的方式将 Reducer 个数调整为 3,具体命令如下。

```
set mapred.reduce.tasks=3;
```

上述命令执行完成后,再次执行 SORT BY 子句排序不同省份内每个城市的销售额的命令,在 Hive 客户端工具 Beeline 中的执行效果如图 5-17 所示。

从图 5-17 可以看出,不同省份内每个城市的销售额排序结果是杂乱无序的,很难看出不同省份内每个城市的销售额的排序情况。

此时,可以在 SORT BY 子句中添加 DISTRIBUTE BY 子句根据分区字段 province 实现分区排序,具体命令如下。

```
SELECT * FROM hive_database.sales_table
DISTRIBUTE BY province
SORT BY province DESC,sales_amount DESC;
```

上述命令在 Hive 客户端工具 Beeline 中的执行效果如图 5-18 所示。

从图 5-18 可以看出,SORT BY 和 DISTRIBUTE BY 子句成功对不同省份内每个城市的销售额进行排序,其中 SiChuan 省销售额排名第一的城市是 YaAn;HeBei 省销售额排名第一的城市是 XingTai;HuBei 省销售额排名第一的城市是 YiBin。

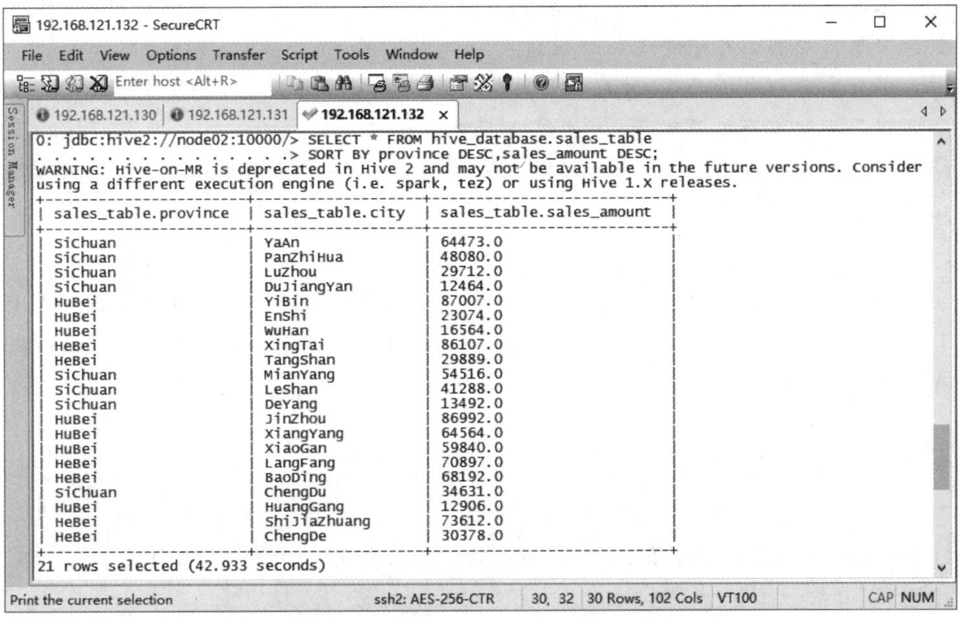

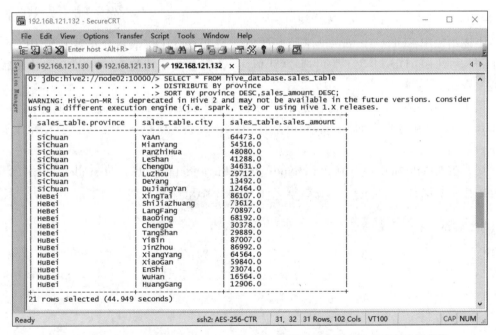

图 5-17　SORT BY 子句排序不同省份内每个城市的销售额(2)

图 5-18　SORT BY 和 DISTRIBUTE BY 子句排序不同省份内每个城市的销售额

📖 多学一招：升序(ASC)降序(DESC)和 Cluster By

1. 升序(ASC)降序(DESC)

升序排列与降序排列的区别在于数据的排列方式不同,它们在数值类型数据、字符串类型数据和时间类型数据上的排列方式都有所不同。

对于数值类型数据而言,升序排列是把数据按照从小到大的顺序进行排列,而降序排列是把数据按照从大到小的顺序进行排列。

对于字符串类型数据而言,升序排列是按照字符串首字母,从 A 到 Z 的顺序进行排列,而降序排列是按照字符串首字母,从 Z 到 A 的顺序进行排列。

对于日期类型数据而言,例如 1 月 3 日和 1 月 6 日,升序排序会把 1 月 3 日放在首位,而降序排序会将 1 月 6 日放在首位。

2. Cluster By

Cluster By 可以看作 DISTRIBUTE BY 和 SORT BY 的合集,若 DISTRIBUTE BY 和 SORT BY 指定的列名一致,则可以使用 CLUSTER BY 代替,不过 CLUSTER BY 默认只允许升序排序,不支持降序排序。

5.6 UNION 语句

UNION 语句用于将多个 SELECT 句式的结果合并为一个结果集,有关 UNION 的语法格式如下。

```
select_statement UNION [ALL|DISTINCT] select_statement UNION [ALL | DISTINCT] select_
statement ...
```

上述语法中,select_statement 表示 SELECT 语句;UNION 表示合并多个 SELECT 语句的语句;ALL | DISTINCT 为可选,默认值为 ALL,若指定值为 DISTINCT 则合并后去除重复数据。

接下来,在虚拟机 Node_03 中使用 Hive 客户端工具 Beeline,远程连接虚拟机 Node_02 的 HiveServer2 服务操作 Hive,讲解如何使用 UNION 语句实现结果集合并,具体操作步骤如下。

(1) 在虚拟机 Node_02 的目录/export/data/hive_data 下执行"vi students.txt"命令,创建学生数据文件 students.txt,在数据文件 students.txt 中添加如下内容。

```
301,student1
302,student2
305,student3
303,student4
302,student5
303,student6
301,student7
303,student8
302,student9
301,student10
```

上述内容中,每一行数据从左到右依次表示班级名称和学生姓名。

(2) 在虚拟机 Node_02 的目录/export/data/hive_data 下执行"vi teacher.txt"命令,创建教师数据文件 teacher.txt,在数据文件 teacher.txt 中添加如下内容。

```
301,teacher01
302,teacher02
303,teacher03
304,teacher04
```

上述内容中，每一行数据从左到右依次表示班级名称和教师姓名。

（3）将虚拟机 Node_02 目录/export/data/hive_data 下的数据文件 students.txt 上传到 HDFS 的/hive_data/student 目录中，上传文件前需要在 HDFS 上创建目录/hive_data/student，有关创建目录和上传数据文件的命令如下。

```
$ hdfs dfs -mkdir -p /hive_data/student
$ hdfs dfs -put /export/data/hive_data/students.txt /hive_data/student
```

（4）将虚拟机 Node_02 目录/export/data/hive_data 下的数据文件 teacher.txt 上传到 HDFS 的/hive_data/teacher 目录中，上传文件前需要在 HDFS 上创建目录/hive_data/teacher，有关创建目录和上传数据文件的命令如下。

```
$ hdfs dfs -mkdir -p /hive_data/teacher
$ hdfs dfs -put /export/data/hive_data/teacher.txt /hive_data/teacher
```

（5）根据数据文件 students.txt 的内容，在数据库 hive_database 中创建学生名单表 students_table，该表中包含列 class（班级名称）和 student_name（学生姓名），在虚拟机 Node_03 的客户端工具 Beeline 中执行如下命令。

```
CREATE EXTERNAL TABLE IF NOT EXISTS
hive_database.students_table(
class STRING,
student_name STRING
)
ROW FORMAT DELIMITED
FIELDS TERMINATED BY ','
LINES TERMINATED BY '\n'
STORED AS textfile
LOCATION '/hive_data/student';
```

（6）根据数据文件 teacher.txt 的内容，在数据库 hive_database 中创建教师名单表 teacher_table，该表中包含列 class（班级名称）和 teacher_name（学生姓名），在虚拟机 Node_03 的客户端工具 Beeline 中执行如下命令创建教师名单表 teacher_table。

```
CREATE EXTERNAL TABLE IF NOT EXISTS
hive_database.teacher_table(
class STRING,
teacher_name STRING
)
ROW FORMAT DELIMITED
FIELDS TERMINATED BY ','
```

```
LINES TERMINATED BY '\n'
STORED AS textfile
LOCATION '/hive_data/teacher';
```

（7）将班级 301 中包含的学生与教师合并在一起，具体命令如下。

```
SELECT student_name calss301
FROM hive_database.students_table
WHERE class = "301"
UNION
SELECT teacher_name calss301
FROM hive_database.teacher_table
WHERE class = "301";
```

上述命令在 Hive 客户端工具 Beeline 中的执行效果如图 5-19 所示。

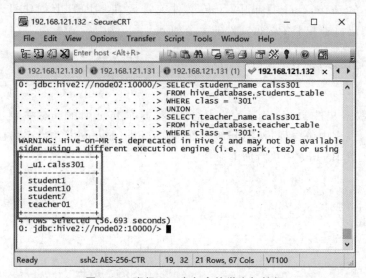

图 5-19　班级 301 中包含的学生与教师

从图 5-19 可以看出，班级 301 中包含的学生和教师在列 class301 中显示。需要注意的是，两个查询语句中列的个数和数据类型需要保持一致，即表 students_table 中查询了一个列 student_name，并且列 student_name 的数据类型为字符串，那么表 teacher_table 中同样只允许查询一个列，并且该列的数据类型为字符串。

5.7　JOIN 语句

JOIN 语句主要是基于两个或多个表中列之间的关系，将这些表进行连接，JOIN 语句的语法格式如下。

```
SELECT ... FROM
table_reference [join_condition] [INNER] JOIN |
```

```
{LEFT|RIGHT|FULL} [OUTER] JOIN |
LEFT SEMI JOIN |
CROSS JOIN table_reference [join_condition]
ON expression
```

上述语法的具体讲解如下。

- table_reference：表示连接的表名。
- join_condition：表示连接表的条件,例如使用 WHERE 子句等。
- [INNER] JOIN：表示内连接,其中 INNER 为可选。根据关联列将左表和右表中能关联起来的数据连接后返回,返回的结果就是两个表中所有相匹配的数据。
- LEFT [OUTER] JOIN：表示左外连接,其中 OUTER 为可选。根据关联列保留左表完全值,若右表中存在与左表中匹配的值,则保留;若右表中不存在与左表中匹配的值,则以 NULL 代替。
- RIGHT [OUTER] JOIN：表示右外连接,其中 OUTER 为可选。根据关联列保留右表完全值,若左表中存在与右表中匹配的值,则保留;若左表中不存在与右表中匹配的值,则以 NULL 代替。
- FULL [OUTER] JOIN：表示全外连接,其中 OUTER 为可选。根据关联列返回左表和右表中的所有数据,若关联不上则以 NULL 代替。
- LEFT SEMI JOIN：表示左半连接,根据关联列关联左表与右表的数据,只返回相匹配的左表数据。
- CROSS JOIN：表示笛卡儿积关联,返回左表与右表的笛卡儿积结果,两张表的所有行都会交叉连接。
- ON expression：通过 ON 子句指定表之间的共同列 expression。

接下来,在虚拟机 Node_03 中使用 Hive 客户端工具 Beeline,远程连接虚拟机 Node_02 的 HiveServer2 服务操作 Hive,讲解 JOIN 语句的实际使用,具体操作步骤如下。

(1) 使用 JOIN 语句的内连接,连接学生名单表和教师名单表,具体命令如下。

```
SELECT t1.class,t2.class,t1.student_name,t2.teacher_name
FROM hive_database.students_table t1
INNER JOIN
hive_database.teacher_table t2
ON t1.class = t2.class;
```

上述命令中,通过关联表 students_table 的列 class 与表 teacher_table 的列 class 进行内连接。上述命令在 Hive 客户端工具 Beeline 中的执行效果如图 5-20 所示。

从图 5-20 可以看出,内连接会根据左表和右表的关联列,只返回相匹配的数据,因此,在查询结果集中并不会出现 class 为 304 和 305 的数据。

(2) 使用 JOIN 语句的左外连接,连接学生名单表和教师名单表,具体命令如下。

```
SELECT t1.class,t2.class,t1.student_name,t2.teacher_name
FROM hive_database.students_table t1
LEFT OUTER JOIN
```

```
hive_database.teacher_table t2
ON t1.class = t2.class;
```

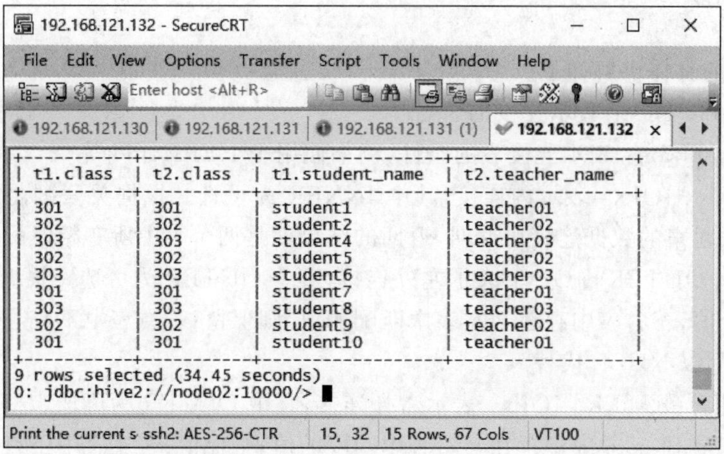

图 5-20　使用 JOIN 语句的内连接

上述命令在 Hive 客户端工具 Beeline 中的执行效果如图 5-21 所示。

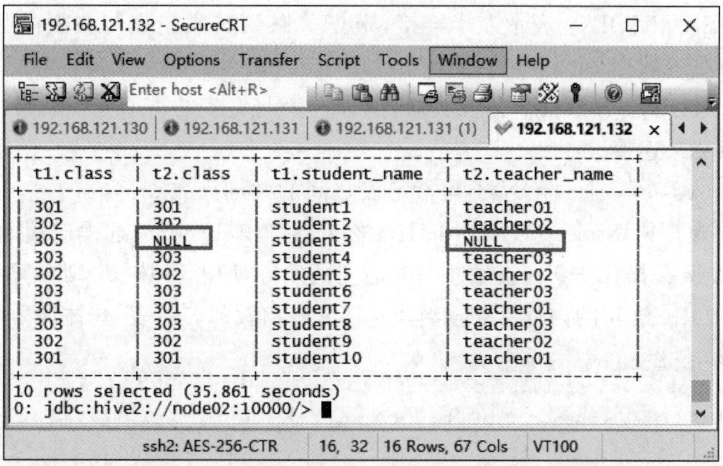

图 5-21　使用 JOIN 语句的左外连接

从图 5-21 可以看出，左外连接会返回左表 students_table 的全部数据，右表 teacher_table 中通过关联列匹配不到的数据以 NULL 代替。

（3）使用 JOIN 语句的右外连接，连接学生名单表和教师名单表，具体命令如下。

```
SELECT t1.class,t2.class,t1.student_name,t2.teacher_name
FROM hive_database.students_table t1
RIGHT OUTER JOIN
hive_database.teacher_table t2
ON t1.class = t2.class;
```

上述命令在 Hive 客户端工具 Beeline 中的执行效果如图 5-22 所示。

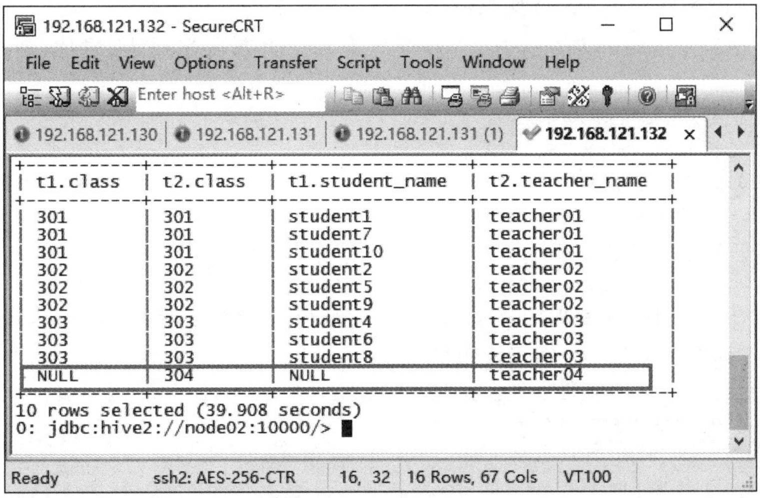

图 5-22 使用 JOIN 语句的右外连接

从图 5-22 可以看出，右外连接返回右表 teacher_table 的全部数据，左表 students_table 中通过关联列匹配不到的数据以 NULL 代替。

（4）使用 JOIN 语句的全外连接，连接学生名单表和教师名单表，具体命令如下。

```
SELECT t1.class,t2.class,t1.student_name,t2.teacher_name
FROM hive_database.students_table t1
FULL OUTER JOIN
hive_database.teacher_table t2
ON t1.class = t2.class;
```

上述命令在 Hive 客户端工具 Beeline 中的执行效果如图 5-23 所示。

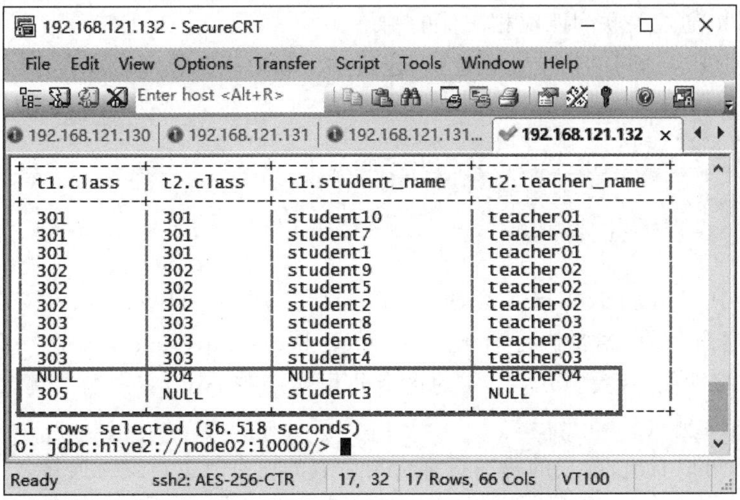

图 5-23 使用 JOIN 语句的全外连接

从图 5-23 可以看出,全外连接返回左表 student_table 和右表 teacher_table 的全部数据,两个表中通过关联列匹配不到的数据以 NULL 代替。

(5)使用 JOIN 语句的左半连接,连接学生名单表和教师名单表,具体命令如下。

```
SELECT t1.class,t1.student_name
FROM hive_database.students_table t1
LEFT SEMI JOIN
hive_database.teacher_table t2
ON t1.class = t2.class;
```

上述命令中,使用左外连接时 SELECT 语句只可以查询左表 students_table 的数据,在 Hive 客户端工具 Beeline 中的执行效果如图 5-24 所示。

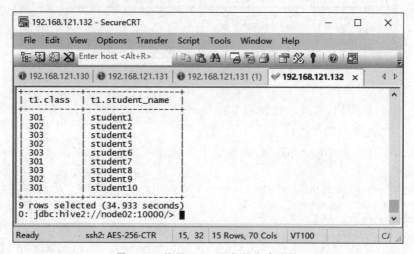

图 5-24   使用 JOIN 语句的左半连接

从图 5-24 可以看出,左半连接只返回左表 students_table 的数据,这些数据是左表与右表 teacher_table 通过关联列匹配相同值的结果。

(6)使用 JOIN 语句的笛卡儿积连接,连接学生名单表和教师名单表,具体命令如下。

```
SELECT t1.class,t1.student_name
FROM hive_database.students_table t1
CROSS JOIN
hive_database.teacher_table t2;
```

上述命令中,使用笛卡儿积连接时不需要指定关联列。Hive 默认不支持笛卡儿积连接,在执行上述命令前,需要执行"set hive.strict.checks.cartesian.product＝false;"命令开启笛卡儿积连接功能,有关 JOIN 语句的笛卡儿积连接在 Hive 客户端工具 Beeline 中的执行效果如图 5-25 所示。

从图 5-25 可以看出,前表的每一行都会与后表的所有行进行交叉连接。

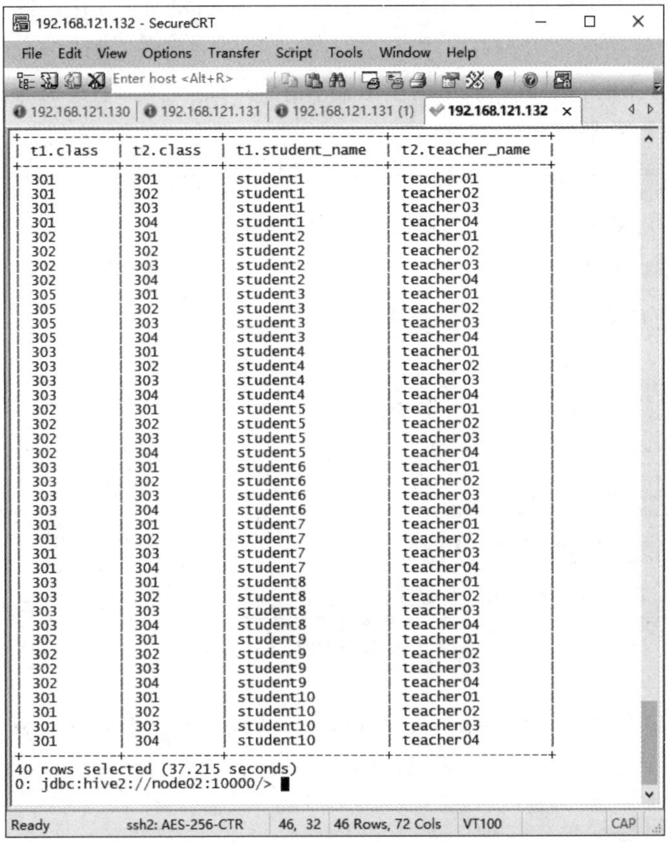

t1.class	t2.class	t1.student_name	t2.teacher_name
301	301	student1	teacher01
301	302	student1	teacher02
301	303	student1	teacher03
301	304	student1	teacher04
302	301	student2	teacher01
302	302	student2	teacher02
302	303	student2	teacher03
302	304	student2	teacher04
305	301	student3	teacher01
305	302	student3	teacher02
305	303	student3	teacher03
305	304	student3	teacher04
303	301	student4	teacher01
303	302	student4	teacher02
303	303	student4	teacher03
303	304	student4	teacher04
302	301	student5	teacher01
302	302	student5	teacher02
302	303	student5	teacher03
302	304	student5	teacher04
303	301	student6	teacher01
303	302	student6	teacher02
303	303	student6	teacher03
303	304	student6	teacher04
301	301	student7	teacher01
301	302	student7	teacher02
301	303	student7	teacher03
301	304	student7	teacher04
303	301	student8	teacher01
303	302	student8	teacher02
303	303	student8	teacher03
303	304	student8	teacher04
302	301	student9	teacher01
302	302	student9	teacher02
302	303	student9	teacher03
302	304	student9	teacher04
301	301	student10	teacher01
301	302	student10	teacher02
301	303	student10	teacher03
301	304	student10	teacher04

```
40 rows selected (37.215 seconds)
0: jdbc:hive2://node02:10000/>
```

图 5-25 使用 JOIN 语句的笛卡儿积连接

5.8 抽样查询

对于非常大的数据集，用户有时需要使用的是一个具有代表性的查询结果，而不是全部查询结果，此时，可以使用 Hive 抽样查询实现这个需求。Hive 抽样查询分为随机抽样、分桶抽样和数据块抽样，本节详细讲解这 3 种抽样查询的使用方式。

5.8.1 随机抽样

随机抽样是根据指定行数 n 随机抽取 Hive 表中 n 行数据作为查询的结果集，接下来，在虚拟机 Node_03 中使用 Hive 客户端工具 Beeline，远程连接虚拟机 Node_02 的 HiveServer2 服务操作 Hive，随机从学生名单表 students_table 中抽取 3 名学生，具体命令如下。

```
SELECT student_name
FROM hive_database.students_table
DISTRIBUTE BY RAND()
SORT BY RAND() LIMIT 3;
```

上述命令通过 Hive 的随机数函数 RAND()实现随机抽样;在 DISTRIBUTE BY 和 SORT BY 子句中使用函数 RAND()指定分区字段和排序字段,保证 Mapper 和 Reducer 阶段的数据是随机分布的;LIMIT 子句用于限制显示的行数为 3。上述命令在 Hive 客户端工具 Beeline 中的执行效果如图 5-26 所示。

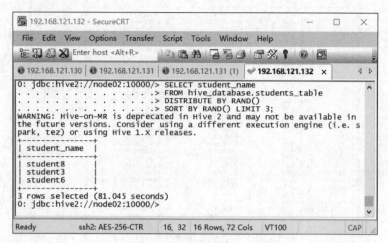

图 5-26　随机抽取 3 名学生

从图 5-26 可以看出,从学生名单表 students_table 中随机抽取的 3 名学生为 student8、student3 和 student6。

5.8.2　分桶抽样

分桶抽样类似于分桶表,通过计算指定列值的哈希值将表中的数据分为指定数量的桶,可以查询指定桶内的数据。接下来,在虚拟机 Node_03 中使用 Hive 客户端工具 Beeline,远程连接虚拟机 Node_02 的 HiveServer2 服务操作 Hive,将学生名单表的数据按照班级分为 3 个桶,查询第一个桶中的数据,具体命令如下。

```
SELECT * FROM
hive_database.students_table
TABLESAMPLE(BUCKET 1 OUT OF 3 ON class);
```

上述命令中,TABLESAMPLE(BUCKET 1 OUT OF 3 ON class)用于实现分桶抽样,其中 1 表示查询第 1 个桶的数据;3 表示将学生名单表分为 3 个桶;class 表示根据表中的列 class 进行分桶。上述命令在 Hive 客户端工具 Beeline 中的执行效果如图 5-27 所示。

从图 5-27 可以看出,表 students_table 根据列 class 分为 3 个桶后,第一个桶中的数据都是 class 为 303 的数据。

5.8.3　数据块抽样

数据块抽样可以根据比例、行数和数据大小抽取 Hive 表中的数据,这里所指的比例和数据大小是根据 Hive 表的数据文件计算的,如果使用数据块抽样查询时涉及 MapReduce 任务,则比例、行数和数据大小是针对 InputSplit(输入分片)进行计算,如果 MapReduce 任

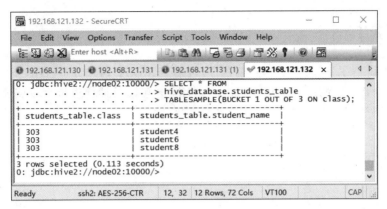

图 5-27　分桶抽样

务涉及多个 InputSplit，则比例、行数和数据大小会针对多个 InputSplit 分别计算，最终汇总输出。

接下来，在虚拟机 Node_03 中使用 Hive 客户端工具 Beeline，远程连接虚拟机 Node_02 的 HiveServer2 服务操作 Hive，讲解数据块抽样的实际使用，具体操作步骤如下。

（1）抽取学生名单表 50%的数据，具体命令如下。

```
SELECT * FROM
hive_database.students_table
TABLESAMPLE(50 PERCENT);
```

上述命令中，TABLESAMPLE(50 PERCENT)用于根据比例进行数据块抽样，其中 50 是指抽取 50%的数据；PERCENT(百分比)为单位名称。

（2）抽取学生名单表 3 行数据，具体命令如下。

```
SELECT * FROM
hive_database.students_table
TABLESAMPLE(3 ROWS);
```

上述命令中，TABLESAMPLE(3 ROWS)用于根据行数进行数据块抽样，其中 3 是指抽取 3 行数据；ROWS(行数)为单位名称。

（3）抽取学生名单表 1Byte 数据，具体命令如下。

```
SELECT * FROM
hive_database.students_table
TABLESAMPLE(1B);
```

上述命令中，TABLESAMPLE(1B)用于根据数据大小进行数据块抽样，其中 1 是指数据大小；B(Byte)为单位名称，除了 B 以外还可以使用 K(KB)、M(MB)或 G(GB)作为单位名称，这里也可以使用小写的 b、k、m 或 g。

5.9   本章小结

本章主要讲解了 Hive 的数据查询语言,包括 SELECT 句式分析、Hive 运算符、公用表表达式、分组操作、排序操作、UNION 语句、JOIN 语句以及抽样查询。希望通过本章的学习,读者可以熟练掌握 Hive 的数据查询语言,为后续学习 Hive 更多的数据操作奠定基础。

5.10   课后习题

一、填空题

1. SELECT 句式中分组操作的子句是_____ BY。
2. 复杂运算符 S.x 支持的数据类型是_____。
3. 公用表表达式是一个临时_____。
4. _____语句用于将多个 SELECT 句式的结果合并为一个结果集。
5. 抽样查询分为数据块抽样、_____和_____。

二、判断题

1. LIMIT 子句用于限制查询表的行数据。   (   )
2. DISTINCT 子句可以对查询结果进行去重。   (   )
3. 关系运算符 RLIKE 支持所有基本数据类型。   (   )
4. 分组操作会发出 MapReduce 任务进行处理。   (   )
5. JOIN 语句中 LEFT OUTER JOIN 和 LEFT JOIN 所表达的意思相同。   (   )

三、选择题

1. 下列选项中,不属于关系运算符的是(   )。
    A. ! =   B. !   C. NOT LIKE   D. LIKE
2. 下列选项中,关于分组操作的描述正确的是(   )。
    A. 空值不会进行分组处理
    B. GROUP BY 子句执行顺序在 SELECT 语句之后
    C. 使用 GROUP BY 子句时,在 SELECT 语句中只能出现聚合函数不能出现列
    D. GROUP BY 子句中的列需要与 SELECT 语句中的列保持一致

四、简答题

1. 简要描述左外连接、右外连接、全外连接和内连接的关联方式。
2. 简述 SORT BY 子句和 ORDER BY 子句的区别。

五、操作题

查询员工信息表 employess_table 中员工年龄小于或等于 25 岁或者大于或等于 35 岁的员工信息。

第 6 章

Hive函数

学习目标：

思政案例

- 掌握 Hive 内置函数的应用，能够在 HiveQL 语句中灵活运用聚合函数。
- 掌握 Hive 内置函数的应用，能够在 HiveQL 语句中灵活运用数学函数。
- 掌握 Hive 内置函数的应用，能够在 HiveQL 语句中灵活运用集合函数。
- 掌握 Hive 内置函数的应用，能够在 HiveQL 语句中灵活运用类型转换函数。
- 掌握 Hive 内置函数的应用，能够在 HiveQL 语句中灵活运用日期函数。
- 掌握 Hive 内置函数的应用，能够在 HiveQL 语句中灵活运用条件函数。
- 掌握 Hive 内置函数的应用，能够在 HiveQL 语句中灵活运用字符串函数。
- 掌握 Hive 内置函数的应用，能够在 HiveQL 语句中灵活运用表生成函数。
- 熟悉 Hive 自定义函数的应用，能够使用 Java 语言编写程序实现 UDF、UDTF 和 UDAF 函数。

Hive 同传统的关系数据库一样含有大量内置函数，方便用户直接使用，同时 Hive 也支持用户自定义函数，可根据实际使用场景编写函数，如 UDF(用户自定义函数)、UDTF(用户自定义表生成函数)和 UDAF(用户自定义聚合函数)。

6.1 Hive 内置函数

Hive 内部提供了多种类型的函数供用户使用，包括聚合函数、数学函数、集合函数等，这些函数统称为 Hive 内置函数。通过对 Hive 内置函数的灵活运用，可以提高程序可读性及执行速度。

6.1.1 聚合函数

聚合函数是按照特定条件对一组值执行计算，以总结出关于组的结论，因此，聚合函数通常与 SELECT 语句的 GROUP BY 子句一起使用，即针对某一组数据执行计算。下面通过表 6-1 来介绍 Hive 内置的常用聚合函数。

表 6-1　Hive 内置的常用聚合函数

聚 合 函 数	返回值类型	用法及描述
COUNT()	BIGINT	COUNT（＊）：统计行的总数； COUNT（col）：统计指定列中非空值的个数； COUNT(DISTINCT col)：统计指定列非空且不重复值的个数

聚 合 函 数	返回值类型	用法及描述
SUM()	DOUBLE	SUM（col）：计算指定列的累加值； SUM（DISTINCT col）：计算指定列中不重复值的累加值
AVG()	DOUBLE	AVG（col）：计算指定列的平均值； AVG（DISTINCT col）：计算指定列中不重复值的平均值
MIN()	DOUBLE	MIN(col)：计算指定列的最小值
MAX()	DOUBLE	MAX(col)：计算指定列的最大值
VAR_POP()	DOUBLE	VAR_POP(col1)：计算指定列的方差
VAR_SAMP()	DOUBLE	VAR_SAMP（col1）：计算指定列的无偏样本方差
STDDEV_POP()	DOUBLE	STDDEV_POP(col1)：计算指定列的标准差
STDDEV_SAMP()	DOUBLE	STDDEV_SAMP()(col1)：计算指定列的无偏样本标准差
COVAR_POP()	DOUBLE	COVAR_POP(col1，col2)：计算指定列的总体协方差
COVAR_SAMP()	DOUBLE	COVAR_SAMP(col1，col2)：计算指定列的样本协方差
CORR()	DOUBLE	CORR(col1，col2)：计算指定列的皮尔逊相关系数
COLLECT_SET()	ARRAY	COLLECT_SET(col)：将指定列中的数据组合为数组，去重复数据
COLLECT_LIST()	ARRAY	COLLECT_LIST(col)：将指定列中的数据组合为数组，不去重复数据

接下来，在虚拟机 Node_03 中使用 Hive 客户端工具 Beeline，远程连接虚拟机 Node_02 的 HiveServer2 服务操作 Hive，演示表 6-1 中部分聚合函数的基本使用，具体操作步骤如下。

（1）统计员工信息表 employess_table 中的部门数，具体命令如下。

```
SELECT
COUNT(DISTINCT staff_dept) dept_num
FROM hive_database.employess_table;
```

上述命令中，使用聚合函数 COUNT()统计列 staff_dept 中非空且不重复值的个数，并指定统计结果存储在列 dept_num。上述命令在 Hive 客户端工具 Beeline 中的执行效果如图 6-1 所示。

从图 6-1 可以看出，dept_num 的值为 4，即员工信息表 employess_table 中存在 4 个部门的数据。

（2）统计商品销售表 sales_table 中每个省份的销售额，具体命令如下。

```
SELECT
province,SUM(sales_amount) province_amount
FROM hive_database.sales_table GROUP BY province;
```

上述命令中，首先通过 GROUP BY 子句对列 province 进行分组，然后使用聚合函数

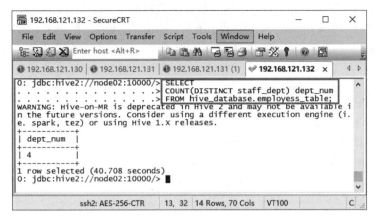

图 6-1　统计员工信息表 employess_table 中的部门数

SUM()对每一组数据中的列 sales_amount 进行累加处理,并指定累加结果存储在列 province_amount,最终统计出每个省份的销售额。上述命令在 Hive 客户端工具 Beeline 中的执行效果如图 6-2 所示。

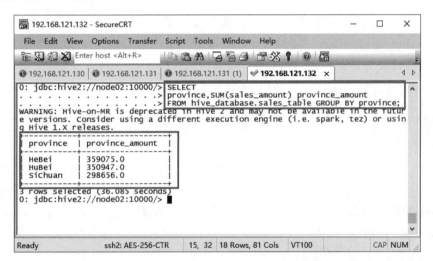

图 6-2　统计商品销售表 sales_table 中每个省份的销售额

(3)获取商品销售表 sales_table 中每个省份销售额最高的城市,具体命令如下。

```
SELECT province,city,sales_amount
FROM hive_database.sales_table
WHERE sales_amount IN
(
SELECT MAX(sales_amount)
FROM hive_database.sales_table
GROUP BY province
);
```

上述命令中,首先执行 IN 子句中的子查询,在子查询中通过 GROUP BY 子句对列

province 进行分组,使用聚合函数 MAX()获取每组数据中列 sales_amount 的最大值;然后查询表 sales_table 中列 province、city 和 sales_amount 的数据,在 WHERE 子句中指定查询条件为列 sales_amount 的值包含在子查询的结果中;最终获取每个省份销售额最高的城市。

上述命令在 Hive 客户端工具 Beeline 中的执行效果如图 6-3 所示。

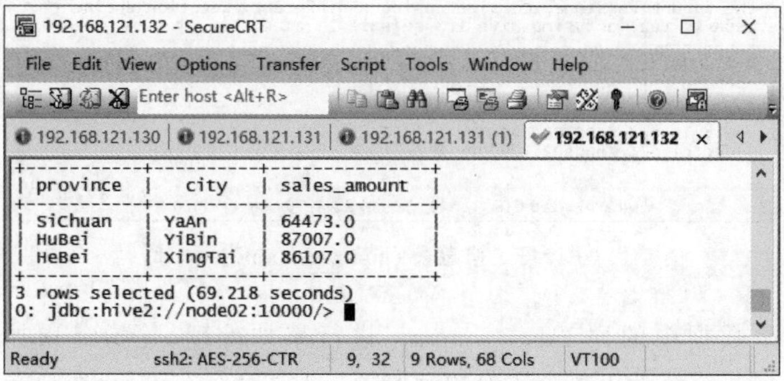

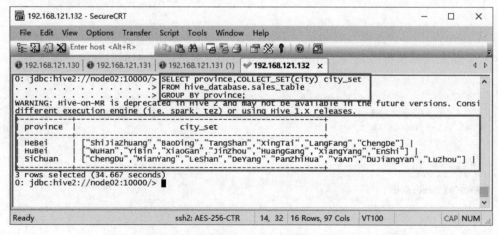

图 6-3　获取商品销售表 sales_table 中每个省份销售额最高的城市

从图 6-3 可以看出,省份 SiChuan 销售额最高的城市是 YaAn,省份 HuBei 销售额最高的城市是 YiBin,省份 HeBei 销售额最高的城市是 XingTai。

(4)获取商品销售表 sales_table 中每个省份包含的城市,具体命令如下。

```
SELECT province,COLLECT_SET(city) city_set
FROM hive_database.sales_table
GROUP BY province;
```

上述命令中,首先通过 GROUP BY 子句对列 province 进行分组,然后使用聚合函数COLLECT_SET()对每一组数据中列 city 的每一个元素放在一个集合中,并指定集合名称为 city_set,最终获取每个省份包含的城市。上述命令在 Hive 客户端工具 Beeline 中的执行效果如图 6-4 所示。

图 6-4　获取商品销售表 sales_table 中每个省份包含的城市

6.1.2　数学函数

数学函数是针对数字类型的值进行计算。下面通过表 6-2 来介绍 Hive 内置的常用数学函数。

表 6-2　Hive 内置的常用数学函数

数 学 函 数	返回值类型	用法及描述
NEGATIVE ()	INT DOUBLE	NEGATIVE (INT a)或 NEGATIVE (DOUBLE b)：返回 a 或 b 的相反值，例如 a 等于 8，则 NEGATIVE (INT a)的结果为 -8
ROUND()	DOUBLE	ROUND (DOUBLE a)：返回数字 a 四舍五入后的值； ROUND (DOUBLE a,INT b)：返回数字 a 四舍五入后的值，保留小数点后 b 位
FLOOR()	BIGINT	FLOOR(DOUBLE a)：返回数字 a 向下取整的值
CEIL()	BIGINT	CEIL(DOUBLE a)：返回数字 a 向上取整的值
RAND()	DOUBLE	RAND()：返回 0~1 的随机值； RAND(INTseed)：通过随机因子 seed 返回 0~1 的随机值
EXP()	DOUBLE	EXP(DOUBLE/DECIMAL a)：返回自然常数 e 的 a 次方值
LN()	DOUBLE	LN(DOUBLE/DECIMAL a)：返回以自然常数 e 为底 a 的对数值
LOG()	DOUBLE	LOG(DOUBLE/DECIMAL base,DOUBLE/DECIMAL a)：返回以 base 为底 a 的对数值； LOG2(DOUBLE/DECIMAL a)：返回以 2 为底 a 的对数值； LOG10(DOUBLE/DECIMAL a)：返回以 10 为底 a 的对数值
POW()	DOUBLE	POW(DOUBLE/DECIMAL a,DOUBLE/DECIMAL p)：返回 a 的 p 次方
SQRT()	DOUBLE	SQRT(DOUBLE/DECIMAL a)：返回 a 的平方根
ABS()	DOUBLE	ABS(DOUBLE a)：返回 a 的绝对值
SIN()	DOUBLE	SIN (DOUBLE/DECIMAL a)：返回 a 的正弦值
COS()	DOUBLE	COS (DOUBLE/DECIMAL a)：返回 a 的余弦值
ACOS()	DOUBLE	ACOS (DOUBLE/DECIMAL a)：返回 a 的反余弦值
TAN()	DOUBLE	TAN (DOUBLE/DECIMAL a)：返回 a 的正切值
ATAN()	DOUBLE	ATAN (DOUBLE/DECIMAL a)：返回 a 的反正切值
PI()	DOUBLE	返回圆周率(PI)的值
GREATEST()	T	GREATEST(T v1, T v2,...)：返回列表中的最大值，若存在 NULL，则认定 NULL 为最大值，其中 v1、v2 可以是值或列，若 v1 和 v2 为列，则返回两列中每行的最大值
LEAST()	T	LEAST(T v1, T v2,...)：返回列表中的最小值，若存在 NULL，则认定 NULL 为最小值，其中 v1、v2 可以是值或列，若 v1 和 v2 为列，则返回两列中每行的最小值
SIGN()	DOUBLE	SIGN (DOUBLE/DECIMAL a)：如果 a 是正数，返回 1.0；如果 a 是负数，返回 -1.0；如果 a 是 0，返回 0.0

续表

数 学 函 数	返回值类型	用法及描述
E()	DOUBLE	返回自然常数 e 的值
NEGATIVE()	INT/DOUBLE	NEGATIVE（DOUBLE/INT a）：返回 a 的相反值

接下来，在虚拟机 Node_03 中使用 Hive 客户端工具 Beeline，远程连接虚拟机 Node_02 的 HiveServer2 服务操作 Hive，获取商品销售表 sales_table 中每个省份的平均销售额，具体命令如下。

```
SELECT province,ROUND(AVG(sales_amount),2)
FROM hive_database.sales_table GROUP BY province;
```

上述命令中，首先通过 GROUP BY 子句对列 province 进行分组处理，然后使用聚合函数 AVG() 计算每一组中列 sales_amount 的平均值，最后使用数学函数 ROUND() 对平均值进行四舍五入处理，并保留小数点后两位。上述命令在 Hive 客户端工具 Beeline 中的执行效果如图 6-5 所示。

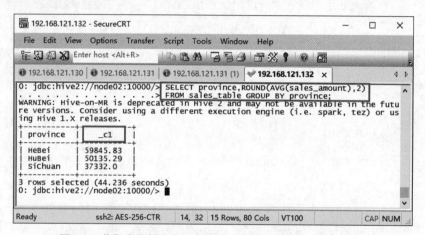

图 6-5　获取商品销售表 sales_table 中每个省份的平均销售额

从图 6-5 可以看出，列_c1 存储了每个省份的平均销售额的计算结果，若查询命令中没有指定计算结果存储的列，则默认使用列_c1 进行存储。

6.1.3　集合函数

集合函数是针对集合数据类型进行操作。下面通过表 6-3 来介绍 Hive 内置的集合函数。

表 6-3　Hive 内置的集合函数

集 合 函 数	返回值类型	用法及描述
SIZE()	INT	SIZE（MAP）：求 MAP 数据类型列的长度； SIZE（ARRAY）：求 ARRAY 数据类型列的长度

续表

集 合 函 数	返回值类型	用法及描述
MAP_KEYS()	ARRAY	MAP_KEYS(MAP)：返回 MAP 数据类型列的所有 KEY
MAP_VALUES()	AYYAY	MAP_VALUES(MAP)：返回 MAP 数据类型列的所有 VALUE
ARRAY_CONTAINS()	BOOLEAN	ARRAY_CONTAINS(ARRAY,value)：返回 ARRAY 数据类型列中是否包含值 value,若包含则返回值为 true,反之返回值为 false
SORT_ARRAY()	ARRAY	SORT_ARRAY(ARRAY)：按自然顺序对 ARRAY 数据类型列中的值进行排序

接下来,在虚拟机 Node_03 中使用 Hive 客户端工具 Beeline,远程连接虚拟机 Node_02 的 HiveServer2 服务操作 Hive,判断学生考试成绩表 student_exam_table 中意向大学填写了 Peking University 的学生,具体命令如下。

```
SELECT student_name,
ARRAY_CONTAINS(intent_university,"Peking University")
FROM hive_database.student_exam_table;
```

上述命令中,使用集合函数 ARRAY_CONTAINS()获取 ARRAY 数据类型列 intent_university 中包含值 Peking University 的行。上述命令在 Hive 客户端工具 Beeline 中的执行效果如图 6-6 所示。

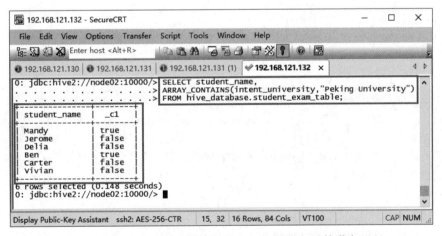

图 6-6　判断意向大学填写了 Peking University 的学生

从图 6-6 可以看出,学生 Mandy 和 Ben 的意向大学填写了 Peking University。

6.1.4　类型转换函数

类型转换函数是对查询结果的数据类型进行转换,适用于基本数据类型数据的操作。下面通过表 6-4 来介绍 Hive 内置的类型转换函数。

表 6-4　Hive 内置的类型转换函数

类型转换函数	返回值类型	用法及描述
BINARY()	BINARY	BINARY(string|binary)：将列中的值转换为二进制
CAST()	TYPE	CAST(expr as ＜type＞)：将 expr 转换成数据类型 type

接下来，在虚拟机 Node_03 中使用 Hive 客户端工具 Beeline，远程连接虚拟机 Node_02 的 HiveServer2 服务操作 Hive，获取员工信息表 employess_table 中员工薪资的整数数据，具体命令如下。

```
SELECT staff_salary,CAST(staff_salary AS INT)
FROM hive_database.employess_table;
```

上述命令中，使用类型转换函数 CAST()将列 staff_salary 查询结果的数据类型转换为 INT 类型。上述命令在 Hive 客户端工具 Beeline 中的执行效果如图 6-7 所示。

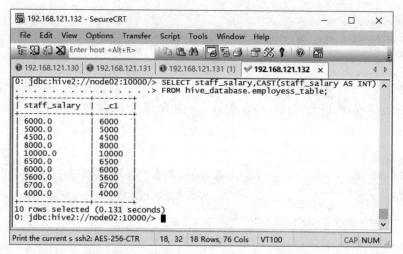

图 6-7　获取员工信息表 employess_table 中员工薪资的整数数据

从图 6-7 可以看出，列 staff_salary 为原始数据，其数据类型为小数；列_C1 为类型转换的数据，其数据类型为整数。

6.1.5　日期函数

日期函数是对日期数据类型的数据进行操作，下面通过表 6-5 来介绍 Hive 内置的日期函数。

表 6-5　Hive 内置的日期函数

日 期 函 数	返回值类型	用法及描述
FROM_UNIXTIME()	STRING	FROM_UNIXTIME（BIGINT unixtime, STRING format）：将 unixtime（UNIX 时间戳）转换成 format 格式，format 可为 yyyy-MM-dd HH：mm：ss、yyyy-MM-dd、yyyy-MM-dd HH 等。若 HH 为小写 hh 则使用 12 小时制

日 期 函 数	返回值类型	用法及描述
UNIX_TIMESTAMP()	BIGINT	UNIX_TIMESTAMP()：获取本地 UNIX 时间戳；UNIX_TIMESTAMP(STRING date)：将日期字符串 date 转换为 UNIX 时间戳；UNIX_TIMESTAMP(STRING date，STRING pattern)：将日期字符串 date 按照指定格式 pattern 转换为 UNIX 时间戳，若格式不正确则返回 0
TO_DATE()	STRING	TO_DATE(STRING date)：获取日期字符串 date 的日期
YEAR()	INT	YEAR(STRING date)：获取日期字符串 date 的年
QUARTER()	INT	QUARTER(STRING date)：获取日期字符串 date 所属的季度
HOUR()	INT	HOUR(STRING date)：获取日期字符串 date 的小时
MINUTE()	INT	MINUTE(STRING date)：获取日期字符串 date 的分钟
SECOND()	INT	SECOND(STRING date)：获取日期字符串 date 的秒
WEEKOFYEAR()	INT	WEEKOFYEAR(STRING date)：获取日期字符串 date 在一年中的第几周
DATEDIFF()	INT	DATEDIFF(STRING enddate，STRING startdate)：计算从开始日期(startdate)到结束日期(enddate)相差多少天
DATE_ADD()	STRING	DATE_ADD(STRING startdate，INT days)：返回开始日期(startdate)加上天数(days)的日期，不包含时间
DATE_SUB()	STRING	DATE_SUB(STRING startdate，INT days)：返回开始日期(startdate)减去天数(days)的日期，不包含时间
FROM_UTC_TIMESTAMP()	TIMESTAMP	FROM_UTC_TIMESTAMP(STRING date，STRING timezone)：如果给定的时间(date)并非 UTC，则将其转换成指定的时区(timezone)下的时间
CURRENT_DATE()	DATE	CURRENT_DATE()：获取当前日期，不包括时间
CURRENT_TIMESTAMP()	TIMESTAMP	CURRENT_TIMESTAMP()：获取当前日期，包括时间
ADD_MONTHS()	STRING	ADD_MONTHS(STRING start_date，INT num_months)：返回开始日期(startdate)加上月(num_months)的日期
LAST_DAY()	STRING	LAST_DAY(STRING date)：指定日期 date 所在月的最后一天日期，不包含时间
NEXT_DAY()	STRING	NEXT_DAY(STRING start_date，STRING day_of_week)：返回开始日期(start_date)在下一周(day_of_week)的日期，其中，day_of_week 指星期几，用英文星期一至星期日填写

续表

日 期 函 数	返回值类型	用法及描述
TRUNC()	STRING	TRUNC(STRING date，STRING format)：返回日期(date)的最开始年或月，若 format 为 MM 则返回日期(date)所在月的第一天日期，若 format 为 YY 则返回日期(date)所在年的第一天日期
MONTHS_BETWEEN()	DOUBLE	MONTHS_BETWEEN(STRING date1，STRING date2)：比较两个时间 date1 和 date2 相差几个月
DATE_FORMAT()	STRING	DATE_FORMAT（STRING date，STRING format)：以指定格式 format 格式化日期(date)
TO_UTC_TIMESTAMP()	TIMESTAMP	TO_UTC_TIMESTAMP(STRINGdate，STRING timezone)：如果给定的时间（date）是指定时区(timezone)下的时间，则将其转换成 UTC 下的时间

接下来，在虚拟机 Node_03 中使用 Hive 客户端工具 Beeline，远程连接虚拟机 Node_02 的 HiveServer2 服务操作 Hive，演示表 6-5 中部分日期函数的基本使用，具体操作步骤如下。

（1）在数据库 hive_database 中创建日期表 date_table，该表用于演示日期函数的相关操作，表中包含列 start_date(开始日期)和 end_date(结束日期)，在虚拟机 Node_03 的客户端工具 Beeline 中执行如下命令创建日期表 date_table。

```
CREATE EXTERNAL TABLE IF NOT EXISTS
hive_database.date_table(
start_date STRING,
end_date STRING
)
ROW FORMAT DELIMITED
FIELDS TERMINATED BY ','
LINES TERMINATED BY '\n'
STORED AS textfile
LOCATION '/hive_data/test_date';
```

上述命令中，创建的日期表 date_table 为外部表，并且通过 LOCATION 子句指定日期表 date_table 在 HDFS 的数据存储路径/hive_data/test_date。

（2）向日期表 date_table 中插入两条数据，具体命令如下。

```
INSERT INTO TABLE
hive_database.date_table VALUES
("2020-01-08 12:23:43","2020-06-16 06:13:23"),
("2020-05-25 10:11:22","2020-11-28 11:53:03");
```

（3）计算日期表 date_table 中，开始日期与结束日期相差的月以及开始日期与当前日期相差的月，具体命令如下。

```
SELECT
start_date,
```

```
end_date,
CURRENT_TIMESTAMP() now_date,
ROUND(MONTHS_BETWEEN(CURRENT_TIMESTAMP(),start_date),1) between_now_date,
ROUND(MONTHS_BETWEEN(end_date,start_date),1) between_start_end_date
FROM hive_database.date_table;
```

上述命令中,使用日期函数 CURRENT_TIMESTAMP()获取当前日期,并指定当前日期存储在列 now_date;使用日期函数 MONTHS_BETWEEN()计算当前日期 CURRENT_TIMESTAMP()与开始日期列(start_date)相差几个月,将计算结果存储在列 between_now_date;使用日期函数 MONTHS_BETWEEN()计算开始日期列(start_date)与结束日期列(end_date)相差几个月,将计算结果存储在列 between_start_end_date。上述命令在 Hive 客户端工具 Beeline 中的执行效果如图 6-8 所示。

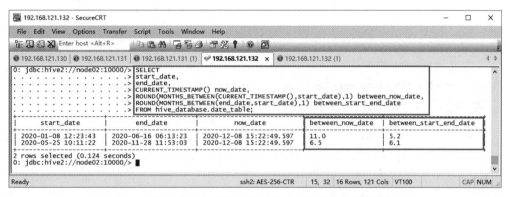

图 6-8　开始日期与结束日期相差的月及与当前日期相差的月

从图 6-8 可以看出,若两个日期相差月非整,则计算结果会出现小数,这是因为日期函数 MONTHS_BETWEEN()的返回值类型为 DOUBLE。需要注意的是,当前日期获取的是 HiveServer2 服务所在虚拟机的日期。

(4) 在日期表 date_table 中,将开始日期延迟 7 天,结束日期提前 5 天,具体命令如下。

```
SELECT
start_date,
end_date,
DATE_ADD(start_date,7) add_startdate,
DATE_SUB(end_date,5) sub_enddate
FROM hive_database.date_table;
```

上述命令中,使用日期函数 DATE_ADD()将列 start_date 的日期数据修改为增加天数 7 的日期;使用日期函数 DATE_SUB()将列 end_date 的日期数据修改为减少天数 5 的日期。上述命令在 Hive 客户端工具 Beeline 中的执行效果如图 6-9 所示。

在图 6-9 中,列 add_startdate 相比列 start_date 的日期延迟 7 天;列 sub_enddate 相比列 end_date 的日期提前 5 天。

(5) 将日期表 date_table 中,开始日期的时间格式化为 yyyy/MM/dd HH 的形式,具体命令如下。

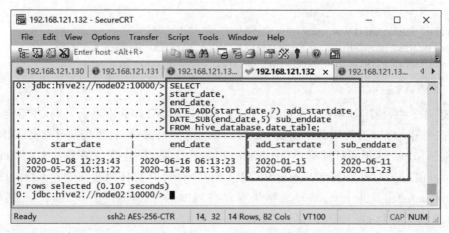

图 6-9　开始日期延迟 7 天,结束日期提前 5 天

```
SELECT
start_date,
DATE_FORMAT(start_date,'yyyy/MM/dd HH') format_date
FROM hive_database.date_table;
```

上述命令中,使用日期函数 DATE_FORMAT()将列 start_date 中的日期数据格式化为 yyyy/MM/dd HH,并指定格式化结果存储在列 format_date。上述命令在 Hive 客户端工具 Beeline 中的执行效果如图 6-10 所示。

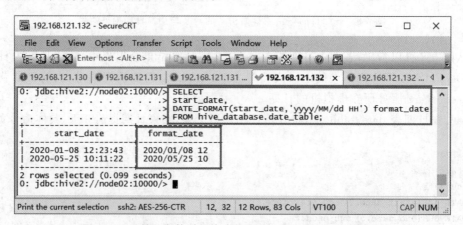

图 6-10　开始日期的时间格式化为 yyyy/MM/dd HH 的形式

从图 6-10 可以看出,列 format_date 中的数据格式已经由原来的 yyyy-MM-dd HH：mm：ss 格式化为 yyyy/MM/dd HH。

6.1.6　条件函数

条件函数是根据条件判断结果返回指定值,下面通过表 6-6 来介绍 Hive 内置的条件函数。

表 6-6　Hive 内置的条件函数

条 件 函 数	返回值类型	用法及描述
IF()	T	IF(BOOLEAN testCondition, T valueTrue, T valueFalseOrNull)：若指定判断条件 testCondition 的返回结果为 true，则返回值 valueTrue，反之则返回值 valueFalseOrNull
NVL()	T	NVL(T value, T default_value)：如果 value 值为 NULL，则返回值 default_value
COALESCE()	T	COALESCE(T v1, T v2, ...)：返回第一个非空值，其中 v1、v2 可以是值或列，若 v1 和 v2 为列，则返回列 v1 和列 v2 中第一个非空值
CASE	T	CASE a WHEN b THEN c WHEN d THEN e ELSE f END：如果 a＝b 则返回 c，若 a＝d 则返回 e，否则返回 f； CASE WHEN a THEN b WHEN c THEN d ELSE e END：若 a 为 true 则返回 b，若 c 为 true 则返回 d，否则返回 e
ISNULL()	BOOLEAN	ISNULL(a)：若 a 为 NULL 则返回 true，否则返回 false，与关系运算符 A IS NULL 一致
ISNOTNULL()	BOOLEAN	ISNOTNULL(a)：若 a 为 NULL 则返回 false，否则返回 true，与关系运算符 A IS NOT NULL 一致

接下来，在虚拟机 Node_03 中使用 Hive 客户端工具 Beeline，远程连接虚拟机 Node_02 的 HiveServer2 服务操作 Hive，演示表 6-6 中部分条件函数的基本使用，具体操作步骤如下。

（1）根据员工信息表 employess_table 中员工年龄数据，判断员工属于中年还是青年，具体命令如下。

```
SELECT staff_name,
IF(staff_age >= 40,"middle age","youth")
FROM  employess_table;
```

上述命令中，指定判断 staff_age ＞＝ 40，若列 staff_age 中的值大于或等于 40 则返回值 middle age，否则返回值 youth。上述命令在 Hive 客户端工具 Beeline 中的执行效果如图 6-11 所示。

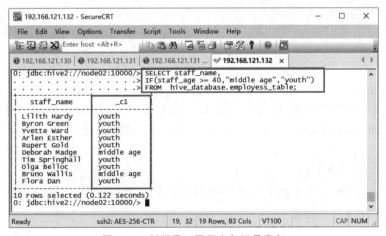

图 6-11　判断员工属于中年还是青年

从图 6-11 可以看出,员工 Deborah Madge 和 Bruno Wallis 对应列_C1 的值为 middle age,因此这两名员工属于中年,其他员工属于青年。

(2) 根据员工信息表 employess_table 中员工薪资数据,判断员工薪资级别,具体命令如下。

```
SELECT staff_name,CASE
WHEN staff_salary < 5000 THEN "low"
WHEN staff_salary >= 5000
AND staff_salary < 8000 THEN "middle"
ELSE "high"
END
FROM hive_database.employess_table;
```

上述命令中,使用条件函数 CASE 进行判断,若列 staff_salary 中的值小于 5000 时,则返回值 low;若列 staff_salary 中的值大于或等于 5000 并小于 8000 时,则返回值 middle;否则返回值 high。上述命令在 Hive 客户端工具 Beeline 中的执行效果如图 6-12 所示。

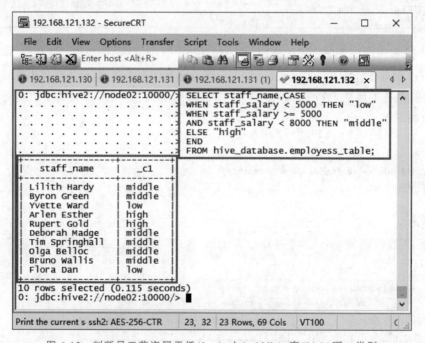

图 6-12 判断员工薪资属于低(low)、中(middle)、高(high)哪一类别

从图 6-12 可以看出,员工 Arlen Esther 和 Rupert Gold 薪资级别属于 high;员工 Yvette Ward 和 Flora Dan 薪资级别属于 low,其他员工薪资级别属于 middle。

6.1.7 字符串函数

字符串函数主要针对字符串数据类型的列或数据进行操作,下面通过表 6-7 来介绍 Hive 内置的常用字符串函数。

表 6-7　Hive 内置的常用字符串函数

字符串函数	返回值类型	用法及描述
BASE64()	STRING	BASE64(BINARY bin)：将二进制 bin 转换成 64 位的字符串
CONCAT()	STRING	CONCAT(STRING|BINARY A，STRING|BINARY B，…)：对二进制字节码或字符串按顺序进行拼接，没有分隔符
CONCAT_WS()	STRING	CONCAT_WS(STRING SEP，STRING A，STRING B…)：以指定分隔符 SEP 对字符串按顺序进行拼接； CONCAT_WS(STRING SEP，ARRAY＜STRING＞)：以指定分隔符 SEP 将 ARRAY 中的元素拼接成字符串
DECODE()	STRING	DECODE(BINARY bin，STRING charset)：使用指定字符集 charset 将二进制 bin 解析成字符串，字符集，包括 US-ASCII、ISO-8859-1、UTF-8、UTF-16BE、UTF-16LE、UTF-16'
ENCODE()	BINARY	ENCODE(STRING src，STRING charset)：使用指定字符集 charset 将字符串 src 解析成二进制数据，支持的字符集同 DECODE()
GET_JSON_OBJECT()	STRING	GET_JSON_OBJECT(STRING json_string，STRING path)：从指定路径 path 上的 JSON 字符串抽取出 JSON 对象 json_string 的值
INSTR()	INT	INSTR(STRING str，STRING substr)：查找字符串 str 中子字符串 substr 出现的位置，若查找失败则返回 0
LENGTH()	INT	LENGTH(STRING str)：获取字符串 str 的长度
LOCATE()	INT	LOCATE(STRING substr，STRING str，INT pos)：查找字符串 str 的 pos 位置后，字符串 substr 第一次出现的位置
LOWER()	STRING	LOWER(STRING str)：将字符串 str 的所有字母转换成小写字母
LPAD()	STRING	LPAD(STRING str，INT len，STRING pad)：返回字符串 str 指定长度 len 的内容，若字符串 str 不满足长度 len，则从字符串左边填充指定字符串 pad，使字符串 str 的长度等于 len
RPAD()	STRING	RPAD(STRING str，INT len，STRING pad)：返回字符串 str 指定长度 len 的内容，若字符串 str 不满足长度 len 则从字符串右边填充指定字符串 pad，使字符串 str 的长度等于 len
LTRIM()	STRING	LTRIM(STRING str)：去除字符串 str 前面的空格
PARSE_URL()	STRING	PARSE_URL(STRING urlstring，STRING partToExtract，…)：返回从 URL 字符串 urlstring 中抽取指定部分的内容，partToExtract 指抽取的部分，包含 HOST、PATH、QUERY、REF、PROTOCOL、AUTHORITY、FILE 和 USERINFO
REGEXP_EXTRACT()	STRING	REGEXP_EXTRACT(STRING subject，STRING pattern，INT index)：抽取字符串 subject 中符合正则表达式 pattern 的第 index 部分的字符串
REGEXP_REPLACE()	STRING	REGEXP_REPLACE(STRING initial_string，STRING pattern，STRING replacement)：按照 Java 正则表达式 pattern 将字符串 initial_string 中符合条件的部分替换成 replacement 所指定的字符串

字符串函数	返回值类型	用法及描述
REPEAT()	STRING	REPEAT(STRING str，INT n)：重复输出 n 次字符串 str
REVERSE()	STRING	REVERSE(STRING str)：反转字符串 str
RTRIM()	STRING	RTRIM(STRING str)：去除字符串右边的空格
SPLIT(S)	ARRAY	SPLIT(STRING str，STRING patten)：按照正则表达式 patten 来分割字符串 str，将分割后的字符串以数组的形式返回
STR_TO_MAP()	MAP	STR_TO_MAP(TEXT，DELIMITER1，DELIMITER2)：将字符串 TEXT 转为 MAP，DELIMITER1 是键值对之间的分隔符，默认为逗号，DELIMITER2 是键值之间的分隔符，默认为＝
SUBSTR()	STRING	SUBSTR(STRING|BINARY str，INT start)：从 start 位置开始截取二进制字节码或字符串 str； SUBSTR(STRING|BINARY str，INT start，INT len)：从 start 位置截取二进制字节码或字符串 str 的指定长度 len
SUBSTRING_INDEX()	STRING	SUBSTRING _ INDEX（STRING str，STRING delim，INT count)：截取字符串 str 第 count 分隔符 delim 之前的内容，如 count 为正数则从左边开始截取，如果为负数则从右边开始截取
TRANSLATE()	STRING	TRANSLATE(STRING input，STRING from，STRING to)：将字符串 input 中的字符串 from 替换为字符串 to
TRIM()	STRING	TRIM(STRING str)：去除字符串 str 前后的空格
UPPER()	STRING	UPPER(STRING str)：将字符串 str 的所有字母转换为大写
INITCAP()	STRING	INITCAP(STRING str)：将字符串 str 的首字母大写
ISNOTNULL()	BOOLEAN	ISNOTNULL(a)：若 a 为 NULL 则返回 false，否则返回 true，与关系运算符 A IS NOT NULL 一致

接下来，在虚拟机 Node_03 中使用 Hive 客户端工具 Beeline，远程连接虚拟机 Node_02 的 HiveServer2 服务操作 Hive，演示表 6-7 中部分字符串函数的基本使用，具体操作步骤如下。

（1）将商品销售表 sales_table 中省份名和城市名拼接在一起，具体命令如下。

```
SELECT CONCAT_WS(':',province,city)
FROM  hive_database.sales_table;
```

上述命令中，使用字符串函数 CONCAT_WS()将列 province 与列 city 中的值通过分隔符"："进行拼接。上述命令在 Hive 客户端工具 Beeline 中的执行效果如图 6-13 所示。

从图 6-13 可以看出，省份 SiChuan 和城市 ChenDu 通过分隔符"："拼接成一个字符串。

（2）去除员工信息表 employess_table 中员工姓名中的空格，具体命令如下。

```
SELECT staff_name,
REGEXP_REPLACE(staff_name,'\\s','')
FROM hive_database.employess_table;
```

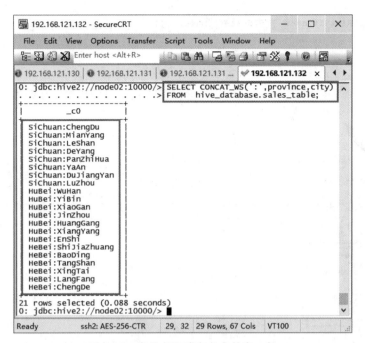

图 6-13　省份名和城市名合并在一起

上述命令中，使用字符串函数 REGEXP_REPLACE()，按照 Java 正则表达式"\\s"将列 staff_name 中字符串包含的空格替换成空字符串。上述命令在 Hive 客户端工具 Beeline 中的执行效果如图 6-14 所示。

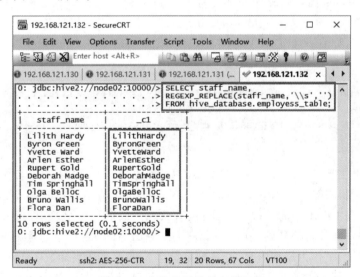

图 6-14　去除员工姓名中的空格

从图 6-14 可以看出，列_c1 为去除空格操作生成的列，该列中的员工姓名已经不包含空格了。

（3）获取员工信息表 employess_table 中员工的姓氏，具体命令如下。

```
SELECT SUBSTR(staff_name, INSTR(staff_name,' '))
FROM  hive_database.employess_table;
```

上述命令中,首先使用字符串函数 INSTR()获取列 staff_name 空格的位置,然后使用字符串函数 SUBSTR()截取列 staff_name 中空格位置之后的内容。上述命令在 Hive 客户端工具 Beeline 中的执行效果如图 6-15 所示。

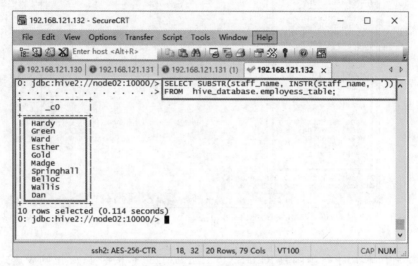

图 6-15　员工的姓氏

从图 6-15 可以看出,列_c0 中包含了每个员工的姓氏。

(4) 重命名员工信息表 employess_table 中部门名称,去除部门名称后的"Department"字符串,在部门名称前添加"DEPT-"字符串,具体命令如下。

```
SELECT staff_dept,
LPAD(SUBSTR(staff_dept, 0, (LENGTH(staff_dept)-LENGTH(SUBSTR(staff_dept, INSTR(staff_
dept,' '))))),
(LENGTH(staff_dept)-LENGTH(SUBSTR(staff_dept, INSTR(staff_dept,' ')))+5),'DEPT-')
FROM hive_database.employess_table;
```

上述命令中主要使用字符串函数 LPAD()实现部门名称的重命名操作,首先使用 SUBSTR()函数获取部门名称中字符串" Department"(字符串 Department 前有空格)之前的内容,作为函数 LPAD()的基础字符串;然后获取部门名称中字符串" Department"之前内容的长度,并在此长度的基础上增加 5,作为函数 LPAD()约束字符串总长度的值;最后指定字符串"DEPT-"作为添加内容,若基础字符串长度没有达到函数 LPAD()约束字符串总长度的值,则在基础字符串的左侧添加字符串"DEPT-"。上述命令在 Hive 客户端工具 Beeline 中的执行效果如图 6-16 所示。

在图 6-16 中,列 staff_dept 为原始部门名称,列_C1 存储了重命名后的部门名称。

6.1.8　表生成函数

表生成函数是将指定数据或列中的数据拆分成多行数据,主要应用在集合类型数据,下

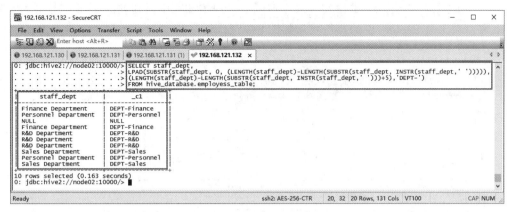

图 6-16　重命名部门名称

面通过表 6-8 来介绍 Hive 内置的常用表生成函数。

表 6-8　Hive 内置的常用表生成函数

表生成函数	用法及描述
EXPLODE()	EXPLODE(ARRAY)：将 ARRAY 中的每个元素转换为每一行；EXPLODE(MAP)：将 ARRAY 中的每个键值对转换为两行，其中一行数据包含键，另一行数据包含值
POSEXPLODE()	POSEXPLODE()：将 ARRAY 中的每个元素所在位置转换为每一行
JSON_TUPLE()	JSON_TUPLE(STRING jsonstr)：将指定 JSON 对象的值放在一行数据中
PARSE_URL_TUPLE()	PARSE_URL_TUPLE(STRING urlstr，STRING partToExtract)：返回从 URL 字符串 urlstr 中抽取指定部分的内容，生成一行数据，partToExtract 指抽取的部分，包含 HOST、PATH、QUERY、REF、PROTOCOL、AUTHORITY、FILE 和 USERINFO

使用表生成函数时，只允许对表生成函数指定的列进行访问，若需要对表生成函数指定列之外的列进行访问，则配合侧视图 LATERAL VIEW 一起使用，在使用侧视图时可以为表生成函数指定列的别名。

接下来，在虚拟机 Node_03 中使用 Hive 客户端工具 Beeline，远程连接虚拟机 Node_02 的 HiveServer2 服务操作 Hive，演示表 6-8 中部分表生成函数的基本使用，具体操作步骤如下。

（1）拆分学生成绩表 student_exam_table 的意向大学数据，具体命令如下。

```
SELECT
intent_university,university_new
FROM hive_database.student_exam_table
LATERAL VIEW explode(intent_university)
intent_university AS university_new;
```

上述命令中，使用表生成函数 explode()拆分 ARRAY 数据类型列 intent_university，并使用子句 AS 指定列 intent_university 的别名为 university。若上述命令中不使用侧视图，则命令为"SELECT explode(intent_university) FROM hive_database.student_exam_ table;"，此时无法在 SELECT 语句与表生成函数之前增加表中其他列的访问。上述命令在 Hive 客户端工具 Beeline 中的执行效果如图 6-17 所示。

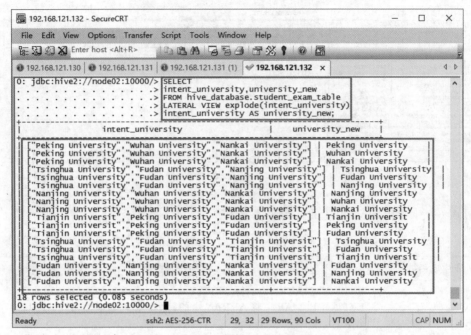

图 6-17　拆分意向大学数据

在图 6-17 中，列 intent_university 为原始数据，列 university_new 为拆分后的数据，通过对比两个列可以发现，原始数据中 ARRAY 的每一个元素被拆分为单独的一行数据。

（2）拆分学生成绩表 student_exam_table 的文综或理综数据，具体命令如下。

```
SELECT
humanities_or_sciences,key,value
FROM hive_database.student_exam_table
LATERAL VIEW explode(humanities_or_sciences)
humanities_or_sciences AS key,value;
```

上述命令中，使用表生成函数 explode（）拆分 MAP 数据类型列 humanities_or_sciences，并使用子句 AS 指定列 humanities_or_sciences 的别名为 key 和 value，因为 MAP 被拆分后会形成两列数据，一列只包含 MAP 中的 key 值，另一列只包含 MAP 中的 value 值。上述命令在 Hive 客户端工具 Beeline 中的执行效果如图 6-18 所示。

在图 6-18 中，列 humanities_or_sciences 为原始数据，列 key 和 value 为拆分后的数据，通过对比原始数据和拆分后的数据可以发现，原始数据 MAP 中的每一个键值对被拆分成两个独立的列。

（3）拆分 URL 地址数据，具体命令如下。

```
SELECT
PARSE_URL_TUPLE("https://www.sogou.com/sogou? prs=5&rfg=1",'HOST','PATH','QUERY') AS
(host,path,query);
```

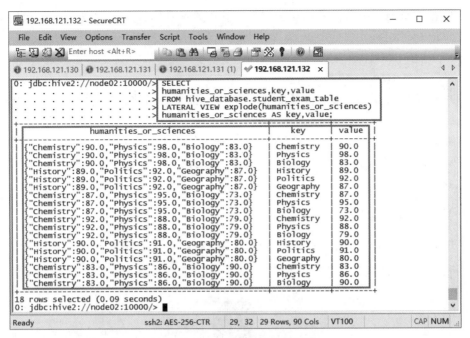

图 6-18　拆分文综或理综数据

上述命令中，使用表生成函数 PARSE_URL_TUPLE()获取 URL 中的 HOST(域名)、PATH(路径)和 QUERY(参数)，为了便于演示直接在表生成函数 PARSE_URL_TUPLE ()的第一个参数中指定了 URL 数据，实际使用时这里需要指定包含 URL 数据存储的列。上述命令在 Hive 客户端工具 Beeline 中的执行效果如图 6-19 所示。

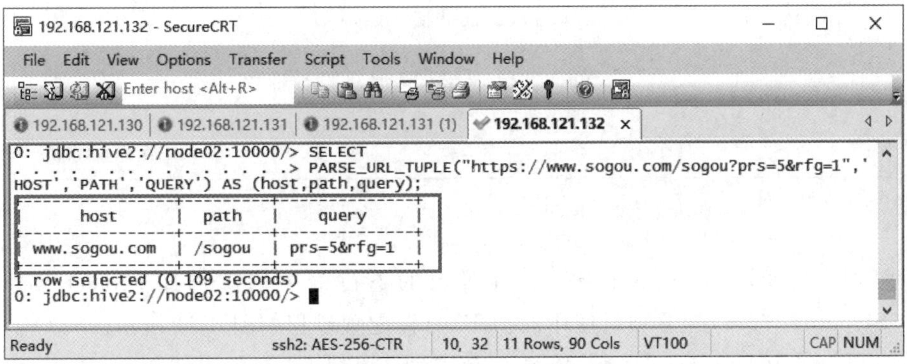

图 6-19　拆分 URL 数据

从图 6-19 可以看出，表生成函数 PARSE_URL_TUPLE()提取了 URL 中的 host、path 和 query，并将这 3 个值生成为一行数据。

6.2　Hive 自定义函数

通过 6.1 节的学习，可以了解到 Hive 内置了大量函数供用户直接使用，非常便利。但是 Hive 内置函数的实现规则是固定的，在实际使用时会根据业务场景不同对函数实现规则进行调整,因此就需要开发者编写适用于自身业务场景的自定义函数。本节详细讲解如何创建自定义函数。

6.2.1   UDF

UDF 的全称为 User Defined Function,即用户自定义函数。向自定义 UDF 函数中输入一行数据进行处理时,自定义 UDF 函数会将处理结果作为一行数据进行输出。本节主要讲解使用 Java 语言在 IntelliJ IDEA 开发工具中创建用户自定义函数,具体实现步骤如下。需要注意的是在使用 IntelliJ IDEA 开发工具之前要配置 JDK 环境,本书使用的 JDK 版本为 JDK 1.8。

1. 创建 Maven 项目

打开 IntelliJ IDEA 开发工具进入 IntelliJ IDEA 欢迎界面,具体如图 6-20 所示。

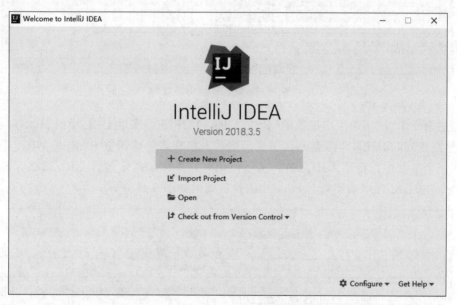

图 6-20   IntelliJ IDEA 欢迎界面

在图 6-20 中单击 Configure 按钮,在弹出的下拉框中依次选择 Project Defaults → Project Structure 选项,配置项目使用的 JDK,具体配置过程如图 6-21 所示。

单击图 6-20 中的 Create New Project 选项创建新项目,在弹出的 New Project 窗口左侧选择 Maven,即创建 Maven 项目,具体如图 6-22 所示。

在图 6-22 中,单击 Next 按钮,配置 Maven 项目的组织名(GroupId)和项目工程名称(ArtifactId),具体如图 6-23 所示。

在图 6-23 中,单击 Next 按钮,配置项目名称(Project name)和项目本地的存放目录(Project location),如图 6-24 所示。

在图 6-24 中,单击 Finish 按钮,完成项目 HiveFunction 的创建。项目 HiveFunction 的初始目录结构如图 6-25 所示。

至此,完成了在 IntelliJ IDEA 开发工具中创建 Maven 项目。

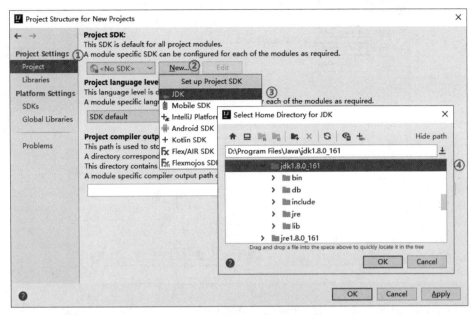

图 6-21　配置项目使用的 JDK

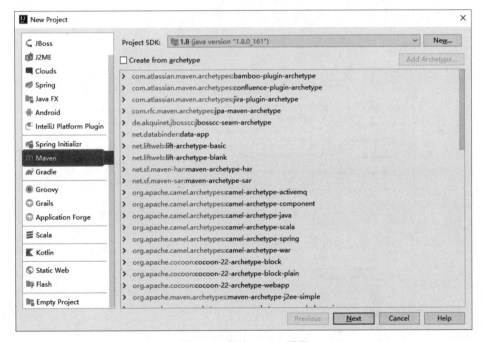

图 6-22　创建 Maven 项目

2. 添加项目依赖

项目中的 XML 文件 pom.xml 用于管理 Maven 项目依赖的配置文件，本项目需要在配置文件 pom.xml 中添加用于开发 Hive 程序的依赖，具体内容如文件 6-1 所示。

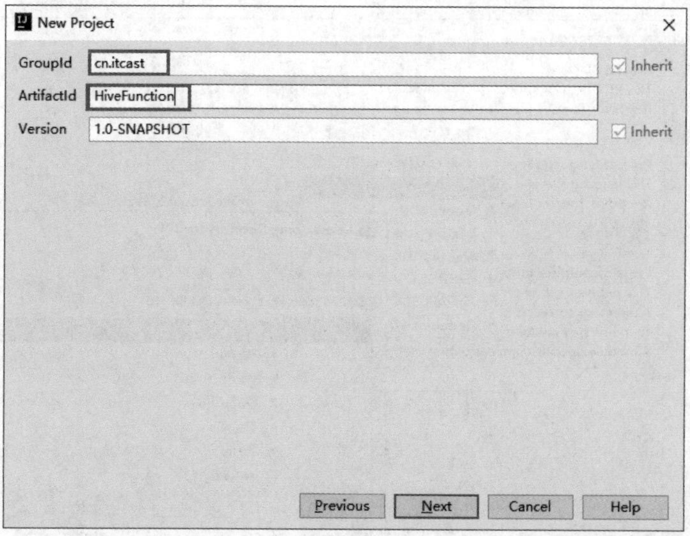

图 6-23　配置项目的组织名和项目工程名称

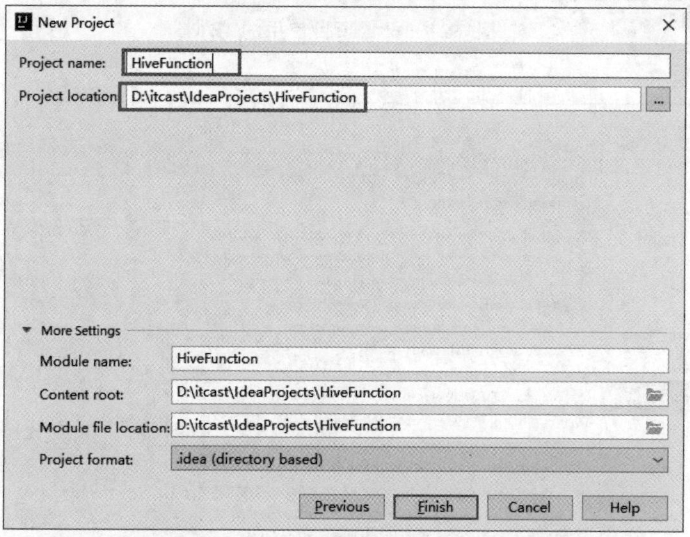

图 6-24　配置项目名称和本地存放目录

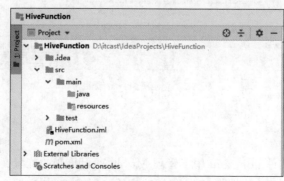

图 6-25　项目 HiveFunction 的初始目录结构

文件 6-1　pom.xml

```
<dependencies>
    <!-- Hive 依赖-->
    <dependency>
        <groupId>org.apache.hive</groupId>
        <artifactId>hive-exec</artifactId>
        <version>2.3.7</version>
    </dependency>
</dependencies>
```

在配置文件 pom.xml 中添加完 Hive 依赖后，保存配置文件 pom.xml。此时 Maven 会自动下载 Hive 的依赖包，下载速度的快慢取决于网络状态，在下载完成之前无法使用 Hive 依赖的相关内容，可通过单击 IDEA 右下角的进度条查看依赖下载情况。

3. 创建项目目录

选中并右击项目 HiveFunction 中的 java 目录，在弹出的菜单栏中依次选择 New→Package，从而新建 Package 包，新建 Package 包的过程如图 6-26 所示。

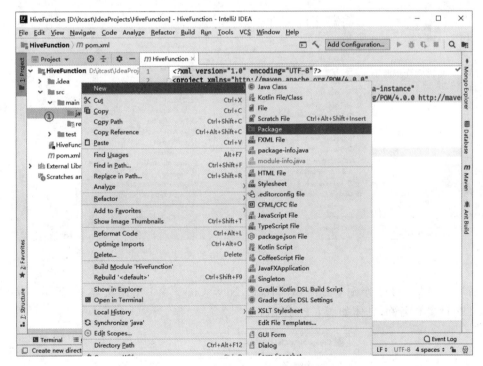

图 6-26　新建 Package 包的过程

通过图 6-26 的操作后，会弹出 New Package 窗口，在文本输入框 Enter new package name 中设置 Package 名称 cn.itcast.hive，如图 6-27 所示。

在图 6-27 中单击 OK 按钮完成 Package 包的创建。

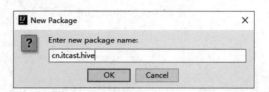

图 6-27　设置 Package 名称

4. 创建 UDF 主类

选中包 cn.itcast.hive 并右击，在弹出的快捷菜单中依次选择 New→Java Class 新建 Java 类，创建 Java 类的过程如图 6-28 所示。

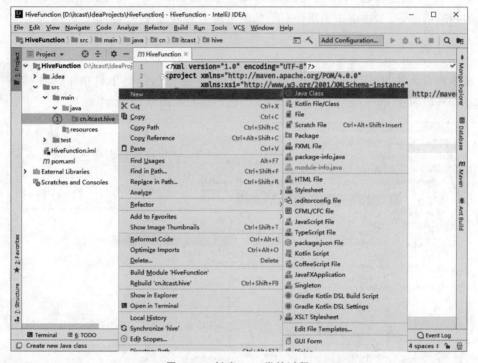

图 6-28　创建 Java 类的过程

通过图 6-28 的操作后，会弹出 Create New Class 窗口，在文本框 Name 中输入 hiveUDF 设置类名称，具体如图 6-29 所示。

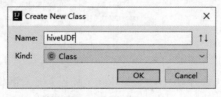

图 6-29　设置类名称

在图 6-29 中单击 OK 按钮完成 Java 类的创建。

5. 实现 UDF

在类 hiveUDF 中实现比较两列数值是否相等，若比较的两列数值不相等，则输出两列数值中较大的值，以及两列数值差值的计算结果，若比较的两列数值相等则输出 0，具体内容如文件 6-2 所示。

文件 6-2　hiveUDF.java

```
1    package cn.itcast.hive;
2    import org.apache.hadoop.hive.ql.exec.UDF;
3    public class hiveUDF extends UDF {
4        public String evaluate(int col1,float col2){
5            if (col1>col2){
6                return "max:"+col1+",diffe:"+(col1-col2);
7            }else if(col1<col2){
8                return "max:"+col2+",diffe:"+(col2-col1);
9            }else {
10               return "0";
11           }
12       }
13   }
```

上述代码中，第 3 行代码使类 hiveUDF 通过 extends 关键字继承类 UDF，用于在类 hiveUDF 中编写 UDF 程序；第 4 行代码实现 UDF 类的 evaluate() 方法，用于编写 UDF 的逻辑代码。需要注意的是，在 Hive 中使用该 UDF 时，列的数据类型要与 evaluate() 方法中两个参数的数据类型保持一致。

6. 封装 jar 包

在 IntelliJ IDEA 主界面，依次选择 View→Tool Windows→Maven 打开 Maven 窗口，打开 Maven 窗口的过程如图 6-30 所示。

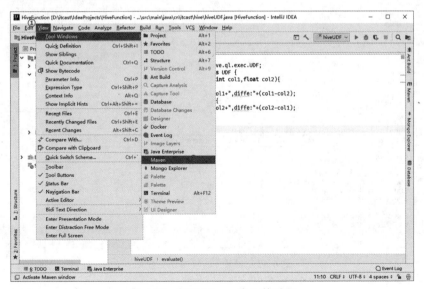

图 6-30　打开 Maven 窗口的过程

在 Maven 窗口中展开 Lifecycle 折叠框，如图 6-31 所示。

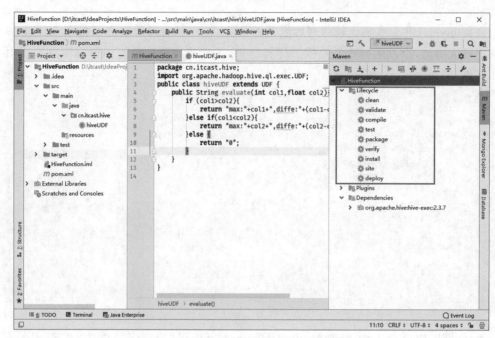

图 6-31　在 Maven 窗口中展开 Lifecycle 折叠框

在图 6-31 中双击 package 选项进行封装 jar 包操作，封装 jar 包操作完成后如图 6-32 所示。

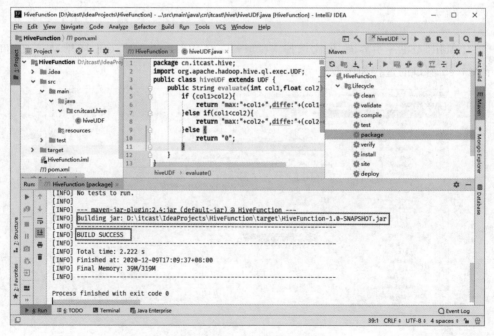

图 6-32　封装 jar 包操作完成后

从图 6-32 可以看出,控制台出现 BUILD SUCCESS,证明成功封装 jar 包,在控制台中的"Building jar:"一行信息中会显示封装的 jar 包位于本地的目录。

根据控制台提示 jar 包所在的目录找到封装完成的 jar 包,为了便于后续区分其他 jar 包,这里将 jar 包重命名为 hive_UDF.jar,重命名后的 jar 包如图 6-33 所示。

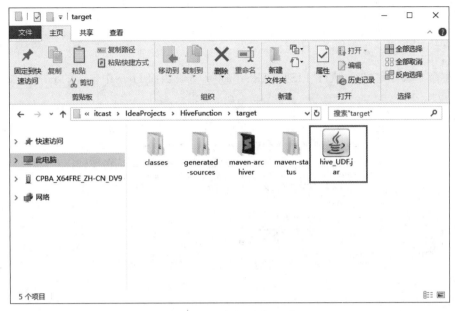

图 6-33　重命名后的 jar 包

至此,完成了封装 jar 包的操作。

7. 上传 jar 包

在虚拟机 Node_02 中创建目录/export/jar/,具体命令如下。

```
$ mkdir -p /export/jar/
```

在目录/export/jar/中执行 rz 命令,将 hive_UDF.jar 上传到虚拟机 Node_02 目录/export/jar/下,jar 包上传完成后,目录/export/jar/中的内容如图 6-34 所示。

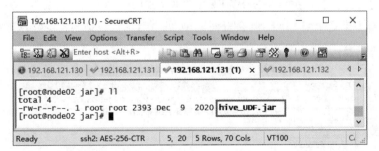

图 6-34　目录/export/jar/中的内容

至此,成功将 hive_UDF.jar 上传到虚拟机 Node_02。

8. 在 Hive 中添加 jar 包

在虚拟机 Node_03 中使用 Hive 客户端工具 Beeline，远程连接虚拟机 Node_02 的 HiveServer2 服务操作 Hive，将虚拟机 Node_02 中目录/export/jar/下的 hive_UDF.jar 添加到 Hive 中，命令如下。

```
ADD JAR /export/jar/hive_UDF.jar;
```

上述命令执行完成后，执行"LIST JARS;"命令，查看当前 Hive 中包含的 jar 包，如图 6-35 所示。

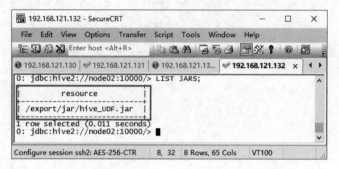

图 6-35　查看当前 Hive 中包含的 jar 包

从图 6-35 可以看出，hive_UDF.jar 成功添加到 Hive 中，若上传的 jar 包已存在，则默认进行覆盖。需要注意的是，此时添加的 jar 包属于临时 jar，只针对当前客户端可用，若退出当前客户端，则 Hive 会自动删除该 jar 包。

在 Hive 客户端工具 Beeline 中，创建临时函数 CompareSize，命令如下。

```
CREATE TEMPORARY FUNCTION CompareSize AS 'cn.itcast.hive.hiveUDF';
```

上述命令中，使用 HiveQL 的 CREATE TEMPORARY FUNCTION 语句创建临时函数 CompareSize，通过 AS 子句指定函数使用 jar 包中具体的类。临时函数只针对当前客户端可用，退出则消失。

上述命令执行完成后，执行"SHOW FUNCTIONS LIKE 'Com * ';"命令，查看创建的函数 CompareSize，若不指定子句 LIKE，则会查询 Hive 的所有函数包括内置函数，如图 6-36 所示。

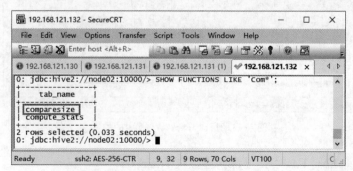

图 6-36　查看创建的函数 CompareSize

从图 6-36 可以看出，创建的函数名被转换为全小写字母，Hive 中的函数不区分大小写。

9. 使用函数

使用函数 CompareSize，比较员工信息表 employess_table 中列 late_deduction 和 staff_age 的值，命令如下。

```
SELECT
CompareSize(staff_age,late_deduction)
FROM hive_database.employess_table;
```

上述命令在 Hive 客户端工具 Beeline 中的执行效果如图 6-37 所示。

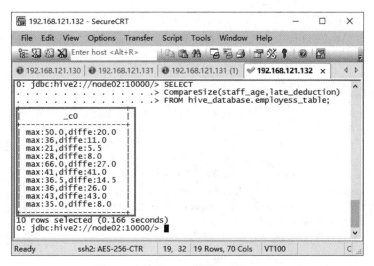

图 6-37　使用 UDF 函数 CompareSize

从图 6-37 可以看出，max 值的数据类型会根据列 staff_age 或 late_deduction 的数据类型变化；由于列 late_deduction 为 float 数据类型，因此相减后的结果 diffe 值为 float 类型。

📖多学一招：持久函数和删除函数

1. 持久函数

若想要创建持久函数，则需要提前将 jar 包上传到 HDFS 上，在 Hive 中创建持久函数的示例如下。

```
CREATE FUNCTION CompareSize AS 'cn.itcast.hive.hiveUDF' USING JAR 'hdfs://hive_UDF.jar';
```

上述命令中使用 USING JAR 子句指定 jar 包在 HDFS 上的位置。

2. 删除函数

删除函数的语法格式如下。

```
DROP [TEMPORARY] FUNCTION function_name;
```

删除在 Hive 中创建的持久函数 CompareSize，具体实例如下。

```
DROP FUNCTION CompareSize;
```

6.2.2　UDTF

UDTF 的全称为 User Defined TableGenerating Functions，即用户自定义表生成函数。用户自定义表生成函数的概念与 Hive 内置的表生成函数相似，将输入的一行数据拆分为多行或多列数据的形式。本节主要讲解在 Windows 操作系统中使用 Java 语言在 IntelliJ IDEA 开发工具中创建用户自定义表生成函数，具体实现步骤如下。

1. 实现 UDTF

在 6.2.1 小节创建的项目 HiveFunction 中的包 cn.itcast.hive 下新建 Java 类 hiveUDTF，在类 hiveUDTF 中实现将一列数据拆分为两列数据，具体内容如文件 6-3 所示。

文件 6-3　hiveUDTF.java

```
1   package cn.itcast.hive;
2   import org.apache.hadoop.hive.ql.exec.UDFArgumentException;
3   import org.apache.hadoop.hive.ql.exec.UDFArgumentLengthException;
4   import org.apache.hadoop.hive.ql.metadata.HiveException;
5   import org.apache.hadoop.hive.ql.udf.generic.GenericUDTF;
6   import org.apache.hadoop.hive.serde2.objectinspector.*;
7   import org.apache.hadoop.hive.serde2.objectinspector
8           .primitive.PrimitiveObjectInspectorFactory;
9   import java.util.ArrayList;
10  import java.util.Iterator;
11  import java.util.List;
12  public class hiveUDTF extends GenericUDTF {
13      private PrimitiveObjectInspector stringOI = null;
14      @Override
15      public StructObjectInspector initialize(ObjectInspector[] args)
16              throws UDFArgumentException {
17          //判断函数在使用时,是否指定一个列作为参数
18          if (args.length != 1){
19              throw new UDFArgumentLengthException(
20                  "hiveUDTF() takes only one argument");
21          }
22          //判断函数在使用时,指定列的数据类型是否为 String
23          if (args[0].getCategory() !=
24                  ObjectInspector.Category.PRIMITIVE
25                  && ((PrimitiveObjectInspector) args[0])
26                  .getPrimitiveCategory()
27                  != PrimitiveObjectInspector
28                  .PrimitiveCategory.STRING) {
29              throw new UDFArgumentException(
30                  "hiveUDTF() takes a string as a parameter");
31          }
```

```
32          //为输入的参数定义数据格式 PrimitiveObjectInspector
33          stringOI = (PrimitiveObjectInspector) args[0];
34          //定义存放列的集合
35          List<String> fieldNames = new ArrayList<String>(2);
36          //定义存放数据类型的集合
37          List<ObjectInspector> fieldOIs =
38                  new ArrayList<ObjectInspector>(2);
39          fieldNames.add("last_name");
40          fieldNames.add("first_name");
41          fieldOIs.add(
42                  PrimitiveObjectInspectorFactory
43                          .javaStringObjectInspector);
44          fieldOIs.add(
45                  PrimitiveObjectInspectorFactory
46                          .javaStringObjectInspector);
47          return ObjectInspectorFactory
48                  .getStandardStructObjectInspector(fieldNames, fieldOIs);
49      }
50  public void process(Object[] objects) throws HiveException {
51          //定义存放值的集合
52          ArrayList<Object[]> result = new ArrayList<Object[]>();
53          //将输入的单行数据转换为 String 数据类型
54          final String name =
55                  stringOI.getPrimitiveJavaObject(objects[0]).toString();
56          if (name == null || name.isEmpty()) {
57              result = null;
58          }
59          //根据正则表达式分割数据
60          String[] tokens = name.split("\\s+");
61          result.add(new Object[] { tokens[0], tokens[1] });
62          Iterator<Object[]> it = result.iterator();
63          while (it.hasNext()){
64              Object[] r = it.next();
65              //通过 forward,把结果注册为 hive 的输出记录
66              forward(r);
67          }
68      }
69      public void close() throws HiveException {
70      }
71  }
```

上述代码中，首先将创建的类 hiveUDTF 继承 Hive 的 GenericUDTF 类，然后实现 UDF 类 initialize()方法、process()方法和 close()方法，其中 initialize()方法主要用于实现将一列数据拆分成两列数据时，定义这两个列的名称和数据类型；process()方法用于定义行数据的拆分形式，以及向拆分后的两个列中存放数据，最终通过 close()方法结束操作。

2. 封装 jar 包

封装 jar 包的操作可参照 6.2.1 小节的第 6 步，将封装后的 jar 包重命名为 hive_UDTF.jar，

因为是对项目 HiveFunction 整体进行封装,所以该 jar 包中同时也包括 hiveUDF 类的内容。

3. 上传 jar 包

将 hive_UDTF.jar 上传到虚拟机 Node_02 的/export/jar 目录下,相关操作可参照 6.2.1 小节的第 7 步。

4. 在 Hive 中添加 jar 包并创建函数

在虚拟机 Node_03 中使用 Hive 客户端工具 Beeline,远程连接虚拟机 Node_02 的 HiveServer2 服务操作 Hive,将虚拟机 Node_02 中目录/export/jar/下的 hive_UDTF.jar 添加到 Hive 中,命令如下。

```
ADD JAR /export/jar/hive_UDTF.jar;
```

上述命令执行完成后,执行"LIST JARS;"命令,查看当前 Hive 中包含的 jar 包。

在 Hive 客户端工具 Beeline 中,创建临时函数 spiltname,命令如下。

```
CREATE TEMPORARY FUNCTION spiltname AS 'cn.itcast.hive.hiveUDF';
```

上述命令执行完成后,执行"SHOW FUNCTIONS LIKE 'spilt * ';"命令,查看 Hive 中是否存在函数 spiltname。

5. 使用函数

使用函数 spiltname,将员工信息表 employess_table 中员工姓名拆分为两列,其中一列存储姓名中的姓氏,另一列存储姓名中的名字,命令如下。

```
SELECT spiltname(staff_name)
FROM hive_database.employess_table;
```

上述命令在 Hive 客户端工具 Beeline 中的执行效果如图 6-38 所示。

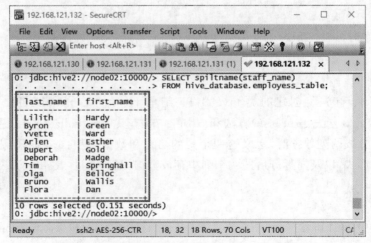

图 6-38　员工姓名拆分为两列

从图 6-38 可以看出,员工姓名被拆分为 last_name 和 first_name 两列数据。

6.2.3　UDAF

UDAF 的全称为 User Defined Aggregation Functions,即用户自定义聚合函数。用户自定义聚合函数的概念与 Hive 内置的聚合函数相似,同样需要使用 MapReduce 程序实现,将输入的多行数据聚合成一行数据。本节主要讲解在 Windows 操作系统中使用 Java 语言在 IntelliJ IDEA 开发工具中创建用户自定义聚合函数,具体实现步骤如下。

1. 实现 UDAF

在 6.2.1 小节创建的项目 HiveFunction 中的包 cn.itcast.hive 下新建 Java 类 hiveUDAFCollect,类 hiveUDAFCollect 用于实现创建 UDAF 的功能,具体内容如文件 6-4 所示。

文件 6-4　hiveUDAFCollect.java

```
1   package cn.itcast.hive;
2   import org.apache.hadoop.hive.ql.exec.UDFArgumentTypeException;
3   import org.apache.hadoop.hive.ql.parse.SemanticException;
4   import org.apache.hadoop.hive.ql
5          .udf.generic.AbstractGenericUDAFResolver;
6   import org.apache.hadoop.hive.ql.udf.generic.GenericUDAFEvaluator;
7   import org.apache.hadoop.hive.serde2.objectinspector.ObjectInspector;
8   import org.apache.hadoop.hive.serde2.typeinfo.TypeInfo;
9   public class hiveUDAFCollect extends AbstractGenericUDAFResolver {
10      @Override
11      public GenericUDAFEvaluator getEvaluator(TypeInfo[] parameters)
12             throws SemanticException {
13          //在使用函数时只能指定一个参数
14          if(parameters.length != 1) {
15              throw new UDFArgumentTypeException(
16                      parameters.length - 1,
17                      "Exactly one argument is expected.");
18          }
19          //判断参数的数据类型是否为 Hive 的基本数据类型
20          if(parameters[0].getCategory() !=
21                  ObjectInspector.Category.PRIMITIVE) {
22              throw new UDFArgumentTypeException(0,
23                      "Pnly primitive type arguments are accepted but "
24                          + parameters[0].getTypeName()
25                          + " was passed as parameter 1.");
26          }
27          return new hiveUDAFMain();
28      }
29  }
```

上述代码中,首先将创建的类 hiveUDAFCollect 继承 UDAF 类 AbstractGenericUDAFResolver 类,然后判断函数中指定的参数,该参数必须是 Hive 的基本数据类型并且函数中只能有一个参数,最后实例化类 hiveUDAFMain,在类 hiveUDAFMain 中实现 UDAF 内部的逻辑操作。

在 6.2.1 小节创建的项目 HiveFunction 中的包 cn.itcast.hive 下新建 Java 类 hiveUDAFMain,类 hiveUDAFMain 用于实现将一列中的多行数据合并为一行数据,具体内容如文件 6-5 所示。

文件 6-5   hiveUDAFMain.java

```
1    package cn.itcast.hive;
2    import org.apache.hadoop.hive.ql.metadata.HiveException;
3    import org.apache.hadoop.hive.ql.udf.generic.GenericUDAFEvaluator;
4    import org.apache.hadoop.hive.serde2.objectinspector.*;
5    import java.util.ArrayList;
6    import java.util.List;
7    public class hiveUDAFMain extends GenericUDAFEvaluator {
8        private PrimitiveObjectInspector inputOI;
9        private StandardListObjectInspector loi;
10       private StandardListObjectInspector internalMergeOI;
11       //初始化 UDAF
12       @Override
13       public ObjectInspector init(Mode m, ObjectInspector[] parameters)
14               throws HiveException {
15           super.init(m, parameters);
16           if(m == Mode.PARTIAL1) {
17               inputOI = (PrimitiveObjectInspector) parameters[0];
18               return ObjectInspectorFactory
19                       .getStandardListObjectInspector(
20                           (PrimitiveObjectInspector) ObjectInspectorUtils
21                               .getStandardObjectInspector(inputOI));
22           }else {
23               if(!(parameters[0] instanceof StandardListObjectInspector)) {
24                   inputOI = (PrimitiveObjectInspector)
25                       ObjectInspectorUtils
26                           .getStandardObjectInspector(parameters[0]);
27                   return (StandardListObjectInspector)
28                       ObjectInspectorFactory
29                           .getStandardListObjectInspector(inputOI);
30               }else {
31                   internalMergeOI
32                       = (StandardListObjectInspector) parameters[0];
33                   inputOI = (PrimitiveObjectInspector) internalMergeOI
34                       .getListElementObjectInspector();
35                   loi = (StandardListObjectInspector) ObjectInspectorUtils
36                       .getStandardObjectInspector(internalMergeOI);
37                   return loi;
38               }
39           }
40       }
41       //定义一个 buffer 类型的静态类 MkArrayAggregationBuffer,用于存储聚合结果
42       static class MkArrayAggregationBuffer implements AggregationBuffer{
```

```
43              //使用集合存储聚合结果
44              List<Object> container;
45          }
46      //返回用于存储中间结果的对象
47      @Override
48      public AggregationBuffer getNewAggregationBuffer()
49              throws HiveException {
50          MkArrayAggregationBuffer ret = new MkArrayAggregationBuffer();
51          //调用 reset()
52          reset(ret);
53          return ret;
54      }
55      //中间结果返回完成后,重置聚合
56      @Override
57      public void reset(AggregationBuffer agg) throws HiveException {
58          ((MkArrayAggregationBuffer) agg).container
59                  = new ArrayList<Object>();
60      }
61      //将一行新的数据载入 buffer 中
62      @Override
63      public void iterate(AggregationBuffer agg, Object[] parameters)
64              throws HiveException {
65          assert(parameters.length == 1);
66          Object p = parameters[0];
67          if(p != null) {
68              MkArrayAggregationBuffer myagg
69                      = (MkArrayAggregationBuffer) agg;
70              //调用 putInfoList()方法
71              putInfoList(p, myagg);
72          }
73      }
74      //将一行新的数据载入 buffer 中的具体实现,真正操作数据的部分
75      //将数据添加到静态类 MkArrayAggregationBuffer 的集合 container 中
76      private void putInfoList(Object p, MkArrayAggregationBuffer myagg) {
77          Object pCopy = ObjectInspectorUtils
78                  .copyToStandardObject(p, this.inputOI);
79          myagg.container.add(pCopy);
80      }
81      //以一种持久化的方式返回当前聚合的内容
82      @Override
83      public Object terminatePartial(AggregationBuffer agg)
84              throws HiveException {
85          MkArrayAggregationBuffer myagg = (MkArrayAggregationBuffer) agg;
86          ArrayList<Object> ret = new ArrayList<Object>(myagg.container.size());
87          ret.addAll(myagg.container);
88          return ret;
89      }
90      //将 terminatePartial()方法中聚合的内容合并到当前聚合中
91      @Override
92      public void merge(AggregationBuffer agg, Object partial)
```

```
93              throws HiveException {
94          MkArrayAggregationBuffer myagg = (MkArrayAggregationBuffer) agg;
95          ArrayList<Object> partialResult =
96                  (ArrayList<Object>) internalMergeOI.getList(partial);
97          for(Object i : partialResult) {
98              putInfoList(i, myagg);
99          }
100
101     }
102     //返回最终聚合结果作为 Hive 的输出
103     @Override
104     public Object terminate(AggregationBuffer agg) throws HiveException {
105         MkArrayAggregationBuffer myagg = (MkArrayAggregationBuffer) agg;
106         ArrayList<Object> ret
107             = new ArrayList<Object>(myagg.container.size());
108         ret.addAll(myagg.container);
109         return ret;
110     }
111 }
```

上述代码中，类 hiveUDAFMain 需要继承 UDAF 类 GenericUDAFEvaluator；iterate()方法和 terminatePartial()方法会在 Map 端使用，merge()方法和 terminate()方法会在 Reduce 端使用，这 4 个方法是类 GenericUDAFEvaluator 的实现方法。

2. 封装 jar 包

封装 jar 包的操作可参照 6.2.1 小节的第 6 步，将封装后的 jar 包重命名为 hive_UDAF.jar，因为是对项目 HiveFunction 整体进行封装，所以该 jar 包中同时也包括 hiveUDF 类和 hiveUDTF 类的内容。

3. 上传 jar 包

将 hive_UDAF.jar 上传到虚拟机 Node_02 的/export/jar 目录下，相关操作可参照 6.2.1 小节的第 7 步。

4. 在 Hive 中添加 jar 包并创建函数

在虚拟机 Node_03 中使用 Hive 客户端工具 Beeline，远程连接虚拟机 Node_02 的 HiveServer2 服务操作 Hive，将虚拟机 Node_02 中目录/export/jar/下的 hive_UDAF.jar 添加到 Hive 中，命令如下。

```
ADD JAR /export/jar/hive_UDAF.jar;
```

上述命令执行完成后，执行"LIST JARS;"命令，查看当前 Hive 中包含的 jar 包。
在 Hive 客户端工具 Beeline 中，创建临时函数 collectstr，命令如下。

```
CREATE TEMPORARY FUNCTION
collectstr AS 'cn.itcast.hive.hiveUDAFCollect';
```

创建 UDAF 是创建了两个类 hiveUDAFCollect 和 hiveUDAFMain，这里需要注意的是，在添加函数时指定的类为实现 UDAF 的类 hiveUDAFCollect，而不是实现 UDAF 内部操作的类 hiveUDAFMain。

5．使用函数

使用函数 collectstr，将学生成绩表 student_exam_table 中所有学生姓名合并到一行数据中，命令如下。

```
SELECT collectstr(student_name)
from hive_database.student_exam_table;
```

上述命令在 Hive 客户端工具 Beeline 中的执行效果如图 6-39 所示。

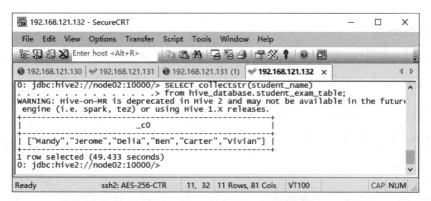

图 6-39　所有学生姓名合并到一行数据中

从图 6-39 可以看出，列 student_name 中的数据全部合并到列_C0 的一行数据中，并且以集合的形式展现。

6.3　本章小结

本章主要讲解了 Hive 函数，主要针对 Hive 的内置函数和自定义函数两方面进行讲解。希望通过本章的学习，读者可以熟练掌握 Hive 内置函数的使用，以及创建 Hive 自定义函数操作，为后续学习 Hive 更多的数据操作奠定基础。

6.4　课后习题

一、填空题

1．Hive 自定义函数分为 UDF、＿＿＿＿＿＿和＿＿＿＿＿＿。

2．将指定列中的数据组合为数组，去除重复数据的函数是＿＿＿＿＿＿。

3．编写 UDTF 程序时需要继承类＿＿＿＿＿＿。

4．使用＿＿＿＿＿＿时可以为表生成函数指定列的别名。

二、判断题

1. UDF 表示用户自定义聚合函数。　　　　　　　　　　　　　　　　（　　）
2. ROUND()函数返回 0～1 的随机值。　　　　　　　　　　　　　　（　　）
3. CONCAT()函数按顺序拼接字符串,没有分隔符。　　　　　　　　　（　　）
4. TRIM()函数用于拆分字符串。　　　　　　　　　　　　　　　　　（　　）

三、选择题

1. 下列选项中,不属于字符串函数的是(　　　)。
　　A. RPAD()　　　　　　　　　　　　　B. REPEAT()
　　C. SUBSTR()　　　　　　　　　　　　D. COALESCE()
2. 下列选项中,属于数学函数的是(　　　)。
　　A. SUM()　　　　　　　　　　　　　B. COUNT()
　　C. NEGATIVE ()　　　　　　　　　　D. BINARY()

四、简答题

1. 简述字符串函数 CONCAT()和 CONCAT_WS()的区别。
2. 简述字符串函数 COLLECT_SET()和 COLLECT_LIST()的区别。

五、操作题

创建 UDF 程序实现比较两列数值是否相等,若比较的两列数值不相等,则输出两列数值中较小的值,以及两列数值相加的计算结果。

第 7 章

Hive事务

学习目标：

思政案例

- 了解事务特性，能够简要描述事务的四大特性。
- 了解 Hive 事务的设计与实现，能够简要描述 Hive 事务的设计与实现思路。
- 掌握开启 Hive 事务的方式，能够独立完成开启 Hive 事务和创建事务表的操作。
- 熟悉 Hive 事务表更新数据方式，能够完成更新 Hive 事务表数据的操作。
- 熟悉 Hive 事务表删除数据方式，能够完成删除 Hive 事务表数据的操作。

事务是数据库管理系统执行过程中的一个逻辑单位，由一个有限的数据库操作序列构成。例如，在银行转账过程中，需要先从原始账户中扣除金额，再向目标账户中添加金额，这两个有序的数据库操作，构成一个完整的逻辑单位。本章详细讲解 Hive 事务的相关概念及操作。

7.1 事务特性

Hive 事务的特性基于 ACID 原则，包括原子性（Atomicity）、一致性（Consistency）、隔离性（Isolation）和持久性（Durability）。接下来对事务的四大特性进行详细介绍。

1. 原子性

一个事务中的所有操作，要么全部完成，要么全部不完成，不会结束在中间某个环节。若事务在执行过程中发生错误，则事务会回滚到开始前的状态，就像这个事务从未执行过一样。例如转账过程中，要么原始账户中扣除金额和目标账户添加金额两个操作都完成，要么两个操作都没有发生。

2. 一致性

在事务开始之前和事务结束以后，数据库保持一致性和正确性，满足数据完整性约束。数据完整性约束是指防止不符合规范的数据进入数据库，在用户对数据进行插入、修改、删除等操作时，数据库管理系统自动按照一定的约束条件对数据进行监测，使不符合规范的数据无法进入数据库，以确保数据库中存储的数据正确、有效和相容。例如，用户 A 和用户 B 两者的钱加起来一共是 7000 元，那么不管 A 和 B 之间如何转账，转几次账，这一约束都必须成立，事务结束后两个用户的钱相加起来还必须是 7000 元。

3. 隔离性

数据库允许并发执行的各个事务之间互不干扰,一个事务内部的操作及使用的数据,对于并发的其他事务是隔离的,这样能确保并发执行一系列事务的效果等同于以某种顺序串行执行它们,防止多个事务并发执行时由于交叉执行而导致数据的不一致。例如,用户 A 和 B 同时向用户 C 转账,这两个事务并发执行结束后,用户 C 账户里的金额一定是用户 A 向用户 C 转账的金额加上用户 B 向用户 C 转账的金额再加上用户 C 账户原始金额的总和,而不会出现用户 C 账户里的金额只有用户 A 向用户 C 转账的金额加上用户 C 账户原始金额的总和,或者用户 C 账户里的金额只有用户 B 向用户 C 转账的金额加上用户 C 账户原始金额的总和。

4. 持久性

事务处理结束后,数据库中对应数据的状态变更是持久性的,即便发生系统崩溃或机器宕机等故障,只要数据库能够重新启动,那么一定能够根据事务日志对未持久化的数据重新进行操作,将其恢复到事务结束后的状态。

7.2   Hive 事务的设计与实现

Hive 的数据文件存放在 HDFS 中,而 HDFS 是不支持文件的修改,只允许追加数据,并且数据追加到 HDFS 的文件时,HDFS 不具备对读取文件数据的用户提供一致性。为了在 HDFS 上支持文件修改以及数据一致性等一系列事务问题,Hive 以增量的形式去记录数据的更新和删除。接下来,详细讲解 Hive 事务的设计与实现。

1. Hive 事务的设计

存储在 Hive 事务表中的数据会被分成两种类型的文件,即基础文件(base)和增量文件(delta)。其中,基础文件用于存放 Hive 事务表中的原始数据;增量文件用于存储 Hive 事务表中新增、更新和删除的数据,以 Hive 桶的形式进行存储。

每一个事务处理数据的结果都会单独创建一个增量文件夹用来存储数据。当用户读取事务表的数据时,会将基础文件和增量文件都读取到内存中进行合并,合并的过程会判断原始数据中的哪些数据进行了修改或删除等操作,最终将合并后的结果返回给查询。

2. Hive 事务的实现

Hive 通过 HiveServer2 或 Metastore 中运行的一组后台进程 Compactor 实现事务的支持。随着修改表的操作增多,会产生越来越多的增量文件,这个时候就需要使用 Compactor 对增量文件进行压缩,压缩主要分为次要压缩和主要压缩,其中次要压缩会获取一组现有的增量文件,并将每个增量文件夹重写为单个增量文件,主要压缩处理一个或多个桶的增量文件和基本文件,将它们重写为每个桶新的基本文件。这两种压缩都是在后台运行,不会阻止数据的并发读、写。

Compactor 由 Initiator、Worker、Cleaner 和 AcidHouseKeeperService 四部分组成。其中,Initiator 负责发现哪些 Hive 表或分区需要紧缩;Worker 用于处理压缩任务,压缩任务

是 一 个 MapReduce 作 业；Cleaner 用 于 压 缩 完 成 后，删 除 不 需 要 的 增 量 文 件；AcidHouseKeeperService 用于检测客户端与服务端的心跳,启动事务的客户端停止心跳,则释放对应资源。

7.3　开启 Hive 事务

Hive 在默认情况下并不会开启事务的支持,原因在于为了保证 ACID 原则的规范,Hive 需要进行额外的处理,这将带来性能方面的影响,因此需要手动配置开启 Hive 事务,具体操作步骤如下。

1. 修改 Hive 配置文件

由于使用虚拟机 Node_03 的 Hive 客户端工具 Beeline,远程连接虚拟机 Node_02 中 HiveServer2 服务的方式操作 Hive,这里修改虚拟机 Node_02 的 Hive 配置文件 hive-site.xml,在配置文件的<configuration>标签中添加如下内容。

```
<property>
    <name>hive.support.concurrency</name>
    <value>true</value>
</property>
<property>
    <name>hive.enforce.bucketing</name>
    <value>true</value>
</property>
<property>
    <name>hive.exec.dynamic.partition.mode</name>
    <value>nonstrict</value>
</property>
<property>
    <name>hive.txn.manager</name>
    <value>org.apache.hadoop.hive.ql.lockmgr.DbTxnManager</value>
</property>
<property>
    <name>hive.compactor.initiator.on</name>
    <value>true</value>
</property>
<property>
    <name>hive.compactor.worker.threads</name>
    <value>1</value>
</property>
```

上述配置的具体讲解如下。
- hive.support.concurrency：用于开启 Hive 锁管理器,为 Hive 提供多事务并发执行的功能,开启 Hive 事务必须将该配置项的值设置为 true。
- hive.enforce.bucketing：用于开启自动按照分桶表指定的桶数(bucket)进行分桶,不过从 Hive 2.2.0 版本开始,此配置可以省略。

- hive.exec.dynamic.partition.mode：关闭 Hive 的严格模式。
- hive.txn.manager：用于管理 Hive 中的事务和锁，该配置项默认值是 org.apache. hadoop.hive.ql.lockmgr.DummyTxnManager，表示 Hive 不支持事务和锁。
- hive.compactor.initiator.on：用于开启 Initiator。
- hive.compactor.worker.threads：用于指定运行 Compactor 的工作线程数，默认值为 0，开启 Hive 事务时必须指定该配置项的值大于或等于 1。

上述配置内容添加完成后，重新启动虚拟机 Node_02 中的 HiveServer2 服务，重新加载 Hive 配置文件，使配置 Hive 事务的配置内容生效。

2．创建事务表

在开启 Hive 事务的情况下，创建的 Hive 表并不会直接变为事务表，需要在创建 Hive 表时通过属性值 transactional 声明创建的 Hive 表属于事务表。接下来，在 Hive 中创建一个基于分桶的事务表 tran_clustered_table，该表中包含列 id（员工 id）、name（员工姓名）、gender（员工性别）、age（员工年龄）和 dept（员工所属部门），在 Hive 客户端工具 Beeline 中的执行如下命令创建事务表 tran_clustered_table。

```
CREATE TABLE hive_database.tran_clustered_table (
id STRING,
name STRING,
gender STRING,
age INT,
dept STRING
)
CLUSTERED BY (dept) INTO 3 BUCKETS
ROW FORMAT DELIMITED
FIELDS TERMINATED BY ','
LINES TERMINATED BY '\n'
1 STORED AS ORC
2 TBLPROPERTIES ("transactional"="true",
3    "compactor.mapreduce.map.memory.mb"="2048",
4    "compactorthreshold.hive.compactor.delta.num.threshold"="4",
5    "compactorthreshold.hive.compactor.delta.pct.threshold"="0.5"
);
```

因为其他命令已经在前几章进行了讲解，这里只针对新出现的命令进行讲解，在命令中通过加粗进行突出显示。

- 第 1 行命令指定事务表 tran_clustered_table 的文件存储格式为 ORC；
- 第 2 行命令指定事务表 tran_clustered_table 的属性 transactional 值为 true，表示创建的表属于事务表；
- 第 3 行命令指定事务表 tran_clustered_table 的属性 compactor.mapreduce.map. memory.mb 值为 2048，表示压缩任务触发的 MapReduce 任务使用的内存；
- 第 4 行命令指定事务表 tran_clustered_table 的属性 compactorthreshold.hive. compactor.delta.num.threshold 值为 4，表示超过 4 个增量文件会触发次要压缩；

- 第 5 行命令指定事务表 tran_clustered_table 的属性 compactorthreshold. hive. compactor.delta.pct.threshold 值为 0.5,表示增量文件的大小超过基础文件的 50% 触发主要压缩。

需要注意的是,事务表的文件存储格式必须指定为 ORC,属性 transactional 值必须为 true,若创建的事务表为分桶表,则分桶表不得指定排序字段。

3. 向事务表插入数据

向事务表中插入数据的操作与 Hive 基础表插入数据的操作一致,这里使用第 4 章所讲 的基本插入语法实现向事务表 tran_clustered_table 中插入数据,具体命令如下。

```
INSERT INTO TABLE hive_database.tran_clustered_table VALUES
("001","user01","male",20,"YanFa"),
("002","user02","woman",23,"WeiHu"),
("003","user03","woman",25,"YanFa"),
("004","user04","woman",30,"RenShi"),
("005","user05","male",28,"YanFa"),
("006","user06","male",27,"CeShi"),
("007","user07","woman",33,"ShouHou"),
("008","user08","male",32,"CeShi");
```

上述命令中,插入的每一行数据从左到右依次表示员工 id、姓名、性别、年龄和所属部 门。上述命令在 Hive 客户端工具 Beeline 中的执行完成后,事务表 tran_clustered_table 在 HDFS 的存储目录/user/hive_local/warehouse/hive_database.db/tran_clustered_table/下 会生成一个以 delta 开头的文件夹,该文件夹内的数据文件属于插入操作的增量文件。

7.4　更新操作

Hive 中的更新操作是指更新 Hive 表中某一列的值或者多个列的值,这里的 Hive 表只 支持事务表,有关 Hive 中更新操作的语法格式如下。

```
UPDATE tablename SET column = value [, column = value ...]
[WHERE expression]
```

上述语法中,UPDATE 表示更新操作的 HiveQL 语句;tablename 表示事务表名称; SET 子句指定更新的列以及对应的值;column = value 表示列名和对应的值;WHERE expression 可选,表示通过 WHERE 子句指定条件 expression,根据指定条件更新列的值。

接下来,在虚拟机 Node_03 中使用 Hive 客户端工具 Beeline,远程连接虚拟机 Node_02 的 HiveServer2 服务操作 Hive,将事务表 tran_clustered_table 中员工姓名为 user01 的员工 id 更新为 009,并且年龄更新为 21,具体命令如下。

```
UPDATE hive_database.tran_clustered_table
SET age = 21,id="009"
WHERE name = "user01";
```

上述命令执行完成后，在 Hive 客户端工具 Beeline 中执行"SELECT ＊ FROM hive_database.tran_clustered_table;"命令查询事务表 tran_clustered_table 中的数据，如图 7-1 所示。

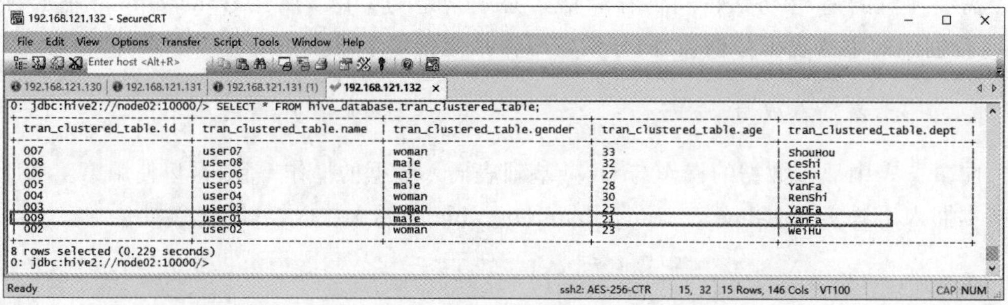

图 7-1　事务表 tran_clustered_table 中的数据

从图 7-1 可以看出，事务表 tran_clustered_table 中员工姓名为 user01 的员工 id 更新为 009，并且年龄更新为 21。

此时，事务表 tran_clustered_table 在 HDFS 的存储目录/user/hive_local/warehouse/hive_database.db/tran_clustered_table/下会生成一个新的 delta 开头的文件夹，该文件夹内的数据文件属于更新操作的增量文件。

注意：

（1）更新的列必须在事务表中已存在。

（2）不能指定分区表中的分区字段作为更新列。

（3）不能指定分桶表中的分桶字段作为更新列。

7.5　删除操作

Hive 中的删除操作是指删除 Hive 表中符合指定条件的所有数据，这里的 Hive 表只支持事务表，有关 Hive 中删除操作的语法格式如下。

```
DELETE FROM tablename [WHERE expression]
```

上述语法中，DELETE 表示删除事务表数据的语句；FROM 子句指定删除数据的事务表；WHERE expression 可选，表示通过 WHERE 子句指定条件 expression，根据指定条件删除表中的值，若不指定则删除事务表中的所有数据。

接下来，在虚拟机 Node_03 中使用 Hive 客户端工具 Beeline，远程连接虚拟机 Node_02 的 HiveServer2 服务操作 Hive，删除事务表 tran_clustered_table 中员工姓名为 user01 的员工，具体命令如下。

```
DELETE FROM hive_database.tran_clustered_table WHERE name = "user01";
```

上述命令执行完成后，在 Hive 客户端工具 Beeline 中执行"SELECT ＊ FROM hive_database.tran_clustered_table WHERE name ＝ "user01";"命令查询事务表 tran_clustered _table 中员工姓名为 user01 的员工是否存在，如图 7-2 所示。

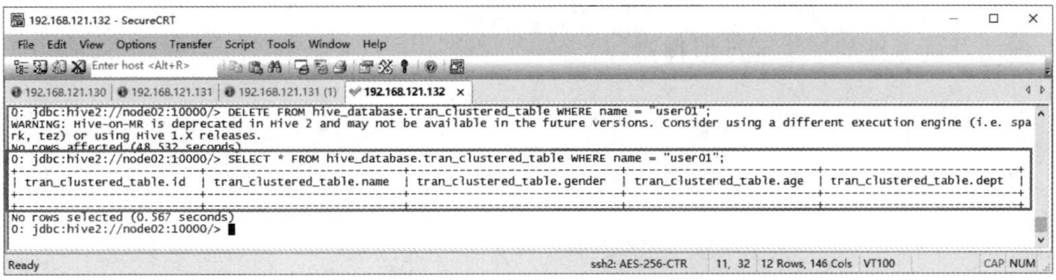

图 7-2　员工姓名为 user01 的员工是否存在

从图 7-2 可以看出，查询结果为空，证明事务表 tran_clustered_table 中不存在员工姓名为 user01 的员工。

此时，事务表 tran_clustered_table 在 HDFS 的存储目录/user/hive_local/warehouse/hive_database.db/tran_clustered_table/下会生成一个新的 delta 开头的文件夹，该文件夹内的数据文件属于删除操作的增量文件。

7.6　本章小结

本章主要讲解了 Hive 事务，包括 ACID 概述、Hive 事务的设计与实现、开启 Hive 事务、更新操作和删除操作。希望通过本章的学习，读者可以熟练掌握 Hive 事务相关概念以及事务表的相关操作，为后续学习 Hive 更多的数据操作奠定基础。

7.7　课后习题

一、填空题

1. Hive 事务表中的数据会被分成两种类型的文件，即基础文件和_____。
2. 开启 Hive 事务时必须指定 Compactor 的工作线程数大于或等于_____。
3. Hive 事务表的文件存储格式必须为_____。
4. Hive 通过 HiveServer2 中运行的一组后台进程_____实现事务 D 的支持。

二、判断题

1. Hive 默认开启事务的支持。　　　　　　　　　　　　　　　　　　（　　）
2. 更新 Hive 事务表数据操作的列必须在事务表中已存在。　　　　　　（　　）
3. 删除 Hive 事务表数据操作时，若不指定条件，则无法执行。　　　　（　　）

三、选择题

下列选项中，不属于事务四大特性的是(　　)。
　　A. 原子性　　　　　　B. 隔离性　　　　　　C. 持久性　　　　　　D. 容忍性

四、简答题

简述基础文件和增量文件的作用。

五、操作题

将事务表 tran_clustered_table 中员工姓名为 user03 的员工 id 更新为 010，并且年龄更新为 33。

第 8 章
Hive优化

思政案例

学习目标：

- 了解 Hive 存储优化，能够描述 Hive 常用的文件存储格式。
- 掌握 Hive 参数优化，能够灵活使用 Hive 配置参数优化 Hive 性能。
- 熟悉 HiveQL 语句优化技巧，能够描述 HiveQL 语句优化的方式。

Hive 作为大数据领域常用的数据仓库组件，在平时设计和查询时要特别注意效率。影响 Hive 效率的因素有很多，包括数据倾斜、HiveQL 语句使用不当、IO 过多、Mapper 或 Reducer 分配不合理等。本节针对 Hive 存储优化、Hive 参数优化以及 HiveQL 语句优化这 3 方面对 Hive 优化进行讲解。

8.1 Hive 存储优化

Hive 底层数据是以文件的形式存储在 Hadoop 的 HDFS 中，不同文件存储格式不仅对存储空间占用的大小有所不同，而且对 HiveQL 语句的执行性能也有所不同，因此根据实际应用场景选择合理的文件存储格式就变得尤为重要。Hive 数据表支持多种类型的文件存储格式存储数据文件，接下来，对 Hive 常用的文件存储格式进行简要介绍，具体如表 8-1 所示。

表 8-1　Hive 常用的文件存储格式

文件存储格式	存储方式	自身支持压缩	支持分片	加载数据方式
TextFile	行式存储	否	否	LOAD 和 INSERT
SequenceFile	列式存储	是	是	INSERT
ORCFile	行列存储	是	是	INSERT

在表 8-1 中，TextFile 是 Hive 默认文件存储格式；SequenceFile 将数据存储为序列化的键值对形式，其中值为原始数据，键为生成的内容，SequenceFile 自身支持两种压缩 RECORD 和 BLOCK，其中 RECORD 表示只对值进行压缩，BLOCK 表示键值都会被压缩；ORCFile 是 RCFile 的优化版本，自身支持两种压缩：ZLIB 和 SNAPPY，其中 ZLIB 压缩率比较高，常用于数据仓库的 ODS 层，SNAPPY 压缩和解压的速度比较快，常用于数据仓库的 DW 层。

　　在实际生产环境中,通常使用 ORCFile 与 Snappy 相组合或 ORCFile 与 ZLIB 相组合的搭配方式设置 Hive 表的存储及压缩格式。若需要节省存储空间,对 Hive 语句执行速度不做太高要求,则使用 ORCFile 与 ZLIB 相组合的搭配方式。若需要 Hive 语句执行效率高效,对存储空间不做要求,则使用 ORCFile 与 Snappy 相组合的搭配方式。例如在创建 Hive 时指定存储格式为 ORCFile 并执行压缩格式为 Snappy,具体命令如下。

```
CREATE TABLE log_orc_snappy(
track_time STRING,
url STRING,
session_id STRING,
referer STRING,
ip STRING
)
ROW FORMAT DELIMITED
FIELDS TERMINATED BY ','
LINES TERMINATED BY '\n'
STORED AS ORC
TBLPROPERTIES ("orc.compress"="SNAPPY");
```

　　上述命令中, STORED AS 子句配置表 log_orc_snappy 的存储格式为 ORC(ORCFile);TBLPROPERTIES 子句配置表 log_orc_snappy 的属性 orc.compress(ORC 压缩格式)为 SNAPPY。

　　📖多学一招:压缩、分片和存储方式

1. 压缩

　　Hive 会将分组、聚合函数以及 JOIN 语句等操作转化为 Hadoop 的 MapReduce 程序来执行,而 MapReduce 的性能瓶颈在于网络 IO 和磁盘 IO,要解决 MapReduce 的性能瓶颈,最主要的方法是减少数据量,因此针对 IO 密集型(磁盘的读取数据和输出数据非常大)的 MapReduce 程序可以使用压缩的方式提高性能。需要注意的是数据压缩虽然可以减少 IO,不过数据的压缩和解压过程会消耗 CPU 资源。

2. 分片

　　分片是指在 MapReduce 任务中是否支持对文件进行 Split(分割)成多个分片,每个分片交给一个 Mapper 处理,可以多个 Mapper 并行处理,提升 MapReduce 程序执行效率。当 HiveQL 语句需要执行 MapReduce 任务时,会相应提高 HiveQL 语句的执行效率。

3. 存储方式

　　存储方式可以分为列式存储和行式存储,其中行式存储的数据按行存储在一起,符合面向对象思想,便于数据的更新/插入,但是只涉及列的查询时会读取整行数据无法跳过某一列,并且一行数据中每个列的数据类型不一致,导致列查询时效率较低;列式存储的数据按列存储在一起,可以提升压缩率,只涉及列的查询时可以跳过不必要的列,但是不适宜小量数据并且由于更新/插入数据需要重新组装每一列数据,所以对于更新/插入操作比较不方便。还有一种特殊形式的列式存储称为行列存储,行列存储先基于行对数据进行分组,然后基于列对每组数据进行存储,结合了行式存储和列式存储的优点。

8.2　Hive 参数优化

　　Hive 参数优化是指通过调整 Hive 默认的参数配置,以达到提升 Hive 性能的效果。Hive 参数配置分为临时配置和永久配置,其中临时配置是在 Hive 客户端通过 set 命令指定配置参数及配置参数的值,若当前客户端退出则配置会自动消失;永久配置是指在 Hive 的配置文件 hive-site.xml 中配置相关参数。本节针对 Hive 参数优化的基本知识进行讲解。

8.2.1　配置 MapReduce 压缩

　　MapReduce 任务在执行过程中,会涉及将中间数据写入磁盘的操作,因此为了减少磁盘 IO 和网络 IO 的开销,通常使用压缩速度较快的压缩格式,如 Snappy,从而提升 Hive 性能。下面通过表 8-2 描述 Hive 中配置 MapReduce 压缩的常用参数。

表 8-2　配置 **MapReduce** 压缩的常用参数

压 缩 参 数	默 认 值
mapreduce.map.output.compress	false
mapreduce.map.output.compress.codec	org.apache.hadoop.io. compress.DefaultCodec
mapreduce.output.fileoutputformat.compress	false
mapreduce.output.fileoutputformat.compress.codec	org.apache.hadoop.io. compress.DefaultCodec
mapreduce.output.fileoutputformat.compress.type	RECORD
hive.exec.compress.intermediate	false
hive.exec.compress.output	false

　　表 8-2 中配置 MapReduce 压缩的常用参数的具体讲解如下。

- mapreduce.map.output.compress:用于启动 Map 输出压缩,若开启则需要设置参数值为 true。
- mapreduce.map.output.compress.codec:用于设置 Map 输出压缩编码解码器,这里推荐使用压缩格式为 Snappy,需要设置参数值为 org.apache.hadoop.io.compress. SnappyCodec。
- mapreduce.output.fileoutputformat.compress:用于开启 MapReduce 输出压缩,若开启则需要设置参数值为 true。
- mapreduce.output.fileoutputformat.compress.codec:用于设置 MapReduce 输出压缩编码解码器,这里同样推荐使用的压缩格式为 Snappy。
- mapreduce.output.fileoutputformat.compress.type:用于设置 MapReduce 输出压缩方式,除默认值外可以配置值 NONE 和 BLOCK,其中 BLOCK 针对一组记录进行批量压缩,压缩效率更高,也是推荐的压缩方式。
- hive.exec.compress.intermediate:用于控制 Hive 在多个 MapReduce 作业之间生成的中

间文件是否被压缩,其压缩编码解码器与参数 mapreduce. output. fileoutputformat. compress.codec 一致,若开启则需要设置参数值为 true。

- hive.exec.compress.output:用于控制是否压缩 Hive 查询的最终输出,其压缩编码解码器与参数 mapreduce. output. fileoutputformat. compress.codec 一致,若开启则需要设置参数值为 true。

这里以开启 Map 输出压缩为例,若使用 Hive 客户端临时配置,命令如下。

```
set mapreduce.map.output.compress=true;
```

若需要永久配置,则需要在 Hive 配置文件中添加如下配置内容。

```
<property>
    <name>mapreduce.map.output.compress</name>
    <value>true</value>
</property>
```

8.2.2 配置 Map 个数

默认情况下 Map 个数由数据文件个数、数据文件大小和 BlockSize(默认值为 128MB)决定,当数据文件大于 BlockSize 时,MapReduce 会根据 BlockSize 进行切分,如文件 a 大小为 129MB,则切分为两个分片(128MB 和 1MB)。当数据文件小于 BlockSize 时,会单独被划分为一个分片(每个分片会启动一个 Map)。

Map 个数需要根据实际应用场景进行设置,当数据文件较大时,通过增加 Map 个数实现并行处理,从而提升效率。当存在多个小数据文件或者系统资源有限的情况下,减少 Map 个数可以做到对系统资源的合理运用。

在 Hive 中,可以通过参数 mapred.min.split.size 和 mapred.map.tasks 控制 Map 个数,前者表示控制分片最小单元,默认大小为 1B。后者表示指定 Map 个数。当参数 mapred. min.split.size 值大于 BlockSize 时,可以起到减少 Map 个数的作用,前提是数据文件大于 BlockSize,或者将多个小于 BlockSize 的数据文件进行合并(后续小节会详细讲解合并小文件)。参数 mapred.map.tasks 主要用于增加 Map 个数,因为参数 mapred.map.tasks 指定的参数值,必须大于默认情况下 MapReduce 分配的 Map 个数才会起作用。

这里以调整分片最小单元等于 300MB 为例,若使用 Hive 客户端临时配置 Map 个数,则可以执行下列命令。

```
/* 300000000=300 * 1000 * 1000 */
set mapred.min.split.size=300000000;
```

若需要永久配置 Map 个数,则需要在 Hive 配置文件中添加如下配置内容。

```
<property>
    <name>mapred.max.split.size</name>
    <value>300000000</value>
</property>
```

需要注意的是，只有支持分片的文件存储格式才可以进行分片操作。

8.2.3　配置 Reduce 个数

Reduce 的个数对整个作业的运行性能有很大影响，具体 Reduce 的个数需要根据实际应用场景进行设置。如果 Reduce 个数设置的过多，那么 MapReduce 运行结果会产生很多小文件，对 NameNode 会产生一定的影响，同时启动和初始化 Reduce 也会消耗时间和资源。如果 Reduce 个数设置的过小，那么单个 Reduce 处理的数据将会加大，会影响运行效率。

在 Hive 中可以使用参数 mapreduce.job.reduces 设置 Reduce 个数，如果设置了参数 mapreduce.job.reduces 的参数值，那么 Hive 会直接使用参数值作为 Reduce 的个数。这里以调整 Reduce 个数等于 3 为例。

若使用 Hive 客户端临时配置 Reduce 个数，则可以执行下列命令。

```
set mapreduce.job.reduces=3;
```

若需要永久配置 Reduce 个数，则需要在 Hive 配置文件中添加如下配置内容。

```
<property>
    <name>mapreduce.job.reduces</name>
    <value>3</value>
</property>
```

除了直接设置 Reduce 个数的方法，还可以使用参数 hive.exec.reducers.bytes.per.reducer 控制每个 Reduce 处理的数据量（默认 256MB），从而达到控制 Reduce 个数的效果，该参数的参数值单位是 Byte。

8.2.4　配置合并文件

在执行包含 MapReduce 任务的 HiveQL 语句时，每个数据文件都会交给一个 Map 去处理，如果存在多个小数据文件，那么每个小数据文件都会启动一个 Map，造成不必要的资源浪费，因此在 Map 执行之前应该将这些小数据文件进行合并，合并后的数据文件再根据分片规则进行切分，在 Hive 中可以通过参数 hive.input.format 设置 Map 执行前合并小文件，参数值需要设置为 org.apache.hadoop.hive.ql.io.CombineHiveInputFormat。

若使用 Hive 客户端临时配置合并文件，则可以执行下列命令。

```
set hive.input.format=
org.apache.hadoop.hive.ql.io.CombineHiveInputFormat;
```

若需要永久配置合并文件，则需要在 Hive 配置文件中添加如下配置内容。

```
<property>
    <name>hive.input.format</name>
    <value>org.apache.hadoop.hive.ql.io.CombineHiveInputFormat</value>
</property>
```

MapReduce 任务执行完成后,每个 Reduce 都会生成一个结果文件,在 Hive 中可以通过参数 hive.merge.mapredfiles 合并 Reduce 生成的结果文件,参数 hive.merge.mapredfiles 的参数值需要设置为 true,与此同时,还可以通过参数 hive.merge.size.per.task 设置合并文件的大小,该参数的参数值单位是 Byte。

8.2.5　配置并行执行

Hive 在执行复杂 HiveQL 语句时,会涉及多个任务,默认情况下每个任务是顺序执行的,如果每个任务没有前后依赖关系,那么可以通过并发执行的方式使多个任务同时执行,从而缩短 HiveQL 语句的执行时间,可以将参数 hive.exec.parallel 的参数值设置为 true 开启 Hive 并行执行。

若使用 Hive 客户端临时配置并行执行,则命令如下。

```
set hive.exec.parallel=true;
```

若需要永久配置合并文件,则需要在 Hive 配置文件中添加如下配置内容。

```
<property>
    <name>hive.exec.parallel</name>
    <value>true</value>
</property>
```

开启并行执行的前提是当前系统拥有充足的空闲资源,这样才可以体现出并行执行的优势,如果当前系统资源有限,那么就算开启并行执行,也无法实现多个任务同时执行。

8.2.6　配置本地模式

在实际使用中,Hadoop 通常部署的是完全分布式模式,Hive 在涉及 MapReduce 任务的操作时会调用集群中的 MapReduce 去执行,不过有些时候 Hive 输入的数据量非常小,在这种情况下使用集群中的 MapReduce 去执行 Hive 的任务反而会消耗更多资源并且执行时间也会增加。对于这种情况,可以通过参数 hive.exec.mode.local.auto 让 Hive 在适当的时候启动本地 MapReduce 去执行 Hive 任务,以达到缩减执行时间的目的,该参数的值需要设置为 true。

若使用 Hive 客户端临时配置本地模式,则命令如下。

```
set hive.exec.mode.local.auto=true;
```

若需要永久配置本地模式,则需要在 Hive 配置文件中添加如下配置内容。

```
<property>
    <name>hive.exec.mode.local.auto</name>
    <value>true</value>
</property>
```

8.2.7　配置分组

GROUP BY 语句会将 Map 阶段 Key 值相同的数据发送到一个 Reduce 中处理，当某一个 Key 中的数据过多时，便会出现数据倾斜的情况。在 Hive 中可以设置参数 hive.groupby. skewindata 的参数值为 true，当出现数据倾斜的情况时，Hive 会自动进行负载均衡。

若使用 Hive 客户端临时配置分组，则命令如下。

```
set hive.groupby.skewindata=true;
```

若需要永久配置分组，则需要在 Hive 配置文件中添加如下配置内容。

```
<property>
    <name>hive.groupby.skewindata</name>
    <value>true</value>
</property>
```

8.3　HiveQL 语句优化技巧

HiveQL 语句优化技巧指的是使用 HiveQL 语句处理大数据时通过调整 HiveQL 语句格式，从而提高 HiveQL 语句的执行效率，有关 HiveQL 语句优化的相关内容如下。

（1）尽量避免使用笛卡儿积 JOIN，因为笛卡儿积 JOIN 只能使用一个 Reduce 去处理，当处理大量数据时，一个 Reduce 处理会增加处理时间。

（2）使用 JOIN 语句时，添加 NULL 的过滤条件，避免 NULL 参与没必要的 JOIN 操作，从而缩减 JOIN 语句操作时间。

（3）使用 JOIN 语句时，若需要通过 WHERE 子句过滤数据，则 WHERE 子句建议写在子查询中，具体示例如下。

```
SELECT b.id
FROM bigtable b
JOIN (SELECT id FROM ori WHERE id <= 10 ) o
ON b.id = o.id;
```

（4）少用 SELECT ＊的形式查询所有列，尽量使用"SELECT Col1、Col2…"的形式查询某一或某几列，从而避免查询所有数据。

（5）尽量不使用 COUNT（DISTINCT）实现去重统计，因为该方式只会使用一个 Reduce 来处理，当处理大量数据时，一个 Reduce 处理会增加处理时间。建议使用 GROUP BY 子句加 COUNT() 聚合函数的方式替代。

8.4　本章小结

本章主要讲解了 Hive 优化，包括 Hive 存储优化、Hive 参数优化和 HiveQL 语句优化技巧。希望通过本章的学习，读者可以熟练掌握 Hive 优化的相关操作。

8.5　课后习题

一、填空题

1. 文件存储格式 ORCFile 的使用方式是_____。
2. Hive 默认的文件存储格式是_____。
3. ORCFile 自身支持两种压缩,分别是_____和_____。
4. 参数 hive.exec.parallel 用于配置_____。

二、判断题

1. 笛卡儿积 JOIN 只能使用一个 Reduce 处理。　　　　　　　　　　　　　(　　)
2. ORCFile 文件存储格式可以通过 LOAD 语句加载数据。　　　　　　　　(　　)
3. 参数 mapred.map.tasks 主要用于减少 Map 个数。　　　　　　　　　　(　　)

三、选择题

下列选项中,用于配置 MapReduce 压缩的参数是(　　　)。
 A. mapreduce.map.input.compress
 B. hive.exec.compress.intermediate
 C. mapreduce.fileoutputformat.compress.codec
 D. mapreduce.output.fileoutputformat.type

四、简答题

简述配置合并文件的作用。

五、操作题

创建外部表 test,自定义表的列,要求表的文件存储格式为 ORCFile,并指定表的压缩格式为 ZLIB。

第 9 章

综合项目——教育大数据分析平台

学习目标：

思政案例

- 了解项目概述，能够描述项目背景及项目需求。
- 了解原始数据结构，能够描述数据表字段的含义。
- 了解数据仓库分层设计，能够描述项目中数据仓库的分层思路。
- 了解项目架构，能够描述项目的开发流程。
- 掌握 Sqoop 部署方式，能够独立完成部署 Sqoop 的操作。
- 掌握实现数据仓库分层的方法，能够灵活运用 HiveQL 语句实现数据仓库分层。
- 掌握数据采集的操作，能够使用 Sqoop 将 MySQL 数据库中的数据迁移到 Hive 的数据表。
- 掌握数据转换的操作，能够灵活运用 HiveQL 语句对源数据进行合并和转换。
- 掌握数据分析的操作，能够灵活运用 HiveQL 语句实现地区访问用户量统计、会话页面排行榜、访问用户量统计、来源渠道访问用户量统计和咨询率统计。
- 掌握导出数据操作，能够使用 Sqoop 将 Hive 数据表中的数据迁移到 MySQL 数据库。
- 熟悉数据可视化操作，能够安装、启动与配置商业智能分析工具 FineBI。
- 熟悉数据可视化操作，能够使用商业智能分析工具 FineBI 对数据分析结果进行可视化展示。

　　本章通过 Hive 数据仓库技术实现教育大数据分析平台项目，该项目是 Hive 数据仓库的综合应用，帮助读者在项目的开发过程中更加深入地理解 Hive 数据仓库的实际应用。本项目的核心是运用 Hive 实现数据仓库创建、数据转换和数据分析，以及使用数据迁移工具 Sqoop 实现 Hive 数据的导入和导出功能。

9.1　项目概述

9.1.1　项目背景介绍

　　近年来，在线教育产业发展十分迅速。在市场规模方面，在线教育很大程度上是随着移动互联网的浪潮发展起来的，全国数千万学生可以在线上教育平台上课学习，全国300 多个城市的数十万教师变身主播，通过各种各样的线上教育平台让学生们实现"在家上课"。不仅如此，线上教育也开始快速承接起线下需求、聚集流量，从而迎来一次爆发式增长。

随着线上教育迎来爆炸式增长的同时，如何提高用户服务水平，提高教育质量是每个企业都面临的问题。如果对于用户行为数据无法进一步的挖掘、分析、加工和整理，那么企业管理决策者将无法获取科学、有效的数据支撑。大数据技术的应用可以从海量的用户行为数据中进行挖掘分析，根据分析结果优化平台的服务质量，最终满足用户的需求。教育大数据分析平台项目就是将大数据技术应用于教育培训领域，为企业经营提供数据支撑。

9.1.2　需求分析

本项目分析的数据主要是用户的访问数据和咨询数据，具体分为以下几点需求。

（1）地区访问用户量统计。

（2）会话页面排行榜。

（3）访问用户量统计。

（4）来源渠道访问用户量统计。

（5）咨询率统计。

上述需求中，访问用户量是指统计用户的数量，而不是统计用户访问次数，因为用户访问次数存在单用户多次访问的情况；咨询率是指访问的用户中发起咨询请求并与客服进行沟通的用户占比。来源渠道是指用户通过哪种推广渠道访问网站，例如百度竞价、搜狗推广或 360 推广等。

9.1.3　原始数据结构

本项目使用的数据来源于某在线教育网站咨询系统 2019 年 7 月份的会话记录，该数据存储在 MySQL 数据库的两张数据表中，分别是用户会话信息表 web_chat_ems_2019_07 和用户会话信息附属表 web_chat_text_ems_2019_07，这两张数据表的结构如表 9-1 和表 9-2 所示。

表 9-1　用户会话信息表 web_chat_ems_2019_07 的表结构

字　　段	字 段 类 型	描　　述
id	int	主键 ID
create_date_time	timestamp	数据创建时间
session_id	varchar(48)	会话 ID
sid	varchar(48)	用户 ID
create_time	varchar(48)	会话创建时间
seo_source	varchar(255)	搜索来源
seo_keywords	varchar(512)	搜索关键字
ip	varchar(48)	IP 地址

字　　段	字 段 类 型	描　　述
area	varchar(255)	地区
country	varchar(16)	国家
province	varchar(16)	省份
city	varchar(255)	城市
origin_channel	varchar(32)	来源渠道
user	varchar(255)	所属客服
manual_time	datetime	人工客服开始时间
begin_time	datetime	客服领取时间
end_time	datetime	客服结束时间
last_customer_msg_time_stamp	datetime	用户发送最后一条消息的时间
last_agent_msg_time_stamp	datetime	客服回复用户最后一条消息的时间
reply_msg_count	int(12)	客服回复消息数
msg_count	int(12)	用户发送消息数
browser_name	varchar(255)	用户使用的浏览器名称
os_info	varchar(255)	用户使用的设备系统名称

表 9-2　用户会话信息附属表 web_chat_text_ems_2019_07 的表结构

字　　段	字 段 类 型	描　　述
id	int	主键 ID
referrer	timestamp	上级来源页面,当前页面的上一级页面
from_url	varchar(48)	会话来源页面,当前会话的来源页面
landing_page_url	varchar(48)	用户登录页面,用户点击广告或者利用搜索引擎搜索后显示给用户的网页
url_title	varchar(48)	当前页面的标题
platform_description	varchar(255)	用户信息
other_params	varchar(512)	扩展字段
history	varchar(48)	历史访问记录

9.1.4　数据仓库分层设计

本项目的数据仓库分为源数据层和数据仓库层,由于本项目使用 FineBI 对数据仓库层的数据进行可视化展示,不涉及具体的报表展示,所以在数据仓库分层时数据应用层不再细化数据。

为了避免每个需求都要生成一个数据表去存储对应分析结果,这里将本项目涉及的需求合并为两个指标,这两个指标分别为访问用户量和咨询用户量,通过这两个指标在数据仓库层的业务层(DWS)设计对应宽表,接下来针对这两个指标进行讲解。

1. 访问用户量

访问用户量表示访问网站的唯一访客数量,为了避免单用户重复访问网站,出现单用户被多次统计的现象,这里需要去除重复用户,因此称为唯一访客数量。通过访问用户量的不同维度,可以实现访问用户量统计、地区用户访问量统计、来源渠道用户访问量统计和活跃会话页面统计。例如,通过访问用户量的来源渠道维度可以统计来源渠道用户访问量统计。

2. 咨询用户量

咨询用户量表示访问网站的用户中产生有效咨询的唯一用户数量,当用户与客服进行至少一次对话表示该用户产生了有效咨询,为了避免单用户的多次咨询被重复统计,这里需要去除重复用户,因此称为唯一用户数量。用户咨询率需求是通过访问用户量和咨询用户量两个指标实现,其计算公式为:用户咨询率=咨询用户量/访问用户量。

接下来,通过图 9-1 来描述本项目数据仓库分层的详细信息。

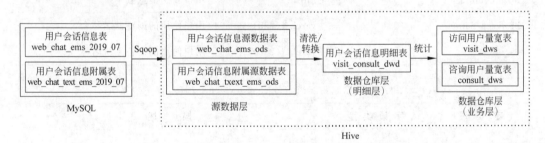

图 9-1   本项目数据仓库分层的详细信息

从图 9-1 可以看出,源数据层中的源数据表主要用于存储 MySQL 数据库中对应表的原始数据;数据仓库层分为明细层和业务层,其中明细层中的明细表主要存储源数据层清洗/转换后的数据,业务层的宽表主要存储访问用户量指标和咨询用户量指标数据。后续FineBI 是通过获取数据仓库层中业务层的数据进行可视化展示。

9.1.5   项目架构

为了让读者更清晰地了解教育大数据分析平台的开发流程及架构设计,下面通过图 9-2来描述本章教育大数据分析平台项目的基础架构。

MySQL ➜ Sqoop ➜ Hive ➜ Sqoop ➜ MySQL ➜ FineBI 帆软商业智能

图 9-2   教育大数据分析平台项目的基础架构图

从图 9-2 可以看出,首先通过 Sqoop 将 MySQL 数据库中存储的业务数据(用户行为数据)加载到 Hive 数据仓库中;其次通过 HiveQL 语句实现数据仓库分层,并对用户行为数据进行清洗转换操作,使数据符合业务需求;接着根据项目需求通过 HiveQL 语句对清洗转换后的数据进行分析;然后通过数据迁移工具 Sqoop 将 Hive 数据仓库中的分析结果数据迁移到关系数据库 MySQL 中;最后使用 FineBI 商业智能工具进行数据可视化展示。

9.2 部署 Sqoop

通常情况下,系统的业务数据存储于关系数据库中,如果使用 Hive 对业务数据进行清洗、转换或者分析,那么要将关系数据库中的数据传递到 Hadoop 的 HDFS 中,供 Hive 加载使用。如果 Hive 处理完的数据需要做可视化展示,那么要将 HDFS 中的数据传递到关系数据库中。此时,就需要使用 Sqoop 数据迁移工具实现数据传递。本书使用的 Sqoop 版本为 1.4.7。接下来,详细讲解如何在虚拟机 Node_02 中部署 Sqoop 实现数据传递。

1. 下载 Sqoop

访问 Apache 资源网站下载 Sqoop 安装包 sqoop-1.4.7.bin__hadoop-2.6.0.tar.gz。

2. 上传 Sqoop 安装包

首先通过 SecureCRT 远程连接工具连接虚拟机 Node_02,然后进入存放应用安装包的目录/export/software/,最后执行 rz 命令将 Sqoop 安装包上传到虚拟机 Node_02 的/export/software/目录下。

3. 安装 Sqoop

通过解压缩的方式安装 Sqoop,将 Sqoop 安装到存放应用的目录/export/servers/,具体命令如下。

```
$ tar -zxvf /export/software/sqoop-1.4.7.bin__hadoop-2.6.0.tar.gz
-C /export/servers/
```

Sqoop 的默认安装目录名称较长,为了便于后续配置 Sqoop 环境变量,这里将 Sqoop 安装目录重命名为 sqoop-1.4.7,具体命令如下。

```
$ mv sqoop-1.4.7.bin__hadoop-2.6.0/ sqoop-1.4.7
```

4. 配置 Sqoop

在 Sqoop 安装目录的 conf 目录中修改文件 sqoop-env.sh,默认情况下该目录中并不存在文件 sqoop-env.sh,需要执行"cp sqoop-env-template.sh sqoop-env.sh"命令,将模板文件 sqoop-env-template.sh 复制为 sqoop-env.sh,复制完成后执行"vi sqoop-env.sh"命令编辑 sqoop-env.sh 文件,在文件尾部添加如下内容。

```
#指定 Hadoop 安装目录
export HADOOP_COMMON_HOME=/export/servers/hadoop-2.7.4/
export HADOOP_MAPRED_HOME=/export/servers/hadoop-2.7.4/
#指定 Hive 安装目录
export HIVE_HOME=/export/servers/apache-hive-2.3.7-bin/
#指定 Zookeeper 安装目录
export ZOOKEEPER_HOME=/export/servers/zookeeper-3.4.10/
```

在 sqoop-env.sh 配置文件中,主要配置了 Sqoop 运行时相关依赖环境所在目录,Sqoop 运行在 Hadoop 之上,因此必须指定 Hadoop 安装目录。另外,在配置文件中还可以根据实际需要配置 HBase、Hive 或 Zookeeper 安装目录,由于部署的 Hadoop 是高可用集群并且后续需要使用 Sqoop 传递 Hive 数据,所以这里在 sqoop-env.sh 文件中指定 Hive 安装目录和 Zookeeper 安装目录。

5. 配置 Sqoop 环境变量

为了方便使用 Sqoop,可以在系统环境变量中配置 Sqoop。执行 vi/etc/profile 命令编辑系统环境变量文件 profile,在文件尾部添加如下内容。

```
export SQOOP_HOME=/export/servers/sqoop-1.4.7
export PATH=$PATH:$SQOOP_HOME/bin
```

配置完 Sqoop 环境变量之后,保存系统环境变量文件 profile 并退出编辑。不过此时配置的 Sqoop 环境变量尚未生效,还需要执行 source/etc/profile 命令初始化系统环境变量使配置的 Sqoop 环境变量生效。

6. 添加 JDBC 驱动包

由于 Sqoop 通过 JDBC 驱动包连接关系数据库,本项目使用的关系数据库为 MySQL,所以需要将 MySQL 数据库的 JDBC 驱动包 mysql-connector-java-5.1.32.jar 添加到 Sqoop 安装目录的 lib 目录中。

7. 测试 Sqoop

Sqoop 部署完成后,可以执行 Sqoop 查看本地 MySQL 数据库中数据库列表的命令,验证 Sqoop 是否成功部署,具体命令如下。

```
$ sqoop list-databases \
 -connect jdbc:mysql://localhost:3306/ \
 --username root --password Itcast@2020
```

上述命令中,list-databases 表示查看数据库列表;connect 用于指定 JDBC 连接地址; username 用于指定连接 MySQL 数据库的用户名;password 用于指定连接 MySQL 数据库的密码。上述命令的执行效果如图 9-3 所示。

从图 9-3 可以看出,可以正常显示 MySQL 数据库的数据库列表,证明成功部署 Sqoop。

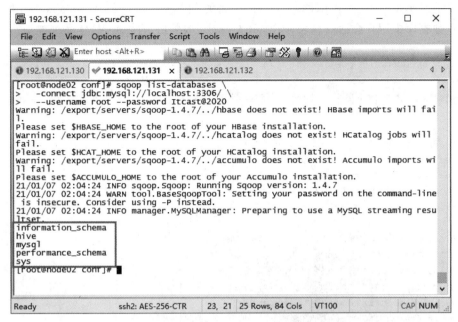

图 9-3　执行 Sqoop 查看本地 MySQL 数据库中数据库列表的命令

9.3　实现数据仓库分层

根据本项目的数据仓库分层设计,需要在 Hive 数据仓库中创建源数据层对应的源数据表以及数据仓库层对应的明细表和宽表。

在实现数据仓库分层之前,首先需要启动 Hadoop 集群(包含 Zookeeper 集群),然后在虚拟机 Node_02 中启动 HiveServer2 服务,最后在虚拟机 Node_03 中使用 Hive 客户端工具 Beeline 远程连接虚拟机 Node_02 的 HiveServer2 服务操作 Hive 实现数据库分层,具体操作步骤如下。

1. 源数据层

源数据层通常用于存储 MySQL 数据库的原始数据,为了防止原始数据丢失无法找回,通常情况下源数据层的表需要创建为外部表,实现源数据层的步骤如下。

(1) 在 Hive 中创建数据库 itcast_ods,用于存储源数据层的源数据表,具体命令如下。

```
CREATE DATABASE IF NOT EXISTS itcast_ods;
```

(2) 由于后续源数据层创建的表存储格式为 ORC,并且需要设置 ORC 的压缩格式,所以需要设置 Hive 的属性 hive.exec.orc.compression.strategy 的属性值为 COMPRESSION,配置压缩生效,具体命令如下。

```
set hive.exec.orc.compression.strategy=COMPRESSION;
```

（3）在 Hive 的数据库 itcast_ods 中创建源数据表 web_chat_ems_ods 用于存储 MySQL 数据库中用户会话信息表 web_chat_ems_2019_07 的数据，具体命令如下。

```
CREATE EXTERNAL TABLE IF NOT EXISTS itcast_ods.web_chat_ems_ods (
  id INT COMMENT "主键 ID",
  create_date_time STRING COMMENT "数据创建时间",
  session_id STRING COMMENT "会话 ID",
  sid STRING COMMENT "用户 ID",
  create_time STRING COMMENT "会话创建时间",
  seo_source STRING COMMENT "搜索来源",
  seo_keywords STRING COMMENT "搜索关键字",
  ip STRING COMMENT "IP 地址",
  area STRING COMMENT "地区",
  country STRING COMMENT "国家",
  province STRING COMMENT "省份",
  city STRING COMMENT "城市",
  origin_channel STRING COMMENT "来源渠道",
  user_match STRING COMMENT "所属客服",
  manual_time STRING COMMENT "客服开始时间",
  begin_time STRING COMMENT "客服领取时间",
  end_time STRING COMMENT "客服结束时间",
  last_customer_msg_time_stamp STRING COMMENT "用户发送最后一条消息的时间",
  last_agent_msg_time_stamp STRING COMMENT "客服回复用户最后一条消息的时间",
  reply_msg_count INT COMMENT "客服回复消息数",
  msg_count INT COMMENT "用户发送消息数",
  browser_name STRING COMMENT "用户使用的浏览器名称",
  os_info STRING COMMENT "用户使用的设备系统名称")
COMMENT "访问会话信息表"
ROW FORMAT DELIMITED
FIELDS TERMINATED BY "\t"
STORED AS ORC
LOCATION "/user/hive/warehouse/itcast_ods.db/web_chat_ems_ods"
TBLPROPERTIES ("orc.compress"="ZLIB");
```

上述命令中，指定表 web_chat_ems_ods 的存储格式为 ORC；指定 ORC 的压缩格式为 ZLIB，这里压缩格式使用 ZLIB 而不是 SNAPPY 的原因有如下两点。第一点是源数据表的数据量通常比较大，使用压缩率比较高的 ZLIB 进行压缩，可以尽量减少数据文件的大小；第二点是源数据表不会被频繁操作，所以解压和压缩效率低的问题对于源数据表影响不大。

通常情况下，源数据层的源数据表需要与 MySQL 中对应表的字段保持一致，不过在 Hive 中存在一些关键字是不允许被使用的，因此，上述命令中将表 web_chat_ems_2019_07 的字段 user 在表 web_chat_ems_ods 中修改为字段 user_match。

（4）在 Hive 的数据库 itcast_ods 中创建源数据表 web_chat_text_ems_ods 用于存储 MySQL 数据库中用户会话信息表 web_chat_text_ems_2019_07 的数据，具体命令如下。

```
CREATE EXTERNAL TABLE IF NOT EXISTS itcast_ods.web_chat_text_ems_ods (
  id INT COMMENT "主键 ID",
  referrer STRING COMMENT "上级来源页面",
```

```
 from_url STRING COMMENT "会话来源页面",
 landing_page_url STRING COMMENT "访客浏览页面",
 url_title STRING COMMENT "页面标题",
 platform_description STRING COMMENT "用户信息",
 other_params STRING COMMENT "扩展字段",
 history STRING COMMENT "历史访问记录"
) COMMENT "用户会话信息附属表"
ROW FORMAT DELIMITED
FIELDS TERMINATED BY "\t"
STORED AS ORC
LOCATION "/user/hive/warehouse/itcast_ods.db/web_chat_text_ems_ods"
TBLPROPERTIES ("orc.compress"="ZLIB");
```

2. 数据仓库层

数据仓库层通常用于存储源数据层清洗或转换后的数据,根据业务需求的不同,清洗或转换后的数据也会有所不同,为了后续需求更换时便于表的删除,通常情况下数据仓库层的表创建为内部表,并且由于源数据表的存在,数据仓库层的表可以通过 HiveQL 语句找回,所以不用担心数据丢失的情况发生。

本项目的数据仓库层涉及明细层和业务层,其中明细层用于存储源数据层清洗转换后的数据;业务层用于存储访问用户量和咨询用户量这两个指标的数据,实现数据仓库层的步骤如下。

(1)在 Hive 中创建数据库 itcast_dwd 用于存储明细层的数据,具体命令如下。

```
CREATE DATABASE IF NOT EXISTS itcast_dwd;
```

(2)在 Hive 的数据库 itcast_dwd 中创建明细层的明细表 visit_consult_dwd 用于存储源数据表 web_chat_ems_ods 和 web_chat_text_ems_ods 清洗转换后的数据,具体命令如下。

```
CREATE TABLE IF NOT EXISTS itcast_dwd.visit_consult_dwd(
 session_id STRING COMMENT "会话 ID",
 sid STRING COMMENT "用户 ID",
 create_time BIGINT COMMENT "会话创建时间",
 ip STRING COMMENT "IP 地址",
 area STRING COMMENT "地区",
 msg_count INT COMMENT "客户发送消息数",
 origin_channel STRING COMMENT "来源渠道",
 from_url STRING COMMENT "会话来源页面"
)
COMMENT "访问咨询用户明细表"
PARTITIONED BY(yearinfo STRING, monthinfo STRING)
ROW FORMAT DELIMITED
FIELDS TERMINATED BY "\t"
STORED AS ORC
TBLPROPERTIES ("orc.compress"="SNAPPY");
```

上述命令中,指定明细表 visit_consult_dwd 的存储格式为 ORC;指定 ORC 的压缩格式为 SNAPPY,这样做的好处是频繁操作明细表时,SNAPPY 的压缩和解压的效率比较高。

明细表 visit_consult_dwd 包含 8 个字段和两个分区,接下来,针对表中字段和分区的作用进行简单介绍。

- session_id 字段:当用户没有登录时,系统无法记录用户 ID,此时可以通过 session_id 统计访问用户量。
- sid 字段:用于通过用户 ID 统计访问用户量。
- create_time 字段:用于截取时间中的年和月数据,便于后续根据年和月对数据进行分区。
- ip 字段:当系统没有记录到 session_id 或 sid 时,可以通过 IP 地址统计用户访问量。
- area 字段:用于统计地区访问用户量。
- msg_count 字段:判断用户咨询是否为有效咨询,用于统计用户咨询量。
- origin_channel 字段:用于统计来源渠道访问用户量。
- from_url 字段:用于统计活跃会话页面排行榜。
- yearinfo 分区:将数据按照会话创建时间的年进行分区。
- monthinfo 分区:将数据按照会话创建时间的月进行分区。

(3)在 Hive 中创建数据库 itcast_dws 用于存储业务表的数据,具体命令如下。

```
CREATE DATABASE IF NOT EXISTS itcast_dws;
```

(4)在 Hive 的数据库 itcast_dws 中创建业务层的宽表 visit_dws,用于存储访问用户量指标的数据,具体命令如下。

```
CREATE TABLE IF NOT EXISTS itcast_dws.visit_dws (
    sid_total INT COMMENT "根据用户 ID 去重统计",
    sessionid_total INT COMMENT "根据 SessionID 去重统计",
    ip_total INT COMMENT "根据 IP 地址去重统计",
    area STRING COMMENT "地区",
    origin_channel STRING COMMENT "来源渠道",
    from_url STRING COMMENT "会话来源页面",
    groupType STRING COMMENT "1.地区维度 2.来源渠道维度 3.会话页面维度 4.总访问量维度")
COMMENT "访问用户量宽表"
PARTITIONED BY(yearinfo STRING,monthinfo STRING)
ROW FORMAT DELIMITED
FIELDS TERMINATED BY "\t"
stored as orc
TBLPROPERTIES ("orc.compress"="SNAPPY");
```

上述命令中,字段 groupType 表示根据不同维度统计访问用户量,例如当字段 groupType 的值为 1 时,表示此行数据存储的是地区访问用户量统计结果,便于在一个表中获取不同维度统计结果的数据。

(5)在 Hive 的数据库 itcast_dws 中创建业务层的宽表 consult_dws,用于存储咨询用户量的数据,具体命令如下。

```
CREATE TABLE IF NOT EXISTS itcast_dws.consult_dws
(
  sid_total INT COMMENT "根据用户 ID 去重统计",
  sessionid_total INT COMMENT "根据 SessionID 去重统计",
  ip_total INT COMMENT "根据 IP 地址去重统计"
)
COMMENT "咨询用户量宽表"
PARTITIONED BY (yearinfo STRING, monthinfo STRING)
ROW FORMAT DELIMITED
FIELDS TERMINATED BY "\t"
STORED AS ORC
TBLPROPERTIES ("orc.compress"="SNAPPY");
```

9.4　数据采集

数据采集主要是通过 Sqoop 数据迁移工具将 MySQL 数据库存储的原始数据迁移到 Hive 的源数据层,具体操作步骤如下。

1. 上传数据库文件

首先通过 SecureCRT 远程连接工具连接虚拟机 Node_02,然后进入存放数据的目录/export/data,最后执行 rz 命令将数据库文件 nev.sql 上传到虚拟机 Node_02 的/export/data 目录下。

2. 导入数据库文件

在虚拟机 Node_02 中执行"mysql -uroot -p"命令以 root 身份登录 MySQL 数据库,在弹出的"Enter password:"信息处输入 root 用户的密码,从而登录 MySQL 数据库进入命令行交互界面。

在 MySQL 数据库的命令行交互界面执行 source/export/data/nev.sql 命令,将数据库文件导入 MySQL 数据库。数据库文件导入完成后执行"show databases;"命令查看数据库列表,如图 9-4 所示。

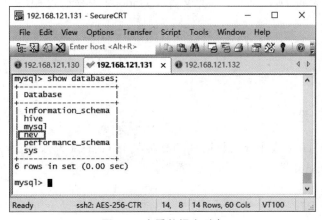

图 9-4　查看数据库列表

从图 9-4 可以看出，MySQL 数据库列表中存在数据库 nev。在 MySQL 的命令行交互界面执行"use nev;"命令，切换到数据库 nev，然后执行"show tables;"命令查看数据库 nev 中的数据表，如图 9-5 所示。

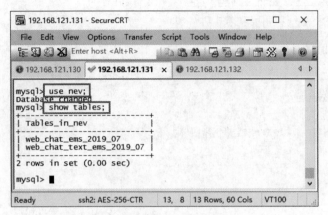

图 9-5　数据库 nev 中的数据表

从图 9-5 可以看出，数据库 nev 中存在用户会话信息表 web_chat_ems_2019_07 和用户会话信息附属表 web_chat_text_ems_2019_07，证明成功将业务数据导入 MySQL 数据库中。

3. 导入依赖包

由于 Sqoop 向 Hive 表中导入数据时依赖于 Hive 的相关 jar 包，所以需要将 Hive 的相关 jar 包导入 Sqoop 的 lib 目录中，具体命令如下。

```
cp /export/servers/apache-hive-2.3.7-bin/lib/{antlr-runtime-3.5.2.jar,hive-hcatalog-
core-2.3.7.jar,hive-exec-2.3.7.jar,datanucleus-api-jdo-4.2.4.jar,datanucleus-core-4.1.
17.jar,datanucleus-rdbms-4.1.19.jar,derby-10.10.2.0.jar,javax.jdo-3.2.0-m3.jar} /
export/servers/sqoop-1.4.7/lib/
```

由于 Sqoop 提交的任务需要通过 MapReduce 处理，MapReduce 将处理结果加载到 Hive 表中，所以需要将 Hive 的相关 jar 包导入 Hadoop 中存放 YARN 相关 jar 包的目录，具体命令如下。

```
cp /export/servers/apache-hive-2.3.7-bin/lib/derby-10.10.2.0.jar /export/servers/hadoop
-2.7.4/share/hadoop/yarn/lib/
```

4. 导入 Hive 配置文件

由于 Sqoop 向 Hive 表中导入数据时需要获取 Hive 的配置信息，所以需要将 Hive 的配置文件 hive-site.xml 导入 Sqoop 的 conf 目录下，具体命令如下。

```
cp /export/servers/apache-hive-2.3.7-bin/conf/hive-site.xml /export/servers/sqoop-1.4.7/
conf/
```

5. 开启 MySQL 数据库远程访问

第 2 章在虚拟机 Node_02 中安装的 MySQL 数据库仅开启了本地访问，只能在虚拟机 Node_02 中访问 MySQL 数据库，无法通过执行 IP 地址的方式进行远程访问。由于 Sqoop 提交的任务需要通过 Hadoop 的 MapReduce 处理，而 Hadoop 是完全分布式集群，在 3 台虚拟机 Node_01、Node_02 和 Node_03 中都存在 NodeManager 去处理 MapReduce 任务，这就导致只有虚拟机 Node_02 的 NodeManager 可以访问 MySQL 数据库，而虚拟机 Node_01 和 Node_03 的 NodeManager 则无法访问 MySQL 数据库，从而无法运行 Sqoop 提交的任务。

接下来，详细讲解如何开启 MySQL 数据库远程访问，具体操作步骤如下。

（1）在虚拟机 Node_02 中执行"mysql -uroot -p"命令，以本地用户 root 身份登录 MySQL，在弹出的"Enter password："信息处输入密码，从而登录 MySQL 进入命令行交互界面。

（2）在 MySQL 命令行交互界面创建远程登录用户 root 并指定密码为 Itcast@2020，具体命令如下。

```
CREATE USER 'root'@'%' IDENTIFIED BY 'Itcast@2020';
```

（3）在 MySQL 命令行交互界面指定任意主机可以通过远程登录用户 root 连接 MySQL 服务，具体命令如下。

```
GRANT ALL PRIVILEGES ON *.* TO 'root'@'%' WITH GRANT OPTION;
```

（4）在 MySQL 命令行交互界面执行"FLUSH PRIVILEGES;"命令刷新 MySQL 数据库的系统权限相关表，使配置内容生效。

上述内容配置完成后，在 MySQL 命令行交互界面执行 exit 命令退出 MySQL 命令行交互界面。

6. 实现数据迁移

在虚拟机 Node_02 执行 Sqoop 命令将 MySQL 数据库的用户会话信息表 web_chat_ems_2019_07 中的数据迁移到 Hive 数据仓库源数据层的 web_chat_ems_ods 源数据表，具体命令如下所示。

```
sqoop import \
--connect jdbc:mysql://192.168.121.131:3306/nev \
--username root \
--password Itcast@2020 \
--query "select id,create_date_time,session_id,sid,create_time,seo_source,seo_keywords,
ip,area,country,province,city,origin_channel,user as user_match,manual_time,begin_time,
end_time,last_customer_msg_time_stamp,last_agent_msg_time_stamp,reply_msg_count,msg_
count,browser_name,os_info from web_chat_ems_2019_07 where 1=1 and \$CONDITIONS" \
--hcatalog-database itcast_ods \
--hcatalog-table web_chat_ems_ods \
-m 10 \
--split-by id
```

上述命令的具体讲解如下。

- 参数 connect 用于指定通过 JDBC 连接 MySQL 数据库的连接地址。
- 参数 username 用于指定连接 MySQL 数据库的远程登录用户 root。
- 参数 password 用于指定连接 MySQL 数据库远程登录用户 root 的密码。
- 参数 query 用于指定查询的 SQL 语句,其中 $CONDITIONS 表示使用 MapReduce 并行处理查询语句时必须指定的参数。
- 参数 hcatalog-database 用于指定 Hive 数据库名称。
- 参数 hcatalog-table 用于指定 Hive 数据表名称。
- 参数 m 用于指定 Sqoop 任务使用的 MapReduce 任务个数。
- 参数 split-by 通常配合参数 m 一起使用,用于指定切分的字段,这个字段需要指定 Int 类型的字段。这里,参数 split-by 和参数 m 结合使用表达的意思是,通过字段 id 将查询到的数据分为 10 个 MapReduce 任务并行处理。需要注意的是,若这里指定 MapReduce 任务为 10 的情况下,会占用 10 个线程并行执行,当硬件条件有限的情况下,会出现类似连接超时的错误,这里建议读者在执行该任务时将 10 调整为 2 或 1 即可。

在虚拟机 Node_02 执行 Sqoop 命令将 MySQL 数据库的用户会话信息附属表 web_chat_text_ems_2019_07 中的数据迁移到 Hive 数据仓库源数据层的 web_chat_text_ems_ods 源数据表,具体命令如下。

```
sqoop import \
--connect jdbc:mysql://192.168.121.131:3306/nev \
--username root \
--password Itcast@2020 \
--query "select id,referrer,from_url,landing_page_url,url_title,platform_description,
other_params,history from web_chat_text_ems_2019_07 where 1=1 and \$CONDITIONS" \
--hcatalog-database itcast_ods \
--hcatalog-table web_chat_text_ems_ods \
-m 10 \
--split-by id
```

7. 验证数据迁移

首先在虚拟机 Node_02 中启动 HiveServer2 服务,然后在虚拟机 Node_03 中使用 Hive 客户端工具 Beeline 远程连接虚拟机 Node_02 的 HiveServer2 服务,验证数据库 itcast_ods 的源数据表 web_chat_ems_ods 和 web_chat_text_ems_ods 是否成功导入数据,具体操作步骤如下。

(1) 统计源数据表 web_chat_ems_ods 中包含的数据行数,具体命令如下。

```
select count(*) from itcast_ods.web_chat_ems_ods;
```

上述命令执行完成后,源数据表 web_chat_ems_ods 数据行数的统计结果如图 9-6 所示。

从图 9-6 可以看出,源数据表 web_chat_ems_ods 中包含 211 197 行数据,证明成功将用户会话信息表 web_chat_ems_2019_07 中的数据迁移到 web_chat_ems_ods 源数据表。

(2) 统计源数据表 web_chat_text_ems_ods 中包含的数据行数,具体命令如下。

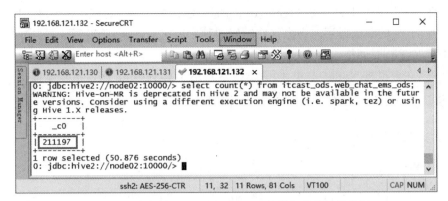

图 9-6　源数据表 web_chat_ems_ods 数据行数的统计结果

```
select count(*) from itcast_ods.web_chat_text_ems_ods;
```

上述命令执行完成后,源数据表 web_chat_text_ems_ods 数据行数的统计结果如图 9-7
所示。

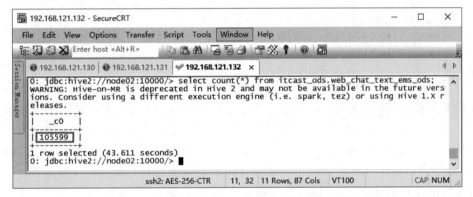

图 9-7　源数据表 web_chat_text_ems_ods 数据行数的统计结果

从图 9-7 可以看出,源数据表 web_chat_text_ems_ods 中包含 105 599 行数据,证明成
功将用户会话信息附属表 web_chat_text_ems_2019_07 中的数据迁移到 web_chat_text_
ems_ods 源数据表。

9.5　数据转换

数据转换主要是将源数据层的两个源数据表进行合并,将合并结果存储在数据仓库层
的明细层,除此之外,在合并过程中还需要根据业务需求对指定字段的数据格式进行转换,
具体转换规则如下。

(1)截取会话创建时间字段 create_time 的年、月和小时,便于后续根据月和小时的维
度进行统计。

(2)将用户发送消息数字段 msg_count 中的 null 值填充为数值 0,便于后续判断用户
发起的咨询是否属于有效咨询。

（3）保持会话创建时间字段 create_time 的格式统一，因为 MySQL 中的时间数据通过 Sqoop 导入 Hive 的源数据层时会默认在时间的秒后边加上毫秒，所以源数据层数据存储到明细层时需要保持时间格式统一。

接下来，在虚拟机 Node_03 中使用 Hive 客户端工具 Beeline 远程连接虚拟机 Node_02 的 HiveServer2 服务实现数据转换，具体命令如下。

```
1   INSERT INTO TABLE itcast_dwd.visit_consult_dwd
2   PARTITION (yearinfo, monthinfo)
3   SELECT
4       wce.session_id,
5       wce.sid,
6       UNIX_TIMESTAMP(wce.create_time) create_time,
7       wce.ip,
8       wce.area,
9       IF(wce.msg_count IS NULL,0,CAST(wce.msg_count AS INT)) msg_count,
10      wce.origin_channel,
11      wcte.from_url,
12      SUBSTR(wce.create_time,1,4) yearinfo,
13      SUBSTR(wce.create_time,6,2) monthinfo
14  FROM itcast_ods.web_chat_ems_ods wce LEFT JOIN
15  itcast_ods.web_chat_text_ems_ods wcte
16  ON wce.id = wcte.id;
```

上述代码中，第 6 行代码通过 UNIX_TIMESTAMP() 函数将会话创建时间字段 create_time 的数据转为时间戳格式；第 9 行代码通过条件判断语句 IF，将用户发送消息数字段 msg_count 中的 null 填充为 INT 类型的 0；第 12 行代码通过 SUBSTR() 函数截取会话创建时间字段 create_time 的年（yearinfo）；第 13 行代码通过 SUBSTR() 函数截取会话创建时间字段 create_time 的月（monthinfo）；第 14～16 行代码通过 id 字段进行关联实现左外连接 LEFT JOIN 合并表 web_chat_ems_ods 和 web_chat_text_ems_ods。

💣※脚下留心：配置 YARN 和 MapReduce 内存

Hive 在执行聚合、连接或排序等操作时，会将 HiveQL 语句转换为 MapReduce 任务运行。为了防止数据量过大，MapReduce 任务在运行过程中出现内存溢出的情况，需要配置 MapReduce 的可用内存，由于 MapReduce 任务运行在 YARN 中，所以还需要配置 YARN 的可用内存，具体操作步骤如下。

（1）编辑 YARN 配置文件 yarn-site.xml，在文件中添加如下内容。

```
<property>
    <name>yarn.nodemanager.resource.memory-mb</name>
    <value>4096</value>
</property>
```

上述内容，用于配置 YARN 集群中每个 NodeManager 节点（MapReduce 任务实际运行在 NodeManager 节点）的可用内存，默认大小是 8192MB，若 NodeManager 节点的内存资源不足 8192MB，则需要调整这个值以符合当前节点的内存资源。

（2）编辑 MapReduce 配置文件 mapred-site.xml，在文件中添加如下内容。

```
<property>
    <name>mapreduce.map.memory.mb</name>
    <value>2048</value>
</property>
<property>
    <name>mapreduce.reduce.memory.mb</name>
    <value>2048</value>
</property>
<property>
    <name>mapreduce.map.java.opts</name>
    <value>-Xmx1024m</value>
</property>
<property>
    <name>mapreduce.reduce.java.opts</name>
    <value>-Xmx1024m</value>
</property>
```

上述内容中，mapreduce.map.memory.mb 参数用于配置 MapReuce 任务的 Map 端可用内存，该参数的值需要小于 YARN 配置的可用内存量；mapreduce.reduce.memory.mb 参数用于配置 MapReuce 任务的 Reduce 端可用内存，该参数的值需要小于 YARN 配置的可用内存量；mapreduce.map.java.opts 参数用于配置 MapReuce 任务的 Map 端可用 JVM 内存，该参数的值需要小于 MapReuce 任务的 Map 端可用内存；mapreduce.reduce.java.opts 参数用于配置 MapReuce 任务的 Reduce 端可用 JVM 内存，该参数的值需要小于 MapReuce 任务的 Reduce 端可用内存。

（3）在 Hadoop 集群的所有节点都需要修改配置文件 mapred-site.xml 和 yarn-site.xml，修改完成后，在虚拟机 Node_01 执行"stop-yarn.sh"命令关闭 YARN 集群，并且需要在虚拟机 Node_02 中执行"yarn-daemon.sh stop resourcemanager"命令关闭 ResourceManager。

（4）在虚拟机 Node_01 执行"start-yarn.sh"命令开启 YARN 集群，并且需要在虚拟机 Node_02 中执行"yarn-daemon.sh start resourcemanager"命令开启 ResourceManager。

9.6 数据分析

数据分析是根据数据仓库层中明细层存储的数据实现项目需求，将分析结果存储在数据仓库层的业务层，本节详细讲解如何通过 HiveQL 语句实现项目需求。

9.6.1 实现地区访问用户量统计

本需求是统计不同地区访问网站的用户量，公司决策者可以根据统计结果对不同地区的业务进行调整，例如访问用户量比较多的地区可以增加客服人数，减少用户等待时间；访问用户量比较少的地区可以加大推广，使更多用户了解并访问网站。

接下来，在虚拟机 Node_03 中使用 Hive 客户端工具 Beeline 远程连接虚拟机 Node_02 的 HiveServer2 服务实现地区访问用户量统计，统计结果将存储在访问用户量宽表 visit_ dws,具体命令如下。

```
1   INSERT INTO itcast_dws.visit_dws PARTITION (yearinfo, monthinfo)
2   SELECT
3     COUNT(DISTINCT sid) sid_total,
4     COUNT(DISTINCT session_id) sessionid_total,
5     COUNT(DISTINCT ip) ip_total,
6     area,
7     '-1' origin_channel,
8     '-1' from_url,
9     '1' grouptype,
10    yearinfo,monthinfo
11  FROM itcast_dwd.visit_consult_dwd
12  GROUP BY area,yearinfo,monthinfo;
```

上述语法的具体讲解如下。
- 第 3～5 行代码使用 COUNT( )函数和 DISTINCT 子句组合的方式分别去重统计字段 sid(用户 ID)、session_id(SessionID)和 ip(IP 地址),用于分别根据字段 sid、session_id 和 ip 统计访问用户量。
- 第 7～8 行代码赋值字段 origin_channel(来源渠道)和 from_url(会话来源页面)的值为−1,这样做的目的主要有如下 3 点:第 1 点是通过 INSERT 语句向表 visit_dws 中插入数据时必须指定所有字段;第 2 点是使用 GROUP BY 子句时,SELECT 语句的后边只能存在函数或者 GROUP BY 子句中的字段;第 3 点是本需求的统计结果与字段 origin_channel 和 from_url 无关。
- 第 9 行代码赋值字段 grouptype 的值为 1,表示根据地区统计访问用户量。
- 第 10 行代码 yearinfo(年)和 monthinfo(月)表示分区名称,用于将统计结果插入指定年分区和月分区。
- 第 12 行代码在 GROUP BY 子句中指定字段 area(地区),yearinfo 和 monthinfo 表示根据月统计地区访问用户量。

地区访问用户量统计的命令执行完成后,查看地区访问用户量统计结果的前 6 条数据,具体命令如下。

```
SELECT sid_total,sessionid_total,ip_total,area,yearinfo,monthinfo FROM itcast_dws.visit_dws WHERE grouptype="1" limit 6;
```

上述命令在 Hive 客户端工具 Beeline 中的执行效果如图 9-8 所示。

从图 9-8 可以看出,2019 年 07 月"中国 上海 上海"地区根据 sid 统计的访问用户量为 1795,2019 年 07 月"中国 上海 上海"地区根据 sessionid 统计的访问用户量为 2640,2019 年 07 月"中国 上海 上海"地区根据 ip 统计的访问用户量为 1404。

9.6.2　实现会话页面排行榜

会话页面是指用户创建客服会话的页面,本需求是统计会话页面排行榜,公司决策者可以根据统计结果了解网站中哪些页面对用户比较有吸引力,促使用户向客服咨询。例如用

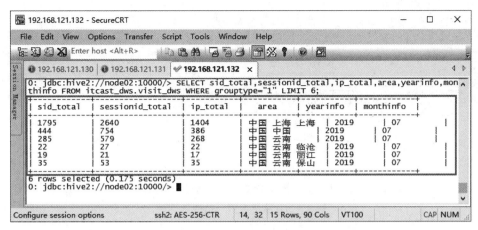

图 9-8　查看地区访问用户量统计结果的前 6 条数据

户在浏览网站中的大数据学科相关课程介绍页面时,有大量用户向客服进行咨询,那么从侧面可以反映出用户对于大数据学科学习的需求量比较高。

接下来,在虚拟机 Node_03 中使用 Hive 客户端工具 Beeline 远程连接虚拟机 Node_02 的 HiveServer2 服务统计会话页面,统计结果存储在访问用户量宽表 visit_dws,具体命令如下。

```
1   INSERT INTO itcast_dws.visit_dws PARTITION (yearinfo, monthinfo)
2   SELECT
3       COUNT(DISTINCT sid) sid_total,
4       COUNT(DISTINCT session_id) sessionid_total,
5       COUNT(DISTINCT ip) ip_total,
6       '-1' area,
7       '-1' origin_channel,
8       from_url,
9       '3' grouptype,
10      yearinfo,monthinfo
11  FROM itcast_dwd.visit_consult_dwd
12  GROUP BY from_url,yearinfo,monthinfo;
```

上述代码中,第 9 行代码中字段 grouptype 的值为 3,表示根据会话页面统计访问用户量;第 12 行代码根据字段 from_url(会话来源页面)、yearinfo 和 monthinfo 进行分组,从而统计每一年中每一个月的会话来源页面。

统计会话页面的命令执行完成后,查看根据用户 SessionID 统计会话页面(sessionid_total)的结果中排名第一的会话页面,具体命令如下。

```
SELECT sessionid_total, from_url, yearinfo, monthinfo FROM itcast_dws.visit_dws WHERE
grouptype="3" AND from_url!="" ORDER BY sessionid_total DESC LIMIT 1;
```

上述命令在 Hive 客户端工具 Beeline 中的执行效果如图 9-9 所示。

从图 9-9 可以看出,在 2019 年 07 月根据用户 SessionID 统计会话页面的结果

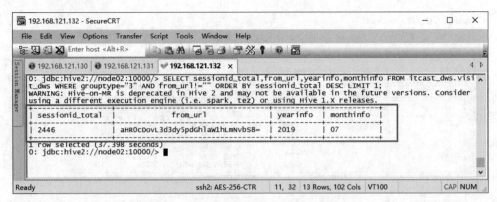

图 9-9   查看排名第一的会话页面

（sessionid_total）中，排名第一的会话页面是 aHR…bs8，通过该会话页面发起客服会话的次数为 2446。如果要查看根据用户 ID 或 IP 地址统计会话页面的结果中排名第一的会话页面，读者可以按照根据用户 SessionID 统计会话页面的方式，自行操作即可。

9.6.3　实现访问用户量统计

本需求是统计访问网站的总用户量，公司决策者可以根据统计结果了解网站的访问情况，并根据实际情况对网站内容以及业务进行有效调整，同时访问用户量统计结果也可以作为二次分析的底层数据，例如咨询率统计就需要访问用户量统计结果。

接下来，在虚拟机 Node_03 中使用 Hive 客户端工具 Beeline 远程连接虚拟机 Node_02 的 HiveServer2 服务统计访问用户量，统计结果存储在访问用户量宽表 visit_dws，具体命令如下。

```
1    INSERT INTO itcast_dws.visit_dws PARTITION (yearinfo, monthinfo)
2    SELECT
3       COUNT(DISTINCT sid) sid_total,
4       COUNT(DISTINCT session_id) sessionid_total,
5       COUNT(DISTINCT ip) ip_total,
6       '-1' area,
7       '-1' origin_channel,
8       '-1' from_url,
9       '4' grouptype,
10      yearinfo,monthinfo
11   FROM itcast_dwd.visit_consult_dwd
12   GROUP BY yearinfo,monthinfo;
```

上述代码中，第 9 行代码中字段 grouptype 的值为 4，表示统计访问用户量；第 12 行根据字段 yearinfo 和 monthinfo 进行分组，从而统计每一年中每一个月的用户访问量。

实现访问用户量统计的命令执行完成后，查看访问用户量统计结果，具体命令如下。

```
SELECT sid_total,sessionid_total,ip_total,yearinfo,monthinfo FROM itcast_dws.visit_dws
WHERE grouptype="4";
```

上述命令在 Hive 客户端工具 Beeline 中的执行效果如图 9-10 所示。

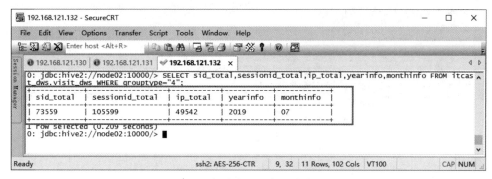

图 9-10　查看访问用户量统计结果

从图 9-10 可以看出，在 2019 年 07 月根据 sid 统计的访问用户量（sid_total）为 73559；2019 年 07 月根据 session_id 统计的访问用户量（sessionid_total）为 105599；2019 年 07 月根据 ip 统计的访问用户量为 49542。

9.6.4　实现来源渠道访问用户量统计

本需求是统计通过不同来源渠道访问网站的用户量，公司决策者可以根据统计结果了解不同渠道投放广告的效果，并根据实际情况进行调整，例如投放效果好的渠道可以加大投资，投放效果不好的渠道可以舍弃等。

接下来，在虚拟机 Node_03 中使用 Hive 客户端工具 Beeline 远程连接虚拟机 Node_02 的 HiveServer2 服务统计来源渠道访问用户量，统计结果存储在访问用户量宽表 visit_dws，具体命令如下。

```
1   INSERT INTO itcast_dws.visit_dws PARTITION (yearinfo,monthinfo)
2   SELECT
3       COUNT(DISTINCT sid) sid_total,
4       COUNT(DISTINCT session_id) session_total,
5       COUNT(DISTINCT ip) ip_total,
6       '-1' area,
7       origin_channel,
8       '-1' from_url,
9       '2' grouptype,
10      yearinfo,monthinfo
11  FROM itcast_dwd.visit_consult_dwd
12  GROUP BY origin_channel,yearinfo,monthinfo;
```

上述代码中，第 9 行代码中赋值字段 grouptype 的值为 2，表示来源渠道访问用户量统计；第 2 行代码根据字段 origin_channel、yearinfo 和 monthinfo 进行分组，从而统计不同来源渠道在每一年中每一个月的用户访问量。

实现来源渠道访问用户量统计的命令执行完成后，查看来源渠道访问用户量统计结果，具体命令如下。

```
SELECT sid_total,sessionid_total,ip_total,origin_channel,yearinfo,monthinfo FROM itcast_
dws.visit_dws WHERE grouptype="2";
```

上述命令在 Hive 客户端工具 Beeline 中的执行效果如图 9-11 所示。

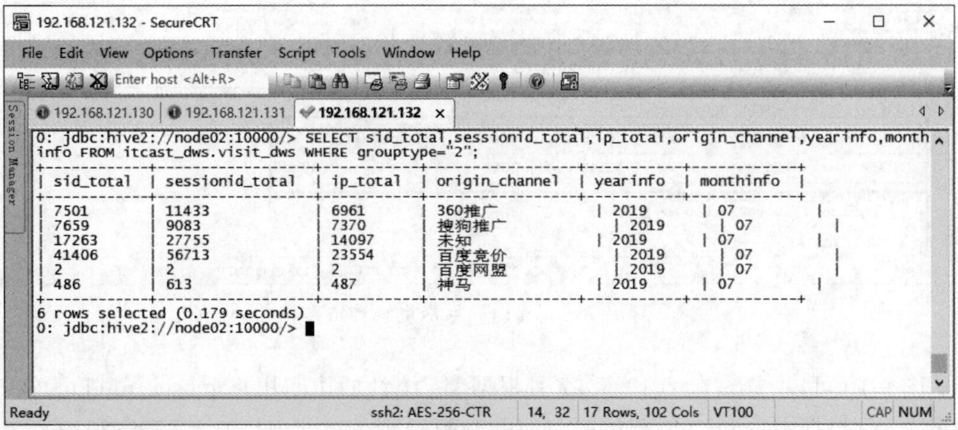

图 9-11   查看来源渠道访问用户量统计结果

从图 9-11 可以看出,在 2019 年 07 月来源渠道"360 推广"根据 sid 统计的访问用户量(sid_total)为 7501;2019 年 07 月来源渠道"360 推广"根据 sessionid 统计的访问用户量(sessionid_total)为 11433;2019 年 07 月来源渠道"360 推广"根据 ip 统计的访问用户量为 6961。

9.6.5   实现咨询率统计

本需求从访问网站的用户中统计发起有效咨询的用户比例,公司决策者可以根据统计结果优化网站结构及客服话术,使用户能更深一步了解课程内容,并发起有效咨询。

接下来,在虚拟机 Node_03 中使用 Hive 客户端工具 Beeline 远程连接虚拟机 Node_02 的 HiveServer2 服务实现咨询率统计,具体步骤如下。

(1) 咨询率统计需要两部分数据实现,即访问用户量和咨询用户量,9.6.3 小节已经实现访问用户量统计,因此在实现咨询率统计之前,需要统计咨询用户量,统计结果存储在咨询用户量宽表 visit_dws 中。统计咨询用户量的命令如下。

```
1    INSERT INTO itcast_dws.consult_dws PARTITION (yearinfo,monthinfo)
2    SELECT
3        COUNT(DISTINCT sid) sid_total,
4        COUNT(DISTINCT session_id) sessionid_total,
5        COUNT(DISTINCT ip) ip_total,
6        yearinfo,monthinfo
7    FROM itcast_dwd.visit_consult_dwd
8    WHERE msg_count >= 1
9    GROUP BY yearinfo,monthinfo;
```

上述代码中,第 8 行代码通过字段 msg_count(用户发送消息数)判断用户发起的咨询是否为有效咨询,若用户发送消息数大于 1,则表示用户发起的咨询为有效咨询;第 9 行代码在 GROUP BY 子句中指定字段 yearinfo 和 monthinfo,表示根据月统计咨询用户量。

(2) 实现咨询用户量统计的命令执行完成后,通过访问用户量和咨询用户量统计结果实现咨询率统计,具体命令如下。

```
1    SELECT
2        CONCAT(ROUND(msgNumber.sid_total / totalNumber.sid_total,4) * 100, '%')
3    sid_rage,
4        CONCAT(ROUND(msgNumber.sessionid_total / totalNumber.sessionid_total,4)
5    * 100, '%') session_rage,
6        CONCAT(ROUND(msgNumber.ip_total / totalNumber.ip_total,4) * 100, '%')
7    ip_rage,
8        msgNumber.yearinfo,
9        msgNumber.monthinfo
10   FROM
11       (
12       SELECT
13           sid_total,
14           sessionid_total,
15           ip_total,
16           yearinfo,
17           monthinfo
18       FROM itcast_dws.consult_dws
19       ) msgNumber,
20       (
21       SELECT
22           sid_total,
23           sessionid_total,
24           ip_total,
25           yearinfo,
26           monthinfo
27       FROM itcast_dws.visit_dws
28       where grouptype="4"
29       ) totalNumber;
```

上述命令的具体讲解如下。

第 2～3 行代码根据查询结果 msgNumber 中的 sid_total 和查询结果 totalNumber 中的 sid_total 计算咨询率,通过 ROUND() 函数四舍五入保留计算结果的 4 位小数,将计算结果乘以 100,并通过函数 CONCAT() 拼接计算结果与字符串"%"。

第 4～5 行代码根据查询结果 msgNumber 中的 sessionid_total 和查询结果 totalNumber 中的 sessionid_total 计算咨询率,通过 ROUND() 函数四舍五入保留计算结果的 4 位小数,将计算结果乘以 100,并通过函数 CONCAT() 拼接计算结果与字符串%。

第 6～7 行代码根据查询结果 msgNumber 中的 ip_total 和查询结果 totalNumber 中的 ip_total 计算咨询率,通过 ROUND() 函数四舍五入保留计算结果的 4 位小数,将计算结果乘以 100,并通过函数 CONCAT() 拼接计算结果与字符串%。

第 11～19 行代码用于查询咨询用户量宽表 consult_dws 中根据月统计咨询用户量结果,将查询结果赋予 msgNumber。

第 20～29 行代码用于查询访问用户量宽表 visit_dws 中根据月统计访问用户量结果,将查询结果赋予 totalNumber。

上述命令在 Hive 客户端工具 Beeline 中的执行效果如图 9-12 所示。

从图 9-12 可以看出,当执行实现咨询率统计命令时会出现错误,这是因为 Hive 默认对

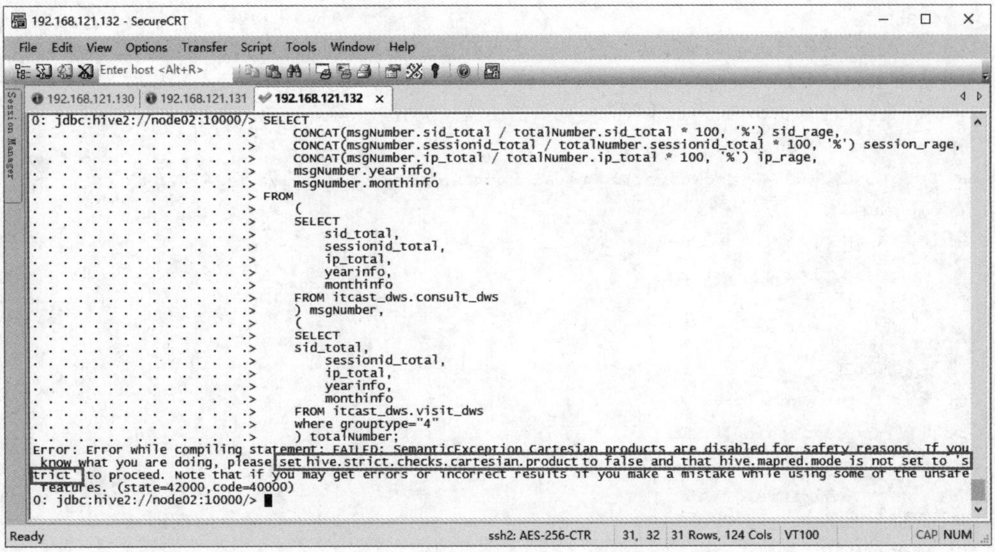

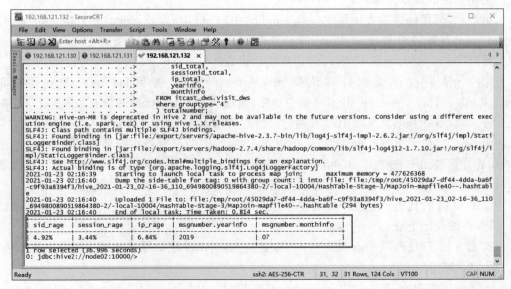

图 9-12　实现咨询率统计报错

MapReduce 开启了严格模式,根据错误内容可以了解到,需要设置参数 hive.strict.checks. cartesian.product 为 false,并且设置参数 hive.mapred.mode 为非 strict,即 nonstrict,设置这两个参数临时生效的命令如下。

```
set hive.mapred.mode=nonstrict;
set hive.strict.checks.cartesian.product=false;
```

上述设置两个参数临时生效的命令执行完成后,再次执行实现咨询率统计命令,在 Hive 客户端工具 Beeline 中的执行效果如图 9-13 所示。

图 9-13　实现咨询率统计

从图 9-13 可以看出,2019 年 07 月根据 sid 计算的咨询率(sid_rage)为 4.92%;2019 年 07 月根据 sessionid 计算的咨询率(session_rage)为 3.44%;2019 年 07 月根据 ip 计算的咨询率(ip_rage)为 6.84%。

9.7　数据可视化

数据可视化是指将数据或信息表示为图形中的可视对象来传达数据或信息的技术,目的是清晰有效地向用户传达信息,以便用户可以轻松了解数据或信息中的复杂关系。用户可以通过图形中的可视对象直观地看到数据分析结果,从而更容易理解业务变化趋势或发现新的业务模式。数据可视化是数据分析中的一个重要步骤。本节讲解如何使用 FineBI 工具实现数据可视化。

9.7.1　导出数据

本项目通过 FineBI 工具读取关系数据库 MySQL 中存储的数据实现数据可视化,因此需要通过 Sqoop 工具将 Hive 数据仓库中业务层存储的宽表数据导出到关系数据库 MySQL 中,具体操作步骤如下。

(1) 在虚拟机 Node_02 中执行"mysql -uroot -p"命令以 root 身份登录 MySQL 数据库,在弹出的"Enter password:"信息处输入 root 用户的密码,从而登录 MySQL 数据库进入命令行交互界面。

(2) 在数据库 nev 中创建表 visit_dws 用于存储 Hive 数据仓库中访问用户量宽表 visit_dws 导出的数据,具体命令如下。

```
CREATE TABLE nev.visit_dws (
    sid_total INT(11) COMMENT '根据用户 ID 去重统计',
    sessionid_total INT(11) COMMENT '根据 SessionID 去重统计',
    ip_total INT(11) COMMENT '根据 IP 地址去重统计',
    area VARCHAR(32) COMMENT '地区',
    origin_channel VARCHAR(32) COMMENT '来源渠道',
    from_url VARCHAR(100) COMMENT '会话来源页面',
    groupType VARCHAR(32) COMMENT '1.地区维度 2.来源渠道维度 3.会话页面维度 4.总访问量维度',
    yearinfo VARCHAR(32) COMMENT '年',
    monthinfo VARCHAR(32) COMMENT '月'
);
```

(3) 在数据库 nev 中创建表 consult_dws 用于存储 Hive 数据仓库中咨询用户量宽表 consult_dws 导出的数据,具体命令如下。

```
CREATE TABLE nev.consult_dws (
    sid_total INT(11) COMMENT '根据用户 ID 去重统计',
    sessionid_total INT(11) COMMENT '根据 SessionID 去重统计',
    ip_total INT(11) COMMENT '根据 IP 地址去重统计',
    yearinfo VARCHAR(32) COMMENT '年',
```

```
    monthinfo VARCHAR(32) COMMENT '月'
);
```

（4）查看数据库 nev 中是否成功创建表 visit_dws 和 consult_dws，具体命令如下。

```
/* 切换到数据库 nev */
use nev;
/* 查看数据库 nev 中包含的表 */
show tables;
```

上述命令在 MySQL 命令行交互界面的效果如图 9-14 所示。

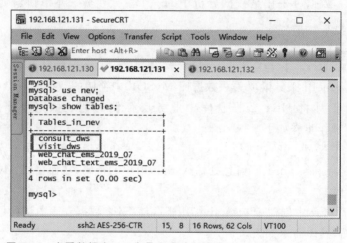

图 9-14　查看数据库 nev 中是否成功创建表 visit_dws 和 consult_dws

从图 9-14 可以看出，数据库 nev 中存在表 visit_dws 和 consult_dws。

（5）在 MySQL 命令行交互界面执行 exit 命令退出 MySQL，在虚拟机 Node_02 执行 Sqoop 命令将 Hive 数据仓库中访问用户量宽表 visit_dws 导出到关系数据库 MySQL 中 nev 数据库的表 visit_dws，具体命令如下。

```
sqoop export \
--connect "jdbc:mysql://192.168.121.131:3306/nev? useUnicode=true&characterEncoding=utf
-8" \
--username root \
--password Itcast@2020 \
--table visit_dws \
--hcatalog-database itcast_dws \
--hcatalog-table visit_dws
```

上述命令中，参数 connect 用于指定通过 JDBC 连接 MySQL 数据库的连接地址；参数 username 用于指定连接 MySQL 数据库的远程登录用户 root；参数 password 用于指定连接 MySQL 数据库远程登录用户 root 的密码；参数 table 用于指定导入 MySQL 的表名；参数 hcatalog-database 用于指定 Hive 中导出的数据库名称；参数 hcatalog-table 用于指定 Hive 中导出的表名称。

(6) 在 MySQL 命令行交互界面执行 exit 命令退出 MySQL,在虚拟机 Node_02 执行 Sqoop 命令将 Hive 数据仓库中咨询用户量宽表 consult_dws 导出到关系数据库 MySQL 中 nev 数据库的表 consult_dws,具体命令如下。

```
sqoop export \
--connect "jdbc:mysql://192.168.121.131:3306/nev? useUnicode=true&characterEncoding=utf-8" \
--username root \
--password Itcast@2020 \
--table consult_dws \
--hcatalog-database itcast_dws \
--hcatalog-table consult_dws
```

Sqoop 导出命令执行成功后,读者可以在 MySQL 数据库中查询表 consult_dws 和 visit_dws,验证是否成功导入数据。

9.7.2　安装、启动与配置 FineBI

FineBI 是帆软软件有限公司推出的一款商业智能(Business Intelligence,BI)分析工具,BI 提供一套完整的解决方案,用来将企业中现有的数据进行有效的整合,快速准确地提供报表并提出决策依据,帮助企业做出明智的业务经营决策。

本项目使用 FineBI 商业智能分析工具的数据可视化功能,将统计结果进行可视化展示。接下来,详细讲解 FineBI 商业智能分析工具的安装过程,具体操作步骤如下。

1. 下载 FineBI

访问 FineBI 的官方网站,通过注册的方式下载 Windows x64 位操作系统的 FineBI 安装包 windows-x64_FineBI5_1-CN.exe。

2. 安装并启动 FineBI

双击 FineBI 安装包 windows-x64_FineBI5_1-CN.exe 进入"欢迎使用 FineBI 安装程序向导"界面,如图 9-15 所示。

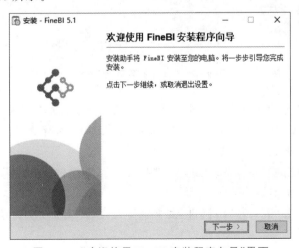

图 9-15　"欢迎使用 FineBI 安装程序向导"界面

在图 9-15 中，单击"下一步"按钮进入"许可协议"界面，在该界面勾选"我接受协议"选项，如图 9-16 所示。

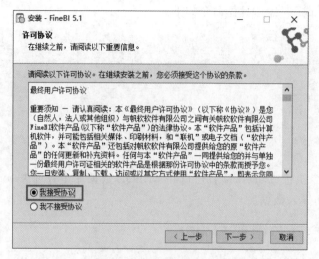

图 9-16　"许可协议"界面

在图 9-16 中，单击"下一步"按钮进入"选择安装目录"界面，在该界面中配置 FineBI 的安装目录，这里配置 FineBI 的安装目录为 D:\FineBI5.1，如图 9-17 所示。

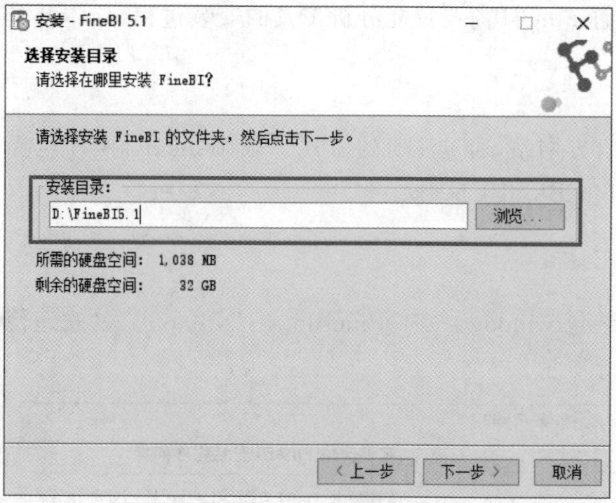

图 9-17　"选择安装目录"界面

在图 9-17 中，单击"下一步"按钮进入"设置最大内存"界面，在"最大 jvm 内存"输入框中输入对应的值，默认为 2048（2GB）。建议设置最大 jvm 内存大于 2048，这里设置最大 jvm 内存为 4096（4GB），如图 9-18 所示。

在图 9-18 中，单击"下一步"按钮进入"选择开始菜单文件夹"界面，在该界面使用默认配置即可，如图 9-19 所示。

在图 9-19 中，单击"下一步"按钮进入"选择附加工作"界面，在该界面使用默认配置即可，如图 9-20 所示。

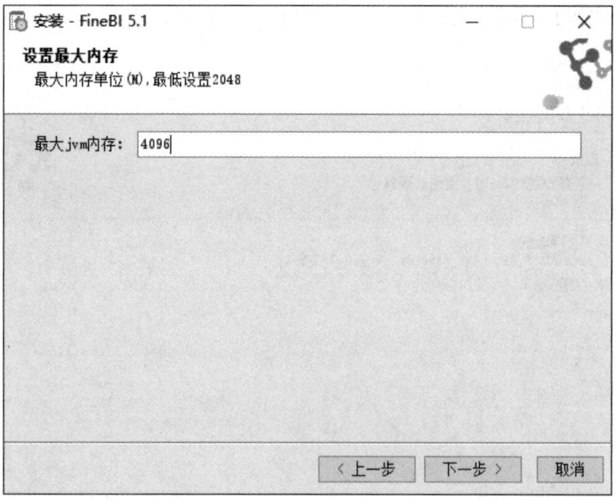

图 9-18　“设置最大内存”界面

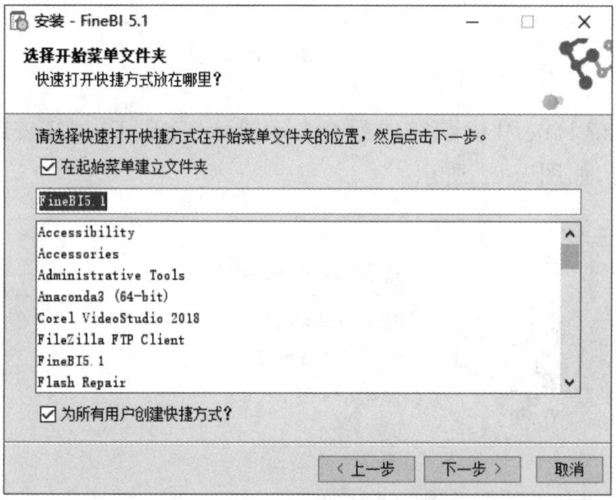

图 9-19　“选择开始菜单文件夹”界面

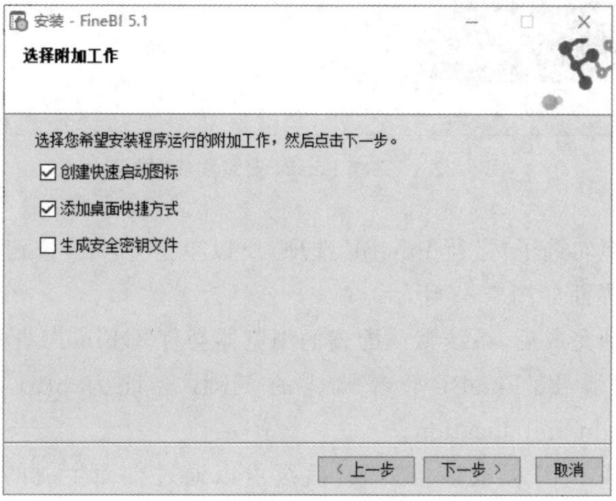

图 9-20　“选择附加工作”界面

在图 9-20 中,单击"下一步"按钮进入"安装中"界面,在该界面 FineBI 会自动安装,如图 9-21 所示。

图 9-21 "安装中"界面

在图 9-21 中,等待 FineBI 安装完成后会自动进入"完成 FineBI 安装程序"界面,在该界面使用默认配置即可,如图 9-22 所示。

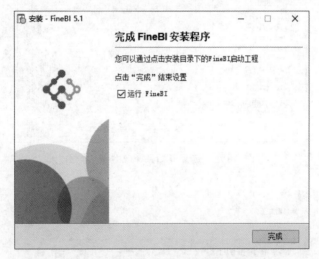

图 9-22 "完成 FineBI 安装程序"界面

由于在图 9-22 中勾选了"运行 FineBI"选项,所以单击"完成"按钮时,系统会自动运行 FineBI,FineBI 启动界面如图 9-23 所示。

等待 FineBI 启动完成后,系统默认配置的浏览器会打开 FineBI 平台,如图 9-24 所示。

从图 9-24 可以看出,FineBI 平台默认的 URL 地址为 http://localhost:37799/webroot/decision/login/initialization。

至此,便完成了 FineBI 的安装与启动,后续可以通过桌面生成的 FineBI 快捷键启动 FineBI。

图 9-23 FineBI 启动界面

图 9-24 FineBI 平台

3. 配置 FineBI 登录用户

首次使用 FineBI 时需要通过 FineBI 平台进行初始化设置,在图 9-24 中设置管理员账号,这里将用户名设置为 itcast,密码设置为 123456,如图 9-25 所示。

在图 9-25 中,单击"确定"按钮后,平台会显示"管理员账号设置成功"信息,并且设置的管理员密码会以明文的方式显示,如图 9-26 所示。

在图 9-26 中,单击"下一步"按钮选择 FineBI 使用的数据库,如图 9-27 所示。

在图 9-27 中,单击"直接登录"按钮,页面会自动跳转到 FineBI 商业智能平台的登录界面,如图 9-28 所示。

在图 9-28 中,输入图 9-25 中设置的用户名 itcast 和密码 123456,单击"登录"按钮登录

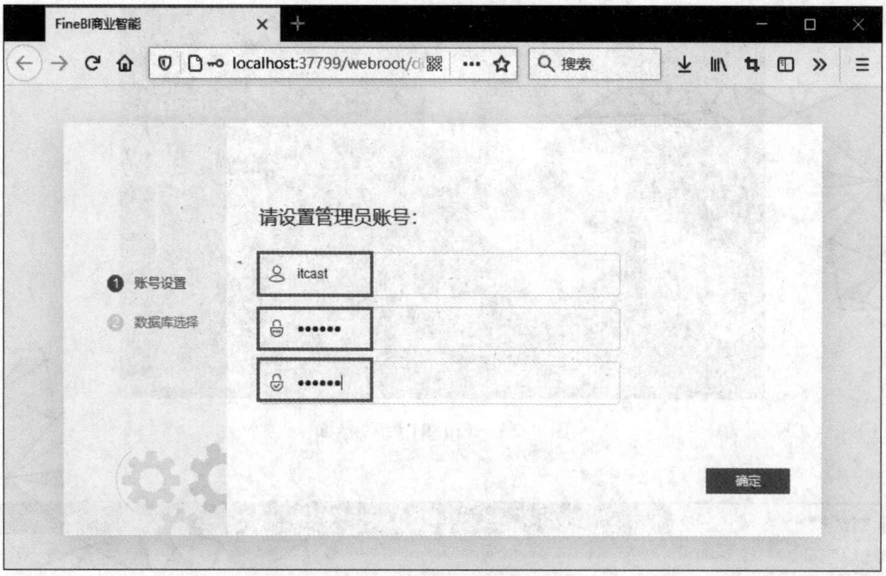

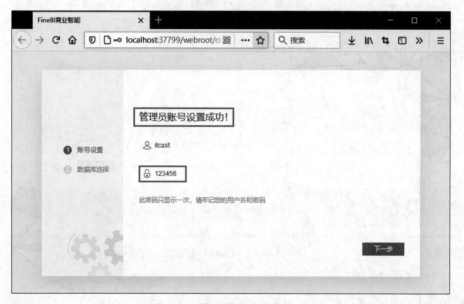

图 9-25　设置管理员账号

图 9-26　管理员账号设置成功

FineBI 商业智能平台,如图 9-29 所示。

在图 9-29 中,根据实际需求单击"数据处理"的"进入新手引导"或者"数据展示"的"进入新手引导",也可以单击×按钮关闭"欢迎使用 FineBI"页面直接使用。

4. 配置 FineBI 数据连接

数据连接用于配置 FineBI 使用的数据库,本项目通过 FineBI 获取虚拟机 Node_02 中 MySQL 数据库的数据进行可视化展示,有关 FineBI 连接 MySQL 的操作步骤如下。

图 9-27　选择 FineBI 使用的数据库

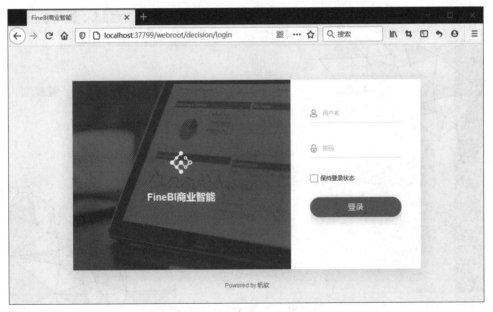

图 9-28　FineBI 商业智能平台的登录界面

（1）在 FineBI 商业智能平台依次选择"管理系统"→"数据连接"→"数据连接管理"命令进入"数据连接管理"界面，如图 9-30 所示。

（2）在图 9-30 中单击"新建数据连接"按钮选择 FineBI 使用的数据库，如图 9-31 所示。

（3）在图 9-31 右侧的数据库列表中选择 MySQL 选项，配置连接 MySQL 的相关信息，完成 MySQL 相关信息配置的效果如图 9-32 所示。

在图 9-32 中，修改"数据连接名称"为 itcast；修改"数据库名称"为 nev；填写"主机"为

图 9-29　登录 FineBI 商业智能平台

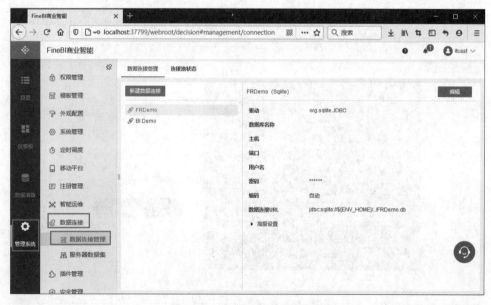

图 9-30　"数据连接管理"界面

192.168.121.131,即虚拟机 Node_02 的 IP 地址;填写"端口"为 3306,即 MySQL 数据库默认端口;填写"用户名"为 root,即 MySQL 数据库远程访问用户;填写"密码"为 123456,即 MySQL 数据库远程访问用户 root 的密码。

(4) 在图 9-32 中,单击"测试连接"按钮,验证 FineBI 是否可以成功连接虚拟机 Node_02 中的 MySQL 数据库,如图 9-33 所示。

从图 9-33 可以看出,网页中弹出"连接成功"信息,证明 FineBI 成功连接虚拟机 Node_02

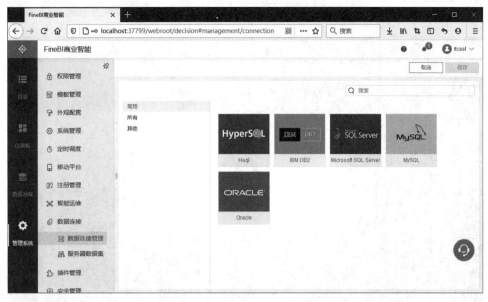

图 9-31　选择 FineBI 使用的数据库

图 9-32　配置 MySQL 相关信息

中的 MySQL 数据库，此时单击"保存"按钮即可。

小提示：

若读者使用的计算机硬件资源有限，可以将 Hive 数据仓库层中业务层的数据通过 Sqoop 工具导出到本地安装的 MySQL 数据库中，这样就可以通过 FineBI 连接本地 MySQL 数据库，实现数据可视化，后续便不再需要启动虚拟机。

图 9-33　测试连接

5. 配置 FineBI 数据准备

数据准备用于配置 FineBI 使用的数据内容，主要是选择数据库中要使用的表，有关 FineBI 数据准备的操作步骤如下。

（1）在 FineBI 商业智能平台选择"数据准备"选项，如图 9-34 所示。

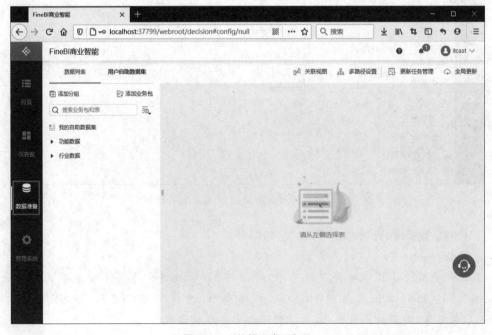

图 9-34　"数据准备"选项

（2）在图 9-34 中单击"添加业务包"按钮添加业务，并配置业务名称为"教育大数据平台"，如图 9-35 所示。

图 9-35　配置业务名称

（3）在图 9-35 中，单击"教育大数据平台"配置该业务使用的数据内容，如图 9-36 所示。

图 9-36　配置业务使用的数据内容

（4）在图 9-36 中，依次选择"添加表"→"数据库表"命令选择数据库中需要使用的数据表，如图 9-37 所示。

（5）在图 9-37 中选中需要使用的访问用户量表 visit_dws 和咨询用户量表 consult_

dws，单击"确定"按钮，此时页面会跳转到如图 9-36 所示的页面，如图 9-38 所示。

图 9-37   选择数据库中需要使用的数据表

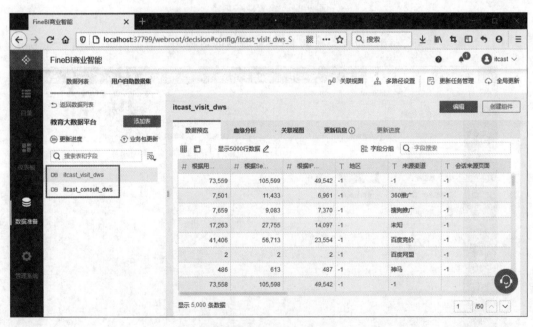

图 9-38   在教育大数据平台业务中成功添加表

从图 9-38 可以看出，成功在教育大数据平台业务中添加表 consult_dws 和 visit_dws，不过此时会以数据库连接名称(itcast)与表名通过字符"_"进行拼接后显示。

(6) 在图 9-38 中，单击"业务包更新"按钮更新"教育大数据平台"业务中添加的表 consult_dws 和 visit_dws 的数据，否则后续无法使用这两个表的数据进行可视化展示，如图 9-39 所示。

图 9-39　"业务包更新"按钮

在图 9-39 中的"教育大数据平台更新设置"窗口,单击"立即更新该业务包"按钮,待更新完成后,单击"确定"按钮即可。

6. 配置 FineBI 仪表板

仪表盘用于配置 FineBI 进行数据可视化展示的画板,后续的数据可视化内容都会在仪表板中显示,有关配置 FineBI 仪表板的操作步骤如下。

(1)在 FineBI 商业智能平台单击"仪表板"选项进入仪表板管理页面,在该页面单击"新建仪表板"按钮,在弹出窗口的"名称"文本框中输入"教育大数据平台",单击"确定"按钮新建仪表板,仪表板"教育大数据平台"创建完成后的效果如图 9-40 所示。

图 9-40　仪表板"教育大数据平台"创建完成后的效果

（2）在图 9-40 中单击仪表板"教育大数据平台"，进入教育大数据平台仪表板的配置页面，如图 9-41 所示。

图 9-41　教育大数据平台仪表板的配置页面

此时在图 9-41 中，已经完成了 FineBI 仪表板的配置。

9.7.3　实现数据可视化

通过 9.7.2 小节的操作，已经成功安装、启动并配置 FineBI，接下来，讲解如何通过 FineBI 商业智能平台实现数据可视化，具体操作步骤如下。

1. 实现地区访问用户量可视化

由于原始数据集的地区字段存在脏数据（如国外地区的数据或者地区名称不正确），所以在实现地区访问用户量可视化之前需要对数据集内容进行清洗操作，去除原始数据集中的脏数据，具体操作步骤如下。

（1）在图 9-38 中，依次选择"添加表"→"自助数据集"进入自助数据集页面，在该页面中首先设置表名为"根据 sid 统计的地区访问用户量"，然后选择使用的表 itcast_visit_dws，最后勾选使用的字段名称"根据用户 ID 去重统计"和"地区"，自助数据集"根据 sid 统计的地区访问用户量"选字段配置完成后的效果如图 9-42 所示。

（2）在图 9-42 中，单击＋按钮添加过滤条件，如图 9-43 所示。

（3）在过滤条件中去除字段"地区"中值为－1 的数据，并且指定数据开头为"中国"，过滤条件配置完成的效果如图 9-44 所示。

（4）在图 9-44 中单击"保存并更新"按钮保存过滤条件的配置内容，然后单击×按钮退出"自助数据集"页面，如图 9-45 所示。

（5）在图 9-41 中，单击"组件"按钮，在弹出的"添加组件"窗口依次选择"教育大数据平

图 9-42　自助数据集"根据 sid 统计的地区访问用户量"选字段

图 9-43　自助数据集"根据 sid 统计的地区访问用户量"添加过滤条件

图 9-44　自助数据集"根据 sid 统计的地区访问用户量"配置过滤条件

图 9-45　自助数据集"根据 sid 统计的地区访问用户量"保存并更新

台"→"根据 sid 统计的地区访问用户量",如图 9-46 所示。

图 9-46　添加组件"根据 sid 统计的地区访问用户量"

（6）组件添加完成后,需要将地区字段内的数据转换为经纬度数据,便于后续通过中国地图的方式进行可视化展示,具体配置过程如图 9-47 所示。

此时,FineBI 会自动将"地区"字段中的数据转换为经纬度,不过此时"地区"字段中的特殊数据 FineBI 并不会自动匹配并转换,因此需要对特殊字段进行手动调整,如图 9-48 所示。

在图 9-48 中单击"确定"按钮,此时在"地区"字段下方会多出"地区（经度）"和"地区（纬度）"两个字段,如图 9-49 所示。

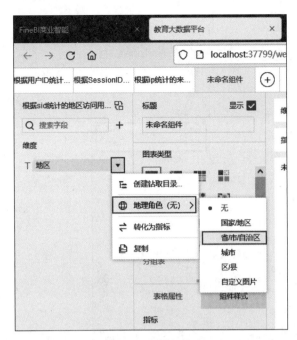

图 9-47　配置经纬度

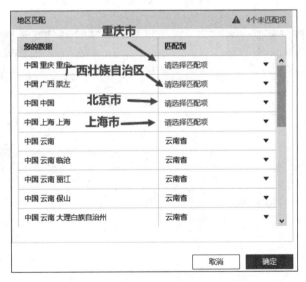

图 9-48　手动调整未匹配字段数据

（7）在"图表类型"栏中选择区域地区，然后将"地区（经度）"字段拖动到"横轴"，将"地区（纬度）"字段拖动到"纵轴"，最后将"根据用户 ID 去重统计"字段拖动到"图形属性"栏的"标签"中，此时 FineBI 会自动实现根据用户 ID 统计的地区访问用户量可视化展示，具体效果如图 9-50 所示。

（8）更改标题名称，然后单击"进入仪表板"按钮即可，如图 9-51 所示。

至此，成功在"教育大数据平台"仪表板中添加了根据用户 ID 统计的地区访问用户量可视化展示组件。

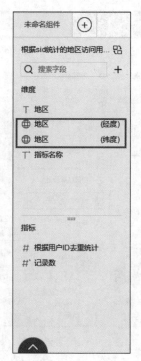

图 9-49　经纬度配置完成

图 9-50　根据用户 ID 统计的地区访问用户量可视化展示

有关在"教育大数据平台"仪表板中添加根据 SessionID 和 ip 统计的地区访问用户量可视化组件,读者可自行操作,这里不再赘述。

图 9-51　实现地区访问用户量可视化

2．实现会话页面排行榜可视化

实现会话页面排行榜可视化的具体操作步骤如下。

（1）在图 9-38 中，依次选择"添加表→自助数据集"进入自助数据集页面，在该页面中首先设置表名为"根据 SessionID 统计的会话页面排行榜"，然后选择使用的表"itcast_visit_dws"，最后勾选使用的字段名称"根据 SessionID 去重统计"和"会话来源页面"，自助数据集"根据 SessionID 统计的会话页面排行榜"选字段配置完成后的效果如图 9-52 所示。

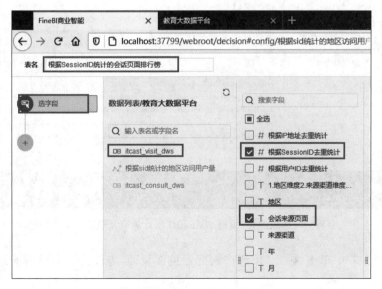

图 9-52　自助数据集"根据 SessionID 统计的会话页面排行榜"选字段

（2）在图 9-52 中单击＋按钮添加过滤条件，去除字段"会话来源页面"中的空数据和值为－1 的数据，具体配置效果如图 9-53 所示。

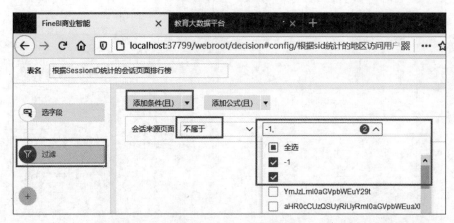

图 9-53　自助数据集"根据 SessionID 统计的会话页面排行榜"配置过滤条件

在图 9-53 中单击"保存并更新"按钮保存配置，并单击×按钮关闭当前页面。

（3）在图 9-51 中，单击"组件"按钮，在弹出的"添加组件"窗口依次选择"教育大数据平台"→"根据 SessionID 统计的会话页面排行榜"，如图 9-54 所示。

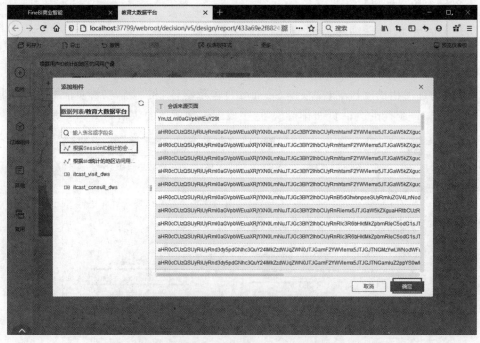

图 9-54　添加组件"根据 SessionID 统计的会话页面排行榜"

（4）在图 9-54 中单击"确定"按钮进入配置组件页面，组件配置完成后的效果如图 9-55 所示。

在图 9-55 中，在"横轴"一栏拖入字段"会话来源页面"并选择排序顺序为降序，排序字

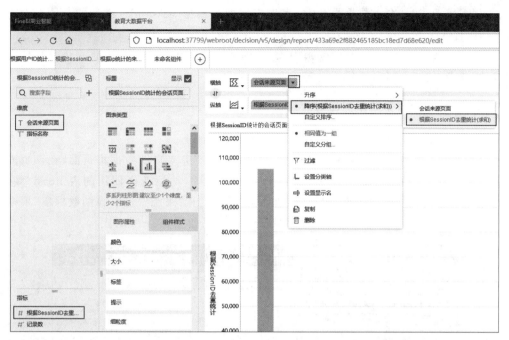

图 9-55 配置组件"根据 SessionID 统计的会话页面排行榜"

段为"根据 SessionID 去重统计";在"纵轴"一栏拖入字段"根据 SessionID 去重统计";设置标题名称为"根据 SessionID 统计的会话页面排行榜"。

（5）在图 9-55 中单击"进入仪表板"按钮进入"教育大数据平台"仪表板，如图 9-56 所示。

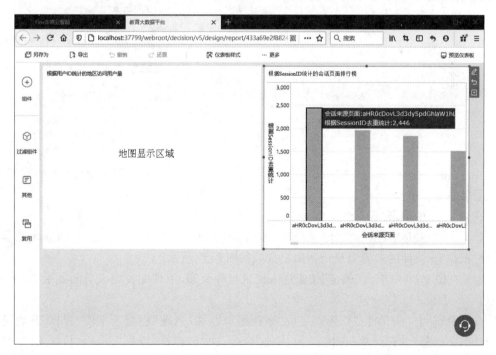

图 9-56 实现会话页面排行榜可视化

至此,成功在"教育大数据平台"仪表板中添加了根据 SessionID 统计的会话页面排行榜展示组件。

有关在"教育大数据平台"仪表板中添加根据用户 ID 和 ip 统计的会话页面排行榜可视化组件,读者可自行操作,这里不再赘述。

3. 实现来源渠道访问用户量可视化

实现来源渠道访问用户量可视化的具体操作步骤如下。

(1) 在图 9-38 中,依次选择"添加表→自助数据集"进入自助数据集页面,在该页面中首先设置表名为"根据 ip 统计的来源渠道访问用户量",然后选择使用的表 itcast_visit_dws,最后勾选使用的字段名称"根据 IP 地址去重统计"和"来源渠道",自助数据集"根据 ip 统计的来源渠道访问用户量"选字段配置完成后的效果如图 9-57 所示。

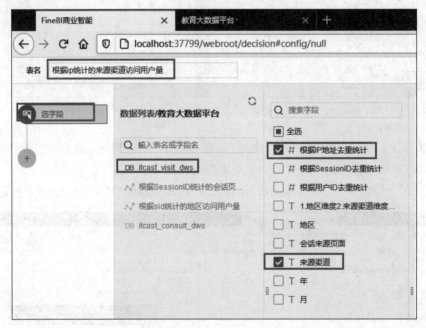

图 9-57　自助数据集"根据 ip 统计的来源渠道访问用户量"选字段

(2) 在图 9-57 中单击＋按钮添加过滤条件,去除字段"来源渠道"中值为－1 的数据,具体配置效果如图 9-58 所示。

在图 9-58 中单击"保存并更新"按钮保存配置,并单击×按钮关闭当前页面。

(3) 在图 9-56 中,单击"组件"按钮,在弹出的"添加组件"窗口依次选择"教育大数据平台"→"根据 ip 统计的来源渠道访问用户量",如图 9-59 所示。

(4) 在图 9-59 中单击"确定"按钮进入配置组件页面,组件配置完成后的效果如图 9-60 所示。

在图 9-60 中,在"颜色"栏拖入字段"来源渠道";在"角度"栏拖入字段"根据 IP 地址去重统计",并选择"快速计算(占比)"→"占比"命令;在"细粒度"栏拖入字段"根据 IP 地址去重统计";设置标题名称为"根据 ip 统计的来源渠道访问用户量"。

图 9-58　自助数据集"根据 ip 统计的来源渠道访问用户量"配置过滤条件

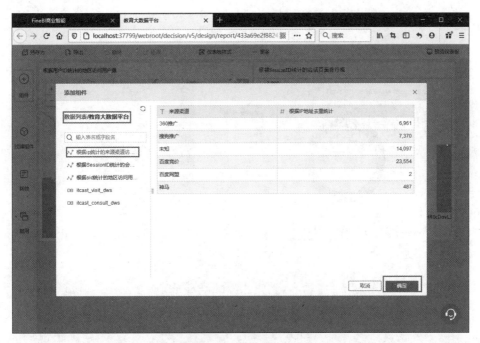

图 9-59　添加组件"根据 ip 统计的来源渠道访问用户量"

（5）在图 9-60 中单击"进入仪表板"按钮进入"教育大数据平台"仪表板，如图 9-61 所示。

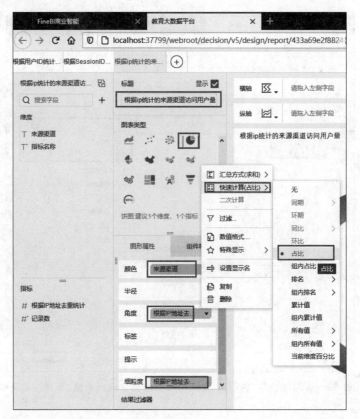

图 9-60　配置组件"根据 ip 统计的来源渠道访问用户量"

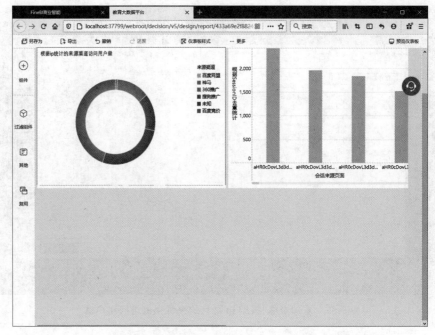

图 9-61　实现来源渠道访问用户量可视化

至此,成功在"教育大数据平台"仪表板中添加了根据 ip 统计的来源渠道访问用户量展示组件。

有关在"教育大数据平台"仪表板中添加根据用户 ID 和 SessionID 统计的来源渠道访问用户量可视化组件,读者可自行操作,这里不再赘述。

9.8 本章小结

本章讲解了一个综合项目——教育大数据分析平台,主要针对 Hive 数据仓库在实际应用中涉及的相关知识和内容进行详细讲解,包括使用数据仓库分层、数据转换、数据分析。希望通过本章的学习,读者可以熟练掌握通过 Hive 实现数据仓库分层、数据转换以及数据分析的操作,并且熟悉 Sqoop、FineBI 和 MySQL 工具的使用,为在实际工作中对 Hive 的应用奠定基础。

图书资源支持

感谢您一直以来对清华版图书的支持和爱护。为了配合本书的使用，本书提供配套的资源，有需求的读者请扫描下方的"书圈"微信公众号二维码，在图书专区下载，也可以拨打电话或发送电子邮件咨询。

如果您在使用本书的过程中遇到了什么问题，或者有相关图书出版计划，也请您发邮件告诉我们，以便我们更好地为您服务。

我们的联系方式：

清华大学出版社计算机与信息分社网站：https://www.shuimushuhui.com/

地　　址：北京市海淀区双清路学研大厦 A 座 714

邮　　编：100084

电　　话：010-83470236　010-83470237

客服邮箱：2301891038@qq.com

QQ：2301891038（请写明您的单位和姓名）

资源下载：关注公众号"书圈"下载配套资源。

资源下载、样书申请

图书案例

书 圈

清华计算机学堂

观看课程直播